全国技工院校数控加工类专业通用教材（中级技能层级）

数控机床编程与操作

（第四版　数控车床分册）

人力资源社会保障部教材办公室组织编写

中国劳动社会保障出版社

简　介

本书主要内容包括：数控车床及其编程基础、FANUC 系统的编程与操作、广数系统的编程与操作、SIEMENS SINUMERIK 802D 系统的编程与操作、SIEMENS SINUMERIK 828D 系统的编程与操作、中级职业技能鉴定应会试题等。

本书由高进祥主编，沈建峰副主编，魏小燕、吴丹参加编写，崔兆华主审。

图书在版编目(CIP)数据

数控机床编程与操作．数控车床分册 / 人力资源社会保障部教材办公室组织编写．-- 4 版．-- 北京：中国劳动社会保障出版社，2018

全国技工院校数控加工类专业通用教材．中级技能层级

ISBN 978-7-5167-3529-9

Ⅰ．①数…　Ⅱ．①人…　Ⅲ．①数控机床-程序设计-技工学校-教材②数控机床-操作-技工学校-教材③数控机床-车床-程序设计-技工学校-教材④数控机床-车床-操作-技工学校-教材　Ⅳ．①TG659

中国版本图书馆 CIP 数据核字(2018)第 174148 号

中国劳动社会保障出版社出版发行

(北京市惠新东街 1 号　邮政编码：100029)

*

三河市潮河印业有限公司印刷装订　　新华书店经销

787 毫米×1092 毫米　16 开本　17.25 印张　387 千字

2018 年 8 月第 4 版　　2025 年 6 月第 7 次印刷

定价：31.00 元

营销中心电话：400-606-6496

出版社网址：http://www.class.com.cn

http://jg.class.com.cn

前言

为了更好地适应全国技工院校数控加工类专业的教学要求，全面提升教学质量，人力资源社会保障部教材办公室组织有关学校的一线教师和行业、企业专家，在充分调研企业生产和学校教学情况、广泛听取教师对教材使用反馈意见的基础上，对全国技工院校数控加工类专业中级阶段通用教材进行了修订。

教材体系

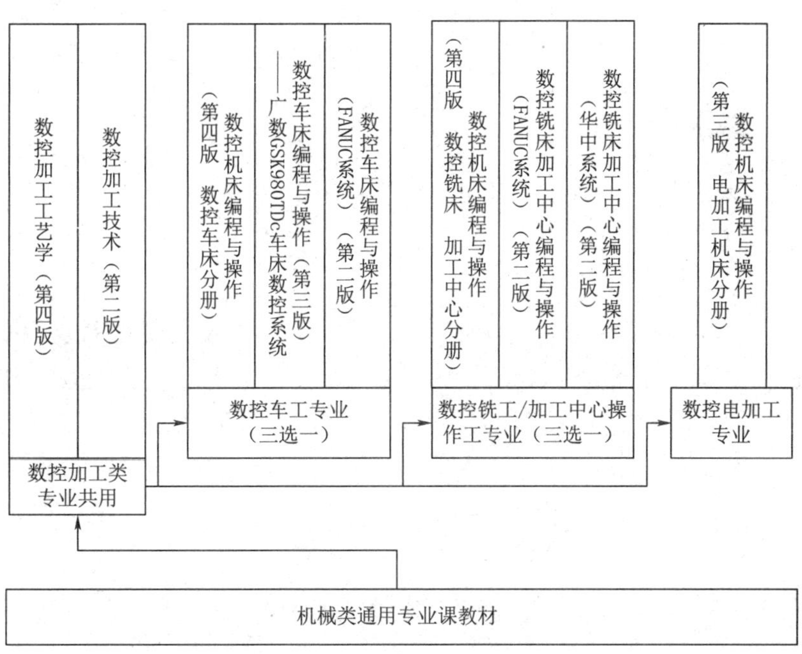

编写特色

◆ 紧贴教学实际情况　根据数控加工类专业毕业生所从事岗位的实际需要和教学实际情况的变化，合理确定学生应具备的能力与知识结构，对部分教材内容及其深度、难度做了适当调整；充分考虑教材的适用性，选择当今数控教学中广泛使用的数控系统。

◆ 体现行业技术发展　根据相关专业领域的最新发展，在教材中充实新知识、新技术、新设备、新材料等方面的内容，体现教材的先进性。

◆ 更新国家技术标准　采用最新的国家技术标准，使教材内容更加科学和规范。

◆ 符合学生阅读习惯　在教材内容的呈现形式上，较多地利用图片、实物照片和表格等形式将知识点生动地展示出来，力求让学生更直观地理解和掌握所学内容。

教学服务

本套教材配有习题册和方便教师上课使用的多媒体电子课件，可以通过技工教育网（http://jg.class.com.cn）下载电子课件等教学资源。另外，在部分教材中使用了二维码技术，针对教材中的教学重点和难点制作了动画、视频、微课等多媒体资源，学生使用移动终端扫描二维码即可在线观看相应内容。

致谢

本次教材的修订工作得到了河北、江苏、山东、河南、广东等省人力资源社会保障厅及有关学校的大力支持，在此我们表示诚挚的谢意。

人力资源社会保障部教材办公室

2018 年 8 月

目录

第一章

数控车床及其编程基础

第一节　数控车床概述

一、数控车床的分类

数控机床是指采用数控技术进行控制的机床。数控机床按用途进行分类，用于完成车削加工的数控机床称为数控车床。

1. 按车床主轴位置分类

数控车床根据车床主轴的位置，可分成卧式数控车床（图 1—1）和立式数控车床（图 1—2）两类。

图 1—1　经济型卧式数控车床

图 1—2　立式数控车床

卧式数控车床的主轴轴线与水平面平行。卧式数控车床又分为数控水平导轨卧式车床和数控倾斜导轨卧式车床。

立式数控车床主轴轴线垂直于水平面，一般采用圆形工作台来装夹工件。这类机床主要用于加工径向尺寸大、轴向尺寸相对较小的大型复杂零件。

2. 按功能分类

按其功能，数控车床可分成经济型数控车床、全功能型数控车床、车削中心和车铣复合加工中心等几类。

经济型数控车床如图 1—1 所示，通常配备经济型数控系统，由普通车床进行数控改造而成。这类机床常采用开环或半闭环伺服系统控制，主轴多采用变频调速，机床结构与普通车床相似。

全功能型数控车床如图 1—3 所示，一般采用后置转塔式刀架，可装刀具数量较多；主轴为伺服驱动；车床采用倾斜床身结构，以便于排屑；数控系统的功能较多，可靠性较好。

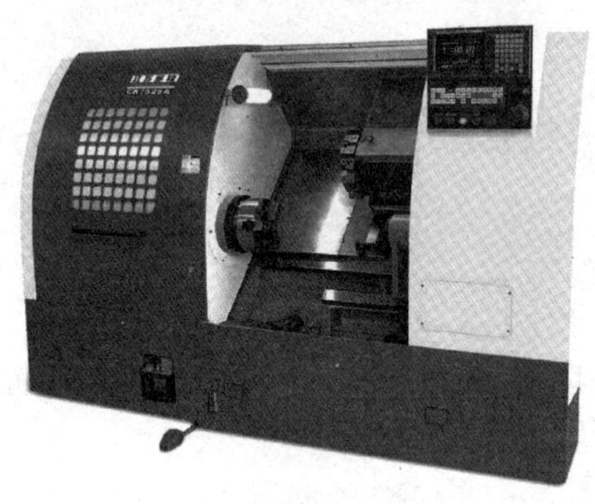

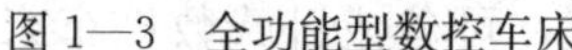

图 1—3　全功能型数控车床

车削中心如图 1—4 所示。该类机床是在全功能型数控车床的基础上，增加了 C 轴和动力头，刀架具有 Y 轴功能。更高级的数控车床带有刀库和自动换刀装置，可实现四轴（X 轴、Y 轴、Z 轴和 C 轴）联动功能，用于完成复杂空间型面的零件加工。

图 1—4　车削中心

车铣复合加工中心如图 1—5 所示。该类机床是按模块化设计的多功能机床，可实现五轴联动的加工功能，既可完成车削加工任务，又可实现铣削加工任务，主要适用于形状复杂、加工精度要求较高的零件加工。

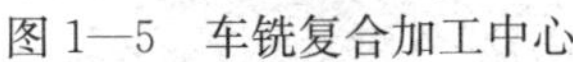

图 1—5　车铣复合加工中心

3. **按其他方式分类**

除以上的分类方式外，数控车床还可根据加工零件的基本类型、刀架数量、数控系统的不同控制方式等进行分类。

二、数控车床的组成

1. 数控车床结构

数控车床主要由车床本体和数控系统两大部分组成。车床本体由床身、主轴、滑板、刀架、冷却装置等组成；数控系统由程序的输入/输出装置、数控装置、伺服驱动装置三部分组成。

如图 1—6 所示为 CKA61100 型数控车床外形图，它主要由床身、主轴箱、电气控制箱、刀架、数控装置、尾座、进给系统、冷却系统和润滑系统等组成。

（1）床身

床身部分如图 1—7 所示，包括床身与床身底座。底座为整台机床的支撑与基础，所有的机床部件均安装于其上，主电动机与冷却箱置于床身右侧的底座内部。

图 1—6　CKA61100 型数控车床外形图

1—床身　2—主轴箱　3—电气控制箱　4—刀架　5—数控装置　6—尾座
7—导轨　8—丝杠　9—防护板

图 1—7　床身部分

（2）主轴箱

主轴箱用于固定机床主轴。主电动机通过 V 带直接把运动传给主轴。主轴通过同步齿形带与编码器（图 1—8）相连，通过编码器测出主轴的实际转速，主轴调速直接通过变频电动机来完成。

（3）电气控制箱

电气控制箱如图 1—9 所示，其内部用于安装各种机床电气控制元件、数控伺服控制单元、控制芯板和其他辅助装置。

（4）刀架

刀架（图 1—10）固定在中滑板上。常用的有四工位立式电动刀架和六工位电动刀架，用于安装车削刀具，通过自动转位来实现刀具的交换。

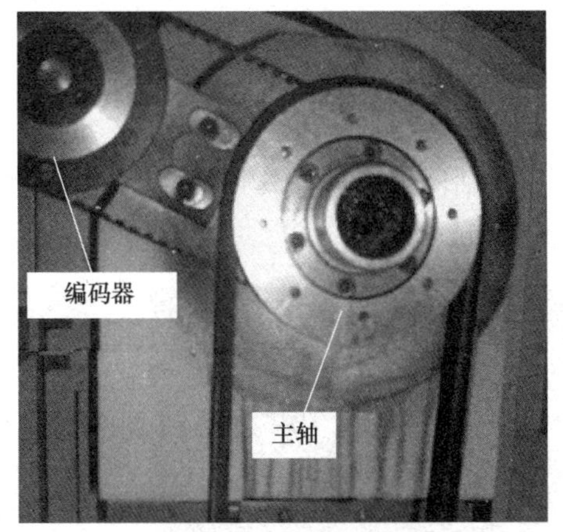

图 1—8　主轴与编码器

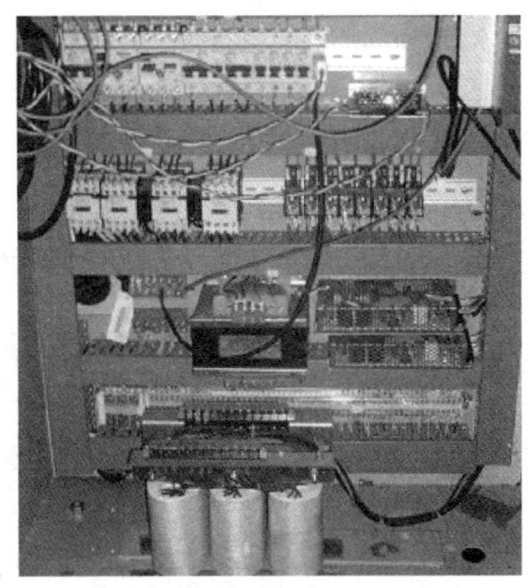

图 1—9　机床电气控制箱

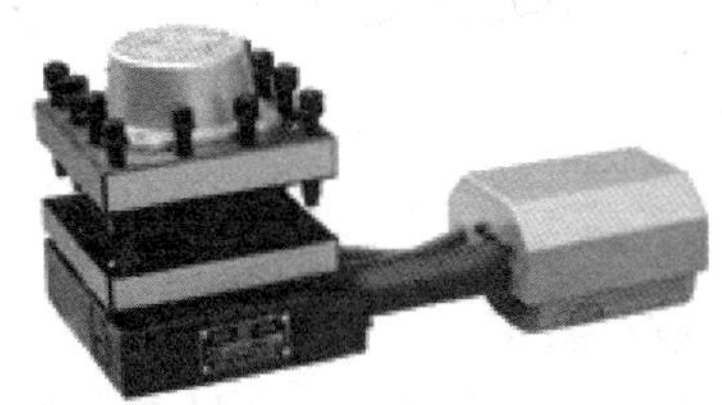

图 1—10　数控车床刀架

(5) 数控装置

数控装置如图 1—11 所示，主要由数控系统、伺服驱动装置和伺服电动机组成。其工作过程为：数控系统发出的信号经伺服驱动装置放大后，指挥伺服电动机进行工作。

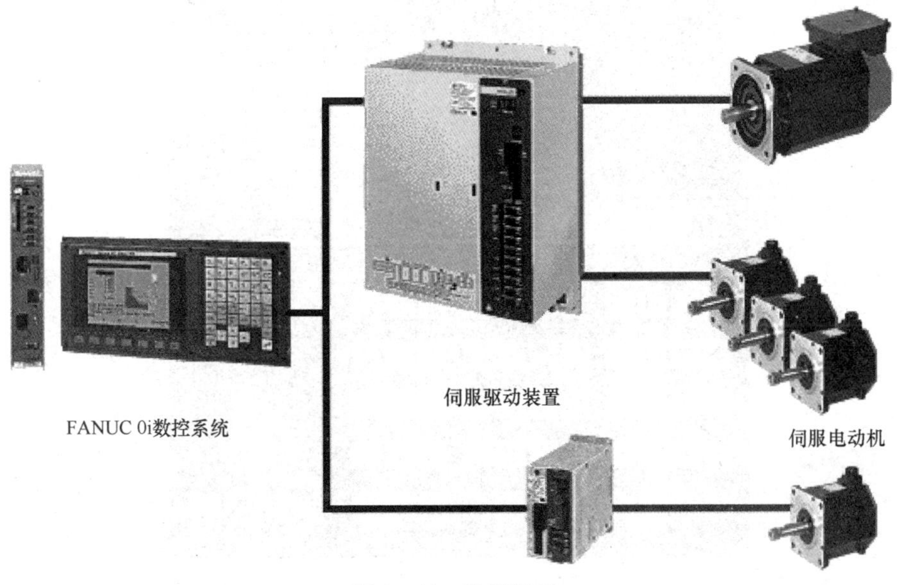

图 1—11　数控装置

（6）尾座

尾座在长轴类零件加工时起支撑等作用。

（7）进给系统

数控车床的纵向、横向进给均由伺服电动机通过联轴器与滚珠丝杠连接来实现。伺服电动机、弹性联轴器和各种滚珠丝杠如图 1—12 所示。

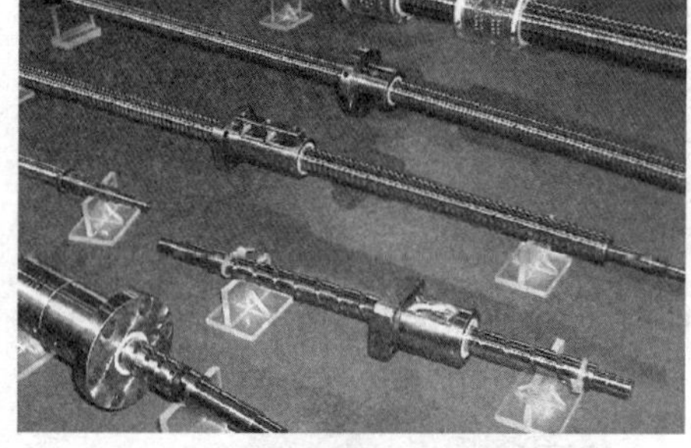

图 1—12　伺服电动机、弹性联轴器和各种滚珠丝杠

2. 车床数控系统

（1）法那科数控系统

法那科（FANUC）数控系统由日本富士通公司研制开发。当前，该数控系统在我国得到了广泛的应用。目前，在中国市场上，应用于车床的数控系统主要有 FANUC 18i TA/TB、FANUC 0i TA/TB/TC、FANUC 0 TD 等。FANUC 0i TA/TB/TC 数控车床系统操作界面如图 1—13 所示。

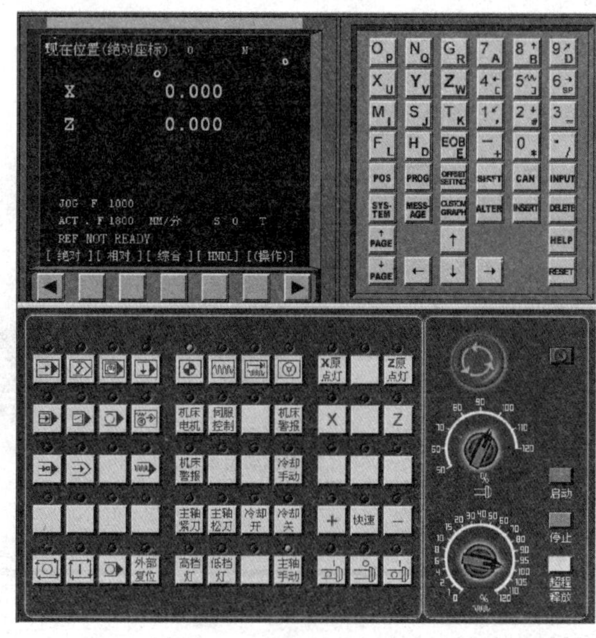

图 1—13　FANUC 0i TA/TB/TC 数控车床系统操作界面

(2) 西门子数控系统

西门子(SIEMENS)数控系统由德国西门子公司研制开发。该系统在我国数控机床中的应用也相当普遍。目前，在我国市场上，常用的数控系统除 SIEMENS 840D/C、SIEMENS 810T/M 等型号外，还有专门针对我国市场开发的车床数控系统 SIEMENS 802S/C base line、802D，其中 802S 系统采用步进电动机驱动，802C/D 系统则采用伺服驱动。SIEMENS 802D 数控车床系统操作界面如图 1—14 所示。

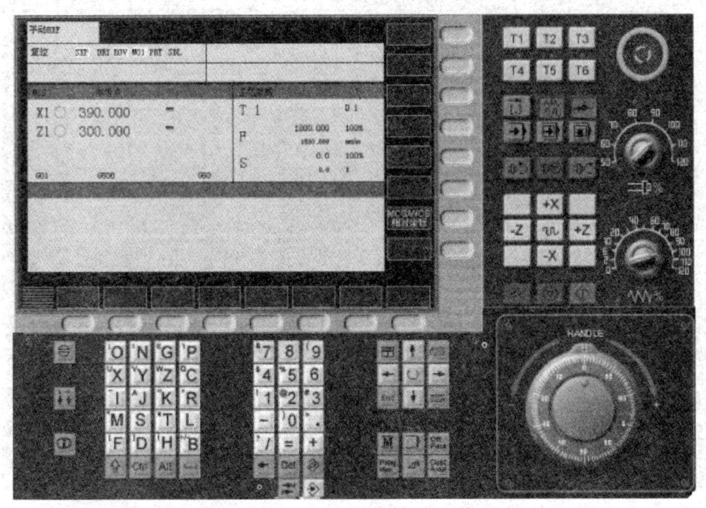

图 1—14　SIEMENS 802D 数控车床系统操作界面

(3) 国产数控系统

自 20 世纪 80 年代初期开始，我国数控系统的研制与生产得到了飞速的发展，并逐步出现了航天数控集团、机电集团、华中数控、蓝天数控等以生产普及型数控系统为主的国有企业，以及北京—法那科、西门子数控(南京)有限公司等合资企业。目前，常用于车床的国产数控系统有广州数控系统(如 GSK928T、GSK980T 等，操作面板见图 1—15)、华中数控系统(如 HNC—21T 等，操作面板见图 1—16)、北京航天数控系统(如 CASNUC 2100 等)、南京仁和数控系统(如 RENHE-32T/90T/100T 等)。

 **提示**

国产数控系统的编程方法和指令格式(包括固定循环)与 FANUC 等系统基本相同。因此，国产数控系统的编程均可按其编程说明书或参照 FANUC 等系统的规定进行。

(4) 其他数控系统

除了以上三类主流数控系统外，国内使用较多的数控系统还有日本的三菱数控系统和大森数控系统、法国的施耐德数控系统、西班牙的法格数控系统和美国的 A—B 数控系统等。

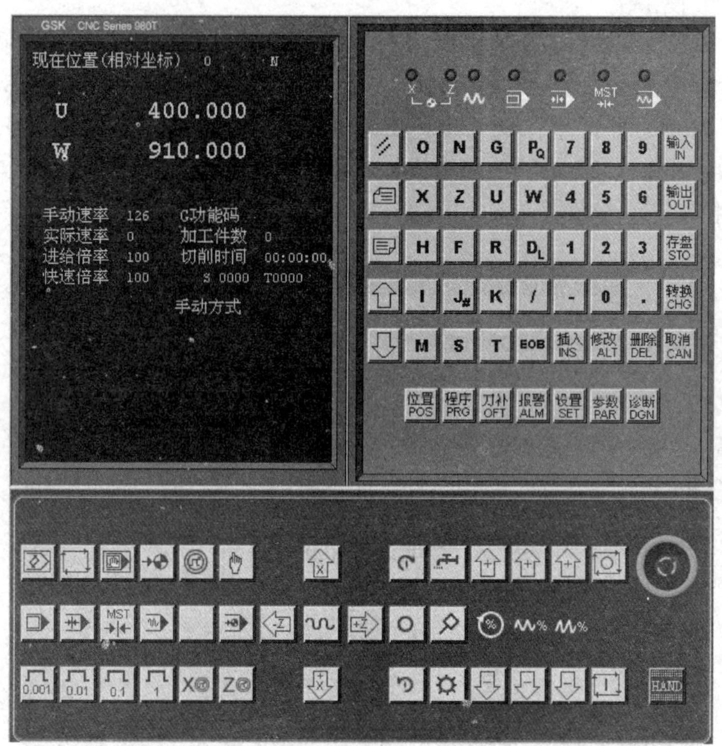

图 1—15　广数 GSK980T 系统数控车床操作面板

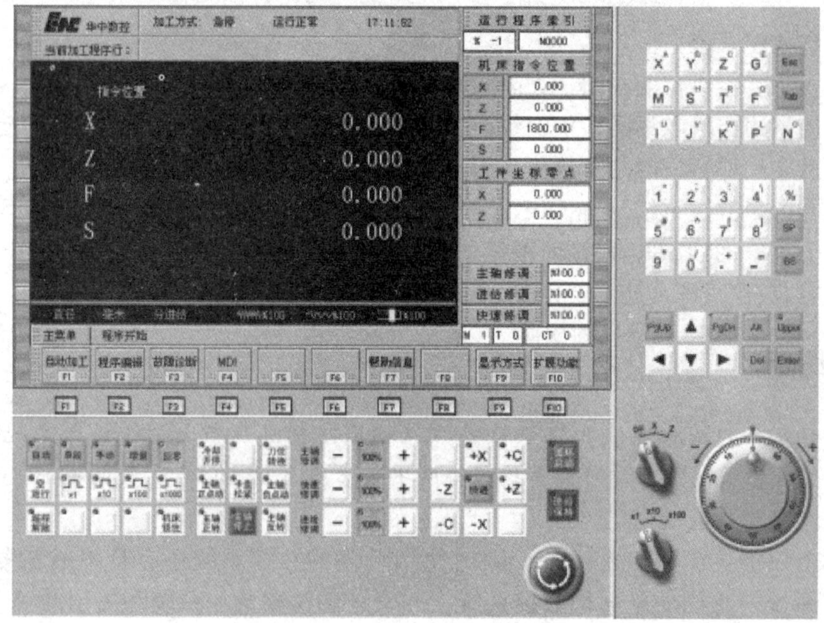

图 1—16　华中 HNC—21T 系统数控车床操作面板

第二节　数控加工与数控编程概述

一、数控加工

1. 数控加工的定义

数控加工是指在数控机床上自动加工零件的一种工艺方法。数控加工的实质：数控机床按照事先编制好的加工程序并通过数字控制过程，自动地对零件进行加工。

2. 数控加工的内容

一般来说，数控加工流程如图 1—17 所示，主要包括以下几方面的内容。

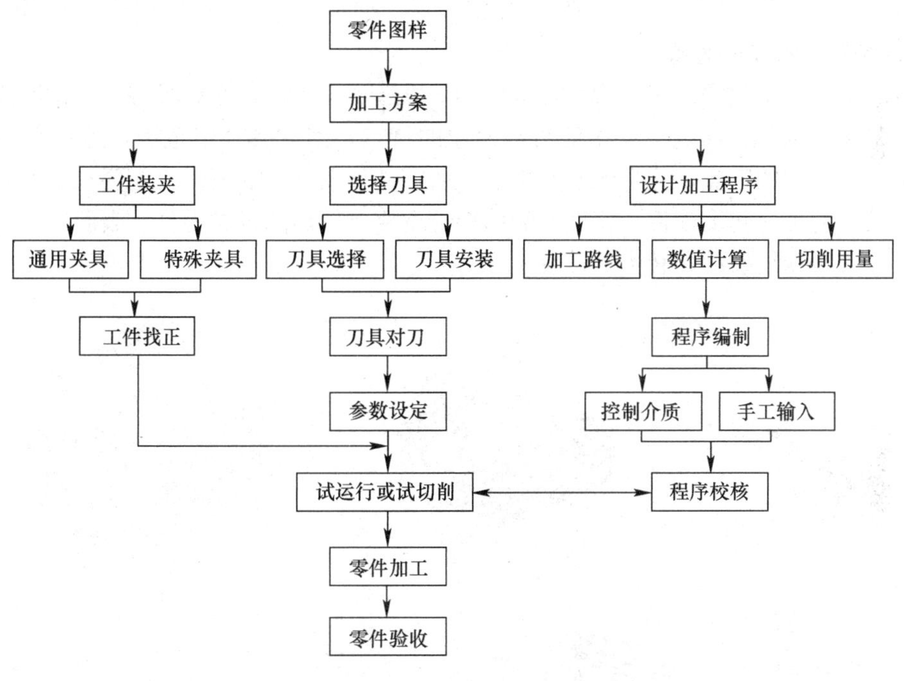

图 1—17　数控加工流程

（1）分析图样，确定加工方案

对所要加工的零件进行技术要求分析，选择合适的加工方案，再根据加工方案选择合适的数控加工机床。

（2）工件的定位与装夹

根据零件的加工要求，选择合理的定位基准，并根据零件批量、精度及加工成本选择合适的夹具，完成工件的装夹与找正。

（3）刀具的选择与安装

根据零件的加工工艺性与结构工艺性，选择合适的刀具材料与刀具种类，完成刀具的安装与对刀，并将对刀所得参数正确设定在数控系统中。

（4）编制数控加工程序

根据零件的加工要求，对零件进行编程，并经初步校验后将这些程序通过控制介质或手动方式输入机床数控系统。

（5）试运行、试切削并校验数控加工程序

对所输入的程序进行试运行，并进行首件的试切削。试切削一方面用来对加工程序进行最后的校验，另一方面用来校验工件的加工精度。

（6）数控加工

当试切的首件经检验合格并确认加工程序正确无误后，便可进入数控加工阶段。

（7）工件的验收与质量误差分析

工件入库前，先进行工件的检验，并通过质量分析，找出误差产生的原因，得出纠正误差的方法。

3. 数控车床的加工对象

数控车削加工是数控加工中应用最多的加工方法。由于数控车床具有加工精度高、能做直线和圆弧插补以及在加工过程中能自动变速的特点，因此其加工范围比普通车床要广得多。针对数控车床的特点，适合数控车削加工的零件如图 1—18 所示，主要有精度和表面粗糙度要求较高的轴、套类零件，精度和表面粗糙度要求较高的盘类零件，表面形状复杂的回转类零件，带特殊轮廓的回转类零件等。

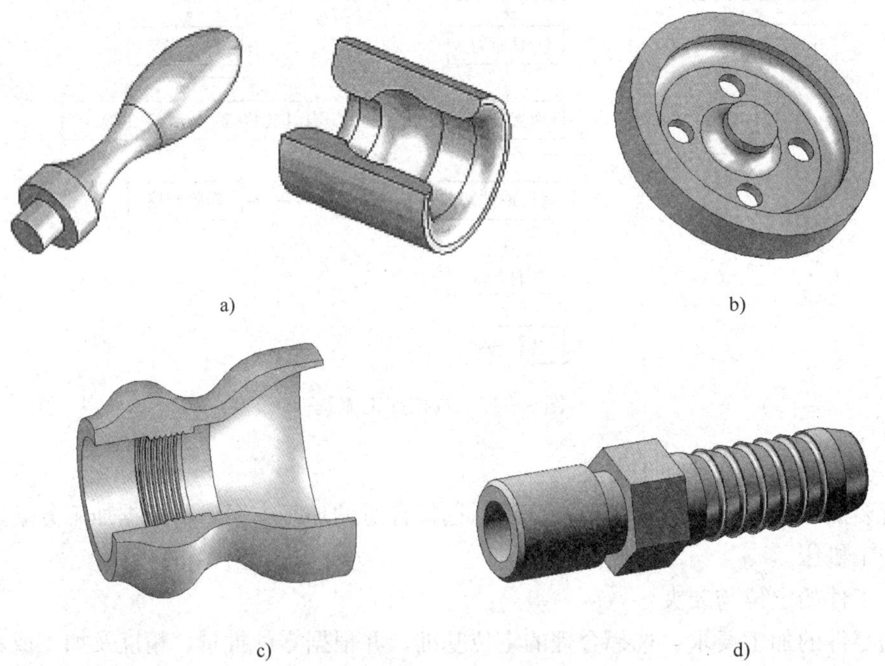

图 1—18　适合数控车削加工的零件

a）轴、套类零件　b）盘类零件　c）表面形状复杂的回转类零件　d）带特殊轮廓的回转类零件

二、数控编程

1. 数控编程的定义

为了使数控机床能根据零件加工的要求进行动作，必须将这些要求以机床数控系统能识别的指令形式告知数控系统，这种数控系统可以识别的指令称为程序，制作程序的过程称为数控编程。

数控编程的过程不仅仅指编写数控加工指令的过程，它是指从零件分析到编写加工指令，再到制成控制介质以及程序校核的全过程。

在编程前首先要进行零件的加工工艺分析，确定加工工艺路线、工艺参数、刀具的运动轨迹、位移量、切削参数（切削速度、进给量、背吃刀量）以及各项辅助功能（换刀，主轴正、反转，切削液开、关等）；然后根据数控机床规定的指令及程序格式编写加工程序单；再把这一程序单中的内容记录在控制介质（如移动存储器、硬盘）上，检查正确无误后采用手工输入方式或计算机传输方式输入到数控机床的数控装置中，从而指挥机床加工零件。

2. 数控编程的分类

数控编程可分为手工编程和自动编程两种。

（1）手工编程

手工编程是指编制加工程序的全过程（即图样分析、工艺处理、数值计算、编写程序单、制作控制介质、程序校验）都由手工来完成。

手工编程不需要计算机、编程器、编程软件等辅助设备，只需要合格的编程人员。手工编程具有编程快速、及时的优点，但其缺点是不能进行复杂曲面的编程。手工编程比较适合批量较大、形状简单、计算方便、轮廓由直线或圆弧组成的零件的加工。而形状复杂的零件，特别是具有非圆曲线、列表曲线及曲面的零件，采用手工编程则比较困难，最好采用自动编程的方法进行编程。

（2）自动编程

自动编程是指通过计算机自动编制数控加工程序的过程。

自动编程的优点是效率高，程序正确性好。自动编程由计算机替代人完成复杂的坐标计算和书写程序单的工作，它可以解决许多手工编程无法完成的复杂零件的编程难题。但是，自动编程必须借助自动编程系统或编程软件才能完成。

实现自动编程的方法主要有语言式自动编程和图形交互式自动编程两种。前者是通过高级语言的形式，表示出全部加工内容，计算机采用批处理方式，一次性处理、输出加工程序。后者是采用人机对话的处理方式，利用 CAD/CAM 软件生成加工程序。CAD/CAM 软件编程与加工过程为图样分析、工艺分析、三维造型、生成刀具轨迹、后置处理生成加工程序、程序校验、程序传输并进行加工。

当前常用的数控车床自动编程软件有 Mastercam 数控车床编程软件（自动编程界面见图 1—19）、CAXA 数控车床编程软件（自动编程界面见图 1—20）等。

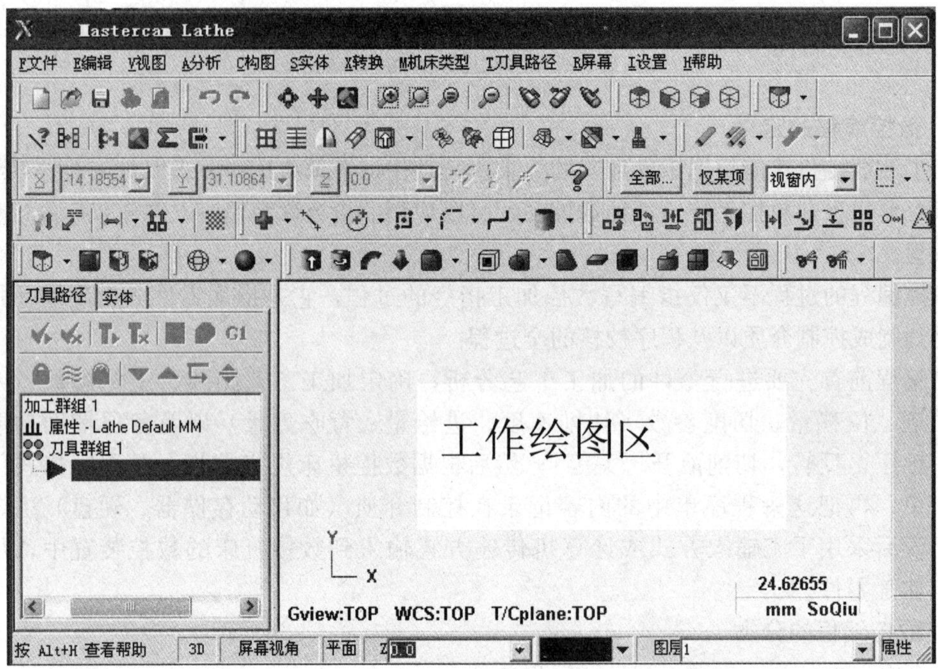

图 1—19　Mastercam X5 数控车床编程软件的自动编程界面

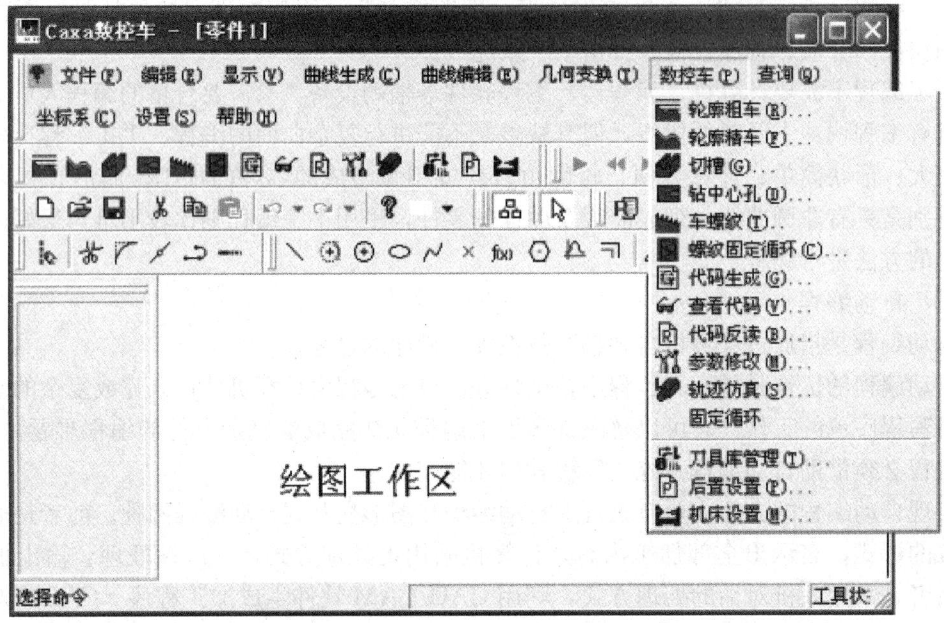

图 1—20　CAXA 数控车床编程软件的自动编程界面

3. 手工编程的步骤

手工编程的步骤如图 1—21 所示，主要有以下几个方面的内容：

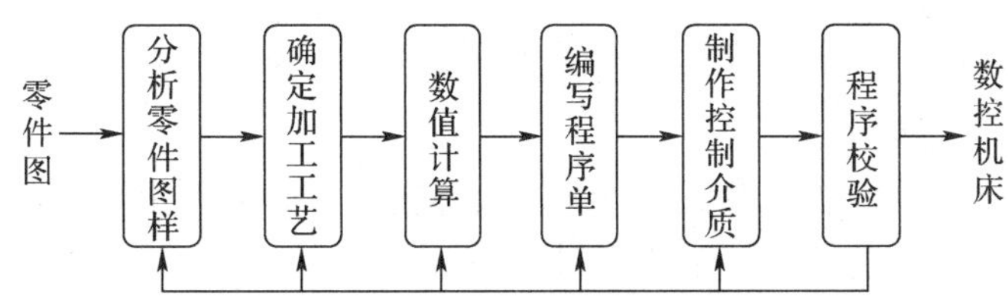

图 1—21　手工编程的步骤

（1）分析零件图样

包括零件轮廓分析，零件尺寸精度、形位精度、表面粗糙度、技术要求的分析，零件材料等要求的分析。

（2）确定加工工艺

包括选择加工方案，确定加工路线，选择定位与夹紧方式，选择刀具，选择各项切削参数，选择对刀点、换刀点等。

（3）数值计算

选择编程原点，对零件图样各基点进行正确的数学计算，为编写程序单做好准备。

（4）编写程序单

根据数控机床规定的指令及程序格式，编写加工程序单。

（5）制作控制介质

简单的数控程序可以直接手工输入机床。当程序自动输入机床时，必须制作控制介质。现在大多数程序采用移动存储器、硬盘作为存储介质，采用计算机或通过网络传输来输入机床。老式的控制介质——穿孔纸带已被淘汰了。

（6）程序校验

程序必须经过校验正确后才能使用。一般采用机床空运行的方式进行校验，有图形显示卡的机床可直接在 CRT 显示屏上进行校验，现在有很多学校还采用计算机通过仿真模拟进行校验。以上方式只能进行数控程序、机床动作的校验，如果要校验加工精度，则要进行首件试切校验。

4. 数控车床编程特点

（1）混合编程

在一个程序段中，根据零件图样上标注的尺寸，可以采用绝对或增量方式编程，也可采用两者混合编程。在 SIEMENS（西门子）系统中用 G90/G91 指令来指定绝对尺寸与增量尺寸，而在某些数控系统（如 FANUC）中则规定直接用地址符 U、W 分别指定 X、Z 坐标轴上的增量值。

（2）径向尺寸以直径量表示

由于被车削零件的径向尺寸在图样标注和测量时均采用直径尺寸表示，所以在直径方向编程时，X（U）通常以直径量表示。如果要以半径量表示，则通常要用相关指令在程序中进行规定。

（3）径向加工精度高

为提高工件的径向尺寸精度，X 向的脉冲当量取 Z 向的 1/2。

（4）固定循环简化编程

车削加工时常使用棒料或锻料毛坯，加工余量较多。为了简化编程，数控系统采用了不同形式的固定循环，便于进行重复循环切削。

（5）刀尖圆弧半径补偿

在数控编程时，常将车刀刀尖简化成一个点，而实际的刀尖通常是一个半径不大的圆弧。为了提高工件的加工精度，在编制圆弧形车刀的加工程序时，常采用 G41 或 G42 指令来对车刀的刀尖圆弧半径进行补偿。

（6）采用刀具位置补偿

对于数控车床的对刀操作及工件坐标系的设定，通常采用刀具位置补偿的方法进行。

第三节 数控车床编程基础知识

一、数控机床的坐标系

1. 机床坐标系

（1）机床坐标系的定义

在数控机床上加工零件时，机床的动作是由数控系统发出的指令来控制的。为了确定机床的运动方向和移动距离，就要在机床上建立一个坐标系，这个坐标系称为机床坐标系，又称为标准坐标系。

（2）机床坐标系中的规定

数控车床的加工动作主要分为刀具的运动和工件的运动两部分。因此，在确定机床坐标系的方向时，永远假定刀具相对于静止的工件运动。

对于机床坐标系的方向，统一规定增大工件与刀具间距离的方向为正方向。

数控机床的坐标系采用符合右手定则规定的笛卡儿坐标系。如图 1—22a 所示，右手的拇指的方向为 X 轴的正方向，食指指向 Y 轴的正方向，中指指向 Z 轴的正方向。图 1—22b 则规定了转动轴 A、B、C 轴转动的正方向。带动工件旋转的主轴（如车床主轴）的正转方向（$+C'$）与 $+C$ 方向相反。各类前置刀架式车床的所谓“正转”是习惯上的俗称，按机床坐标系的标准应为反转（$-C'$）。

（3）机床坐标系的方向

1）Z 坐标方向　Z 坐标的运动由主要传递切削动力的主轴所决定。对于任何具有旋转主轴的机床，其主轴及与主轴轴线平行的坐标轴都称为 Z 坐标轴（简称 Z 轴）。根据坐标系正方向的确定原则，刀具远离工件的方向为该轴的正方向。

2）X 坐标方向　X 坐标一般为水平方向并垂直于 Z 轴。对于工件旋转的机床（如车床），X 坐标方向规定为在工件的径向上且平行于车床的横导轨。同时也规定刀具远离工件的方向为 X 轴的正方向。

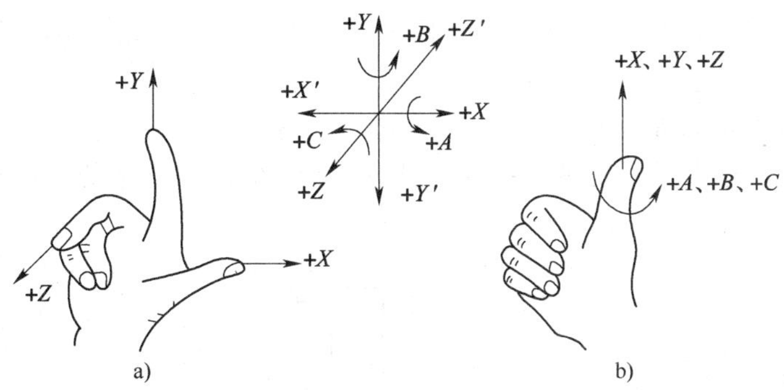

图 1—22　右手笛卡儿坐标系

确定 X 坐标方向时，要特别注意前置刀架式数控车床（图 1—23a）与后置刀架式数控车床（图 1—23b）的区别。

3）Y 坐标方向及确定各轴的方法　Y 坐标垂直于 X、Z 坐标轴。按照右手笛卡儿坐标系确定机床坐标系中各坐标轴时，应根据主轴先确定 Z 轴，然后再确定 X 轴，最后确定 Y 轴。数控车床的坐标系如图 1—23 所示。

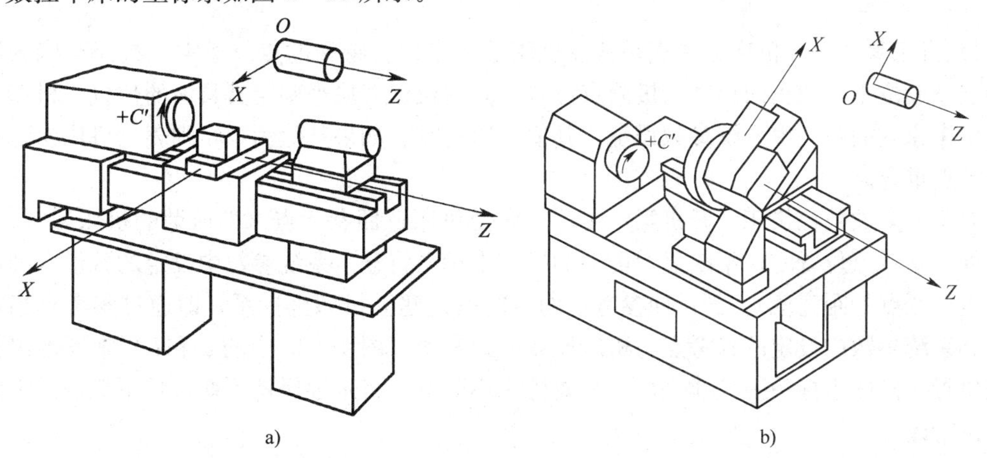

图 1—23　数控车床的坐标系

a）前置刀架式数控车床的坐标系　b）后置刀架式数控车床的坐标系

提示

普通数控车床没有 Y 轴方向的移动，但＋Y 方向在判断圆弧顺逆及判断刀补方向时起作用。

4）旋转轴方向　旋转坐标 A、B、C 对应表示其轴线分别平行于 X、Y、Z 坐标轴的旋转坐标。A、B、C 坐标的正方向分别规定为沿 X、Y、Z 坐标正方向并按照右旋螺纹旋进的方向，如图 1—22b 所示。

（4）机床原点与机床参考点

1）机床原点　机床原点（又称为机床零点）是机床上设置的一个固定的点，即机床坐标系的原点。它在机床装配、调试时就已调整好，一般情况下不允许用户进行更改，因此它是一个固定的点。

机床原点是数控机床进行加工或位移的基准点。有一些数控车床将机床原点设在卡盘中心处（图 1—24a），还有一些数控车床将机床原点设在刀架位移的正向极限点位置（图 1—24b）。

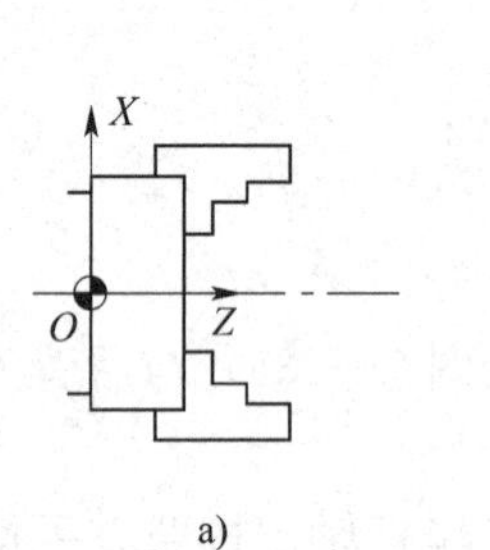

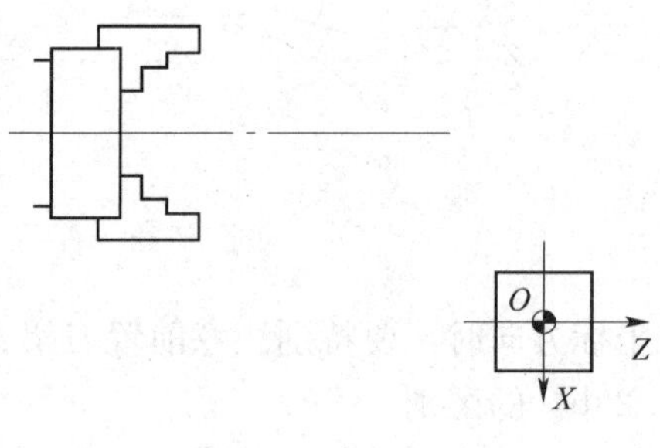

a)　　b)

图 1—24　机床原点的位置

a）机床原点位于卡盘中心　b）机床原点位于刀架正向运动极限点

2）机床参考点　机床参考点是数控机床上一个位置特殊的点。通常，数控车床的第一参考点一般位于刀架正向移动的极限点位置，并由机械挡块来确定其具体的位置。机床参考点与机床原点的距离由系统参数设定，其值可以是零。如果其值为零，则表示机床参考点和机床零点重合。

对于大多数数控机床，开机第一步总是先使机床返回参考点（即所谓的机床回零）。当机床处于参考点位置时，系统显示屏上的机床坐标系将显示系统参数中设定的数值（即参考点与机床原点的距离值）。开机回参考点的目的就是建立机床坐标系，即通过参考点当前的位置和系统参数中设定的参考点与机床原点的距离值（图 1—25 中的 a 和 b）来反推出机床原点位置。机床坐标系一经建立后，只要机床不断电，将永远保持不变，且不能通过编程来对它进行改变。

想一想

在图 1—24a 及图 1—24b 两种情况下，机床回参考点后其机床坐标系的值有何不同？

机床上除设立了第一参考点外，还可用参数来设定第二、三、四参考点，设立这些参考点的目的是建立一个固定的点，在该点处数控机床可执行诸如换刀等一些特殊的动作。

提示

当前有很多数控车床，开机后已不需要回参考点即可直接进行操作。

2. 工件坐标系

(1) 工件坐标系的定义

机床坐标系的建立保证了刀具在机床上的正确运动。但是，加工程序的编制通常是针对某一工件并根据零件图样进行的。为了便于尺寸计算与检查，加工程序的坐标原点一般都尽量与零件图样的尺寸基准相一致。这种针对某一工件并根据零件图样建立的坐标系称为工件坐标系（又称编程坐标系）。

（2）工件坐标系原点

工件坐标系原点又称编程原点，指工件装夹完成后，选择工件上的某一点作为编程或工件加工的基准点。工件坐标系原点在图中以符号“◕”表示。

数控车床工件坐标系原点选取如图 1—26 所示。*X* 向一般选在工件的回转中心，而 *Z* 向一般选在完工工件的右端面中心（*O* 点）或左端面中心（*O*′点）。采用左端面中心作为 *Z* 向工件坐标系原点时，有利于保证工件的总长，而采用右端面中心作为 *Z* 向工件坐标系原点时，则有利于对刀。

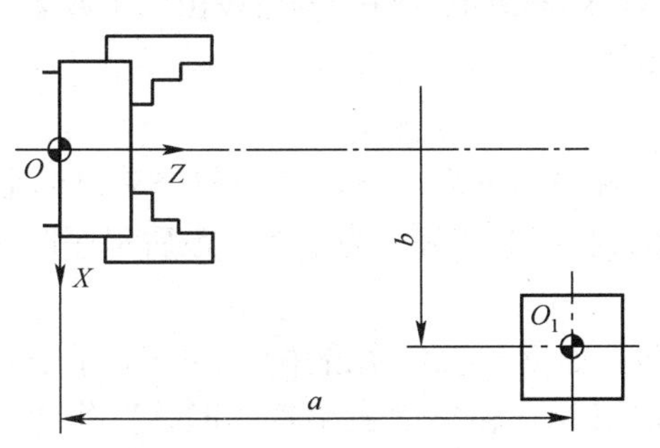

图 1—25　机床原点与参考点

O—机床原点　O_1—机床参考点

a—*Z* 向距离参数值　*b*—*X* 向距离参数值

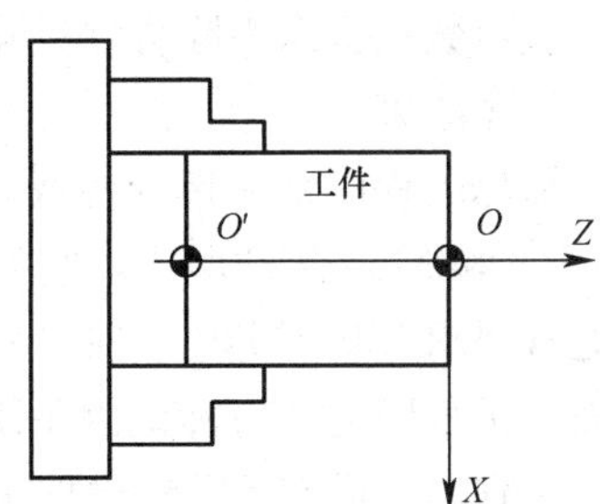

图 1—26　工件坐标系原点选取

二、数控加工程序的格式与组成

每一种数控系统，根据系统本身的特点与编程的需要，都有一定的程序格式。对于不同的数控系统，其程序格式也不尽相同。因此，编程人员在按数控程序的常规格式进行编程的同时，还必须严格按照系统说明书的格式进行编程。

1. 程序的组成

一个完整的程序由程序号、程序内容和程序结束三部分组成，如下所示：

```
O0001;                              程序号
  N10 G99 G40 G21;
  N20 T0101;
  N30 G00 X100.0 Z100.0;            程序内容
  N40 M03 S800;
      ⋮
  N200 G00 X100.0 Z100.0;
  N210 M30;                         程序结束
```

（1）程序号

每一个存储在系统存储器中的程序都需要指定一个代号以相互区别，这种用于区别零件加工程序的代号称为程序号。因为程序号是加工程序开始部分的识别标记（又称为程序名），所以同一数控系统中的程序号（名）不能重复。程序号写在程序的最前面，必须单独占一行。

FANUC 系统程序号的书写格式为 O××××，其中 O 为地址符，其后为四位数字，程序号为 O0000 到 O9999，在书写时数字前的零可以省略不写，如 O0020 可写成 O20。

SIEMENS 系统中，程序号由任意字母、数字和下划线组成，一般情况下程序号的前两位多以英文字母开头，如 AA123、BB456 等。

（2）程序内容

程序内容是整个加工程序的核心，它由许多程序段组成，每个程序段由一个或多个指令构成，它表示数控机床中除程序结束外的全部动作。

（3）程序结束

结束部分由程序结束指令构成，它必须写在程序的最后。可以作为程序结束标记的 M 指令有 M02 和 M30 两种形式，它们代表零件加工程序的结束。为了保证最后程序段的正常执行，通常要求 M02/M30 单独占一行。

此外，子程序的结束标记因系统不同而不同，如 FANUC 系统中用 M99 表示子程序结束后返回主程序，而在 SIEMENS 系统中则通常用 M17、M02 或字符“RET”作为子程序的结束标记。

2. 程序段的组成

（1）程序段基本格式

程序段是程序的基本组成部分，每个程序段由若干个数据字构成，而数据字又由表示地址的英文字母、特殊文字和数字构成，如 X30.0、G50 等。

程序段格式是指一个程序段中字、字符、数据的排列、书写方式和顺序。通常情况下，程序段格式有字—地址程序段格式、使用分隔符的程序段格式、固定程序段格式三种。后两种程序段格式除在线切割机床中的“3B”或“4B”指令还能见到外，其余的数控机床系统已很少使用了。因此，这里主要介绍字—地址程序段格式。

字—地址程序段格式如下：

N_ G_ X_ Y_ Z_ F_ S_ T_ M_ LF

N_	G_	X_ Y_ Z_	F_	S_	T_	M_	LF
程序段号	准备功能	尺寸字	进给功能	主轴功能	刀具功能	辅助功能	结束标记

例　N50 G01 X30.0 Z30.0 F100 S800 T01 M03；

（2）程序段的组成

1）程序段号　程序段号由地址符“N”开头，其后为若干位数字。

在大部分系统中，程序段号仅作为“跳转”或“程序检索”的目标位置指示。因此，它的大小及次序可以颠倒，也可以省略。程序段在存储器内按输入的先后顺序排列，而程序的执行是严格按信息在存储器内的先后顺序一段一段地执行，也就是说执行的先后次序与程序段号无关。但是，当程序段号省略时，该程序段将不能作为“跳转”或“程序检索”的目标程序段。

程序段号也可以由数控系统自动生成，程序段号的递增量可以通过“机床参数”进行设置，一般可设定增量值为10。

2）程序段内容　程序段的中间部分是程序段内容。程序段内容应具备六个基本要素，即准备功能字、尺寸功能字、进给功能字、主轴功能字、刀具功能字、辅助功能字等，但并不是所有程序段都必须包含所有功能字，有时一个程序段内仅包含其中一个或几个功能字。

例　如图1—27所示，为了将刀具从 P_1 点移到 P_2 点，必须在程序段中明确以下几点：

①移动的目标是哪里？

②沿什么样的轨迹移动？

③移动速度有多快？

④刀具的切削速度是多少？

⑤选择哪一把刀移动？

⑥机床还需要哪些辅助动作？

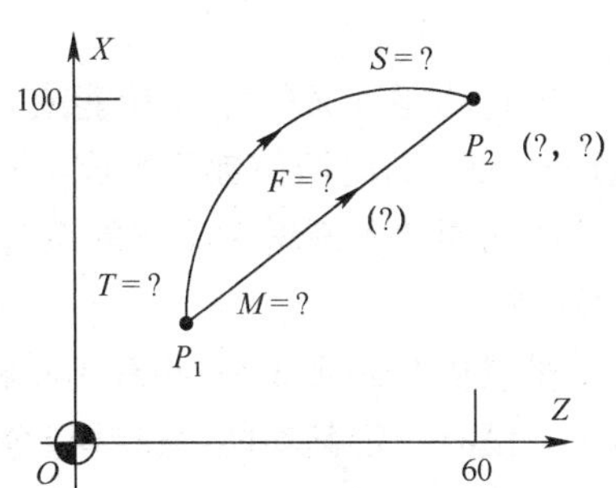

图1—27　程序段的内容

对于图1—27中的直线刀具轨迹，其程序段可写成如下格式：

N10 G90 G01 X100.0 Z60.0 F100 S300 T01 M03；

如果在该程序段前已指定了刀具功能、转速功能、辅助功能，则该程序段可写成：

N10 G01 X100.0 Z60.0 F100；

3）程序段结束　程序段以结束标记“CR（或LF）”结束。实际使用时，常用符号“；”或“*”表示“CR（或LF）”。

（3）程序的跳跃

有时，在程序段的前面有“/”符号，该符号称为斜杠跳跃符号，该程序段称为可跳跃程序段。

例　/N10 G00 X100.0；

这样的程序段可以由操作人员对程序段和执行情况进行控制。当操作机床使系统的“跳过程序段”信号生效时，程序执行时将跳过这些程序段；当“跳过程序段”信号无效时，程序段照常执行，该程序段和不加“/”符号的程序段相同。

（4）程序段注释

为了方便检查、阅读数控程序，在许多数控系统中允许对程序进行注释。注释作为对操作人员的提示可以显示在屏幕上，但是对机床动作没有丝毫影响。

程序段注释应放在程序段最后，不允许将注释插在地址和数字之间。FANUC系统的程序注释用“（　）”括起来，SIEMENS系统的程序注释则跟在“；”之后。本书为了便于读者阅读，一律用“；”表示程序段结束，用“（　）”表示程序段注释。

例　O0000；　　　　　　　　（程序号）

　　G98 G40 G21；　　　　　（程序初始化）

```
T0101;                      （换 1 号刀，取 1 号刀具补偿）
  ⋮
```

第四节　数控机床的有关功能及规则

数控系统常用的系统功能有准备功能、辅助功能、其他功能三种。这些功能是编制数控程序的基础。

一、准备功能

准备功能（又称为 G 功能或 G 指令）是用于数控机床做好某些准备动作的指令。它由地址 G 和后面的两位数字组成，从 G00 到 G99 共 100 种，如 G01、G41 等。目前，随着数控系统功能的不断增多，有的系统已采用三位数的功能指令，如 SIEMENS 系统中的 G450、G451 等。

虽然从 G00 到 G99 共有 100 种 G 指令，但并不是每种指令都有实际意义。实际上有些指令并没有指定其功能，这些指令主要用于将来修改标准时指定新功能。还有一些指令，即使在修改标准时也永不指定其功能，这些指令可由机床设计者根据需要定义其功能，但必须在机床的出厂说明书中予以说明。

二、辅助功能

辅助功能（又称为 M 功能或 M 指令）由地址 M 和后面的两位数字组成，从 M00 到 M99 共 100 种。辅助功能主要控制机床或系统的启动、关闭等辅助动作，如启、停冷却泵，主轴正、反转，程序的结束等。

同样，由于数控系统及机床生产厂家的不同，M 指令的功能也不相同，甚至有些 M 指令与 ISO 标准指令的含义也不相同。因此，一方面，迫切需要对数控指令进行标准化；另一方面，在进行数控编程时，一定要按照机床说明书的规定进行。

在同一程序段中，既有 M 指令又有其他指令时，M 指令与其他指令执行的先后顺序由机床系统参数设定。因此，为保证程序按照正确的次序执行，有很多 M 指令（如 M30、M02、M98 等）最好以单独的程序段进行编程。

三、其他功能

1. 坐标功能

坐标功能字（又称为尺寸功能字）用来设定机床各坐标的位移量。它一般以 X、Y、Z、U、V、W、P、Q、R（用于指定直线坐标）和 A、B、C、D、E（用于指定角度坐标），以及 I、J、K（用于指定圆心坐标）等地址为首，在地址符后紧跟“+”或“−”号及一串数字，如 X100.0、A+30.0、I−10.0 等。

2. **刀具功能**

刀具功能是指系统进行选刀或换刀的功能指令，又称为 T 功能或 T 指令。刀具功能用地址 T 及后缀的数字来表示，常用刀具功能指定方法有 T4 位数法和 T2 位数法。

（1）T4 位数法

T4 位数法可以同时指定刀具和选择刀具补偿，其 4 位数的前两位数用于指定刀具号，后两位数用于指定刀具补偿存储器号，刀具号与刀具补偿存储器号不一定要相同。目前大多数数控车床采用 T4 位数法。

例 T0101；（表示选用 1 号刀具及选用 1 号刀具补偿存储器中的补偿值）

T0102；（表示选用 1 号刀具及选用 2 号刀具补偿存储器中的补偿值）

（2）T2 位数法

T2 位数法仅能指定刀具号，刀具补偿存储器号则由其他代码（如 D 或 H 代码）进行选择。同样，刀具号与刀具补偿存储器号不一定要相同。目前绝大多数的加工中心采用 T2 位数法。

例 T05 D01；（表示选用 5 号刀具及选用 1 号刀具补偿存储器中的补偿值）

3. **进给功能**

用来指定刀具相对于工件运动速度的功能称为进给功能（又称为 F 功能或 F 指令），由地址 F 和其后缀的数字组成。根据加工的需要，进给功能分每分钟进给和每转进给两种。

（1）每分钟进给

直线运动的单位为毫米/分（mm/min）；如果主轴是回转轴，则其单位为度/分（°/min）。每分钟进给通过准备功能字 G98（数控铣床及部分数控车床系统采用 G94）来指定，其值为大于零的常数。

例 G98 G01 X20.0 F100；（表示进给速度为 100 mm/min）

（2）每转进给

在加工螺纹、镗孔过程中，常使用每转进给来指定进给速度，其单位为毫米/转（mm/r），通过准备功能字 G99（数控铣床及部分数控车床系统采用 G95）来指定。

例 G99 G01 X20.0 F0.2；（表示进给速度为 0.2 mm/r）

在编程时，进给速度不允许用负值来表示，一般也不允许用 F0 来控制进给停止。但在实际操作过程中，可通过机床操作面板上的进给倍率开关对进给速度值进行修正，因此，通过倍率开关可以控制进给速度的值为 0。至于机床开始与结束进给过程中的加、减速运动，则由数控系统来自动实现，编程时无须考虑。

4. **主轴功能**

用来控制主轴转速的功能称为主轴功能（又称为 S 功能或 S 指令）。它由地址 S 和其后缀数字组成。根据加工的需要，主轴的转速分为转速 S 和恒线速度 V 两种。

（1）转速 S

转速 S 的单位是转/分（r/min），用准备功能 G97 来指定，其值为大于 0 的常数。

例 G97 S1000；（表示主轴转速为 1 000 r/min）

（2）恒线速度 V

有时，在加工过程中为了保证工件表面的加工质量，转速常用恒线速度来指定。恒线速度的单位为米/分（m/min），用准备功能 G96 来指定。

提示

采用恒线速度进行编程时，为防止转速过高引起事故，很多系统都设有最高转速限定指令（如 FANUC 系统中的“G50 S _；”指令）。

例 G96 S100；（表示主轴转速为 100 m/min）

线速度与转速之间可以换算，其换算关系如图 1—28 所示。

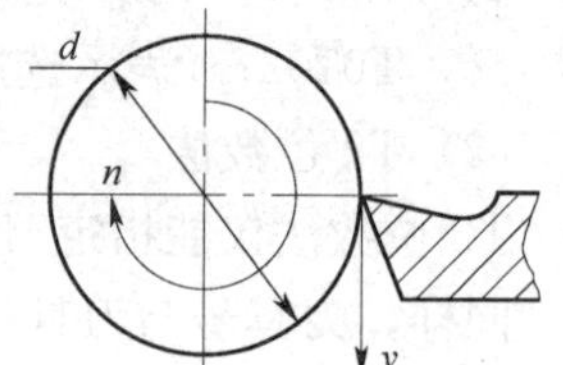

图 1—28 线速度与转速关系

$$v=\pi dn/1\ 000$$

$$n=1\ 000v/\pi d$$

式中 v——切削速度，m/min；

d——刀具切削的外圆直径，mm；

n——主轴转速，r/min。

在编程时，主轴转速不允许用负值来表示，但允许用 S0 使转动停止。在实际操作过程中，可通过机床操作面板上的主轴倍率开关来对主轴转速值进行修正，一般其调整范围为 50%～120%。

（3）主轴的启、停

在程序中，主轴的正转、反转、停转由辅助功能 M03/M04/M05 进行控制。其中，M03 表示主轴正转，M04 表示主轴反转，M05 表示主轴停转。

例 G97 M03 S300；（表示主轴正转，转速为 300 r/min）

M05； （表示主轴停转）

四、常用功能指令的属性

1. 指令分组

所谓指令分组，就是将系统中不能同时执行的指令分为一组，并以编程号区别。例如 G00、G01、G02、G03 就属于同组指令，其编号为 01 组。类似的同组指令还有很多，详见后面章节中的 FANUC 与 SIEMENS 指令一览表。

同组指令具有相互取代作用。同一组指令在同一个程序段内只能有一个生效，当在同一个程序段内出现两个或两个以上的同组指令时，一般以最后输入的指令为准，有的机床还会出现机床系统报警。因此，在编程过程中要避免将同组指令编入同一程序段内，以免引起混淆。不同组的指令在同一程序段内可以进行不同的组合。

例 1 G98 G40 G21；该程序段是规范的程序段，所有指令均为不同组指令。

例 2 G01 G02 X30.0 Z30.0 R30.0 F100；该程序段是不规范的程序段，其中 G01 与

G02 是同组指令。

2. **模态指令**

模态指令（又称为续效指令）表示该指令一经在一个程序段中指定，在接下来的程序段中一直持续有效，直到出现同组的另一个指令时，该指令才失效。与其对应的仅在编入的程序段内才有效的指令称为非模态指令（或称为非续效指令），如 G 指令中的 G04 指令、M 指令中的 M00、M06 等指令。

模态指令的出现，避免了在程序中出现大量的重复指令，使程序变得清晰、明了。同样地，如果前后程序段中某尺寸功能字重复出现，则该尺寸功能字也可以省略。

例 G01 X20.0 Z20.0 F150；
G01 X30.0 Z20.0 F150；
G02 X30.0 Z－20.0 R20.0 F100；

上例中有下划线的指令可以省略。因此，以上程序可写成如下形式：

G01 X20.0 Z20.0 F150.0；
X30.0；
G02 Z－20.0 R20.0 F100.0；

模态指令与非模态指令的具体规定：通常情况下，绝大部分的 G 指令与所有的 F、S、T 指令均为模态指令；M 指令的情况比较复杂，可以查阅有关系统出厂说明书。

3. **开机默认指令**

为了避免编程人员出现指令遗漏，数控系统中对每一组的指令都选取其中的一个作为开机默认指令，该指令在开机或系统复位时可以自动生效，因而在程序中允许不再编写。

常见的开机默认指令有 G01、G18、G40、G54、G99、G97 等。如当程序中没有 G96 或 G97 指令时，用指令“M03 S200；”指定的主轴正转转速是 200 r/min。

五、坐标功能指令规则

1. **绝对坐标与增量坐标**

（1）FANUC 系统中的绝对坐标与增量坐标

在 FANUC 系统及部分国产系统中，不采用指令 G90/G91 来指定绝对坐标与增量坐标，而直接以地址符 X、Z 组成的坐标功能字表示绝对坐标，用地址符 U、W 组成的坐标功能字表示增量坐标。绝对坐标地址符 X、Z 后的数值表示工件原点至该点间的矢量值，增量坐标地址符 U、W 后的数值表示轮廓上前一点到该点的矢量值。在图 1—29 所示的 *AB* 与 *CD* 轨迹中，*B* 点与 *D* 点的坐标表示如下：

B 点的绝对坐标 X20.0 Z10.0， 增量坐标 U－20.0 W－20.0；

D 点的绝对坐标 X40.0 Z0， 增量坐标 U40.0 W－20.0。

（2）SIEMENS 系统中的绝对坐标与增量坐标

在 SIEMENS 系统中，绝对坐标用指令 G90 表示，增量坐标用 G91 表示。两个指令可以相互切换，但不允许混合使用。在图 1—29 中，*B* 点与 *D* 点的坐标如下：

图 1—29a
绝对坐标

图 1—29a
增量坐标

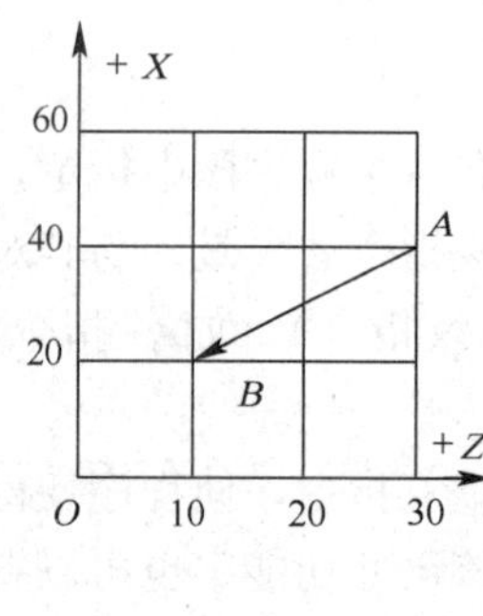

a)

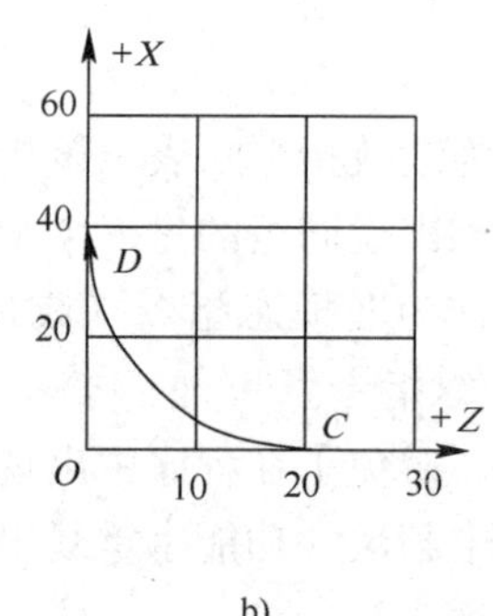

b)

图 1—29b
绝对坐标

图 1—29b
增量坐标

图 1—29 绝对坐标与增量坐标

B 点的绝对坐标 G90 X20 Z10， 增量坐标 G91 X−20 Z−20；

D 点的绝对坐标 G90 X40 Z0， 增量坐标 G91 X40 Z−20。

在 SIEMENS 系统中，除采用 G90 和 G91 分别表示绝对坐标和增量坐标外，有些系统（如 SINUMERIK 802D）还可用符号“AC”和“IC”通过赋值的形式来表示绝对坐标和增量坐标，该符号可与 G90 和 G91 混合使用，其格式如下：

＝AC（ ）（绝对坐标，赋值必须要有一个等于符号，数值写在括号中）

＝IC（ ） （增量坐标）

在图 1—29 中，*B* 点与 *D* 点的混合坐标表示方法如下：

B 点的混合坐标 G90 X20 Z＝IC（−20）；

D 点的混合坐标 G91 X40 Z＝AC（0）。

2. 公制与英制编程

坐标功能字是使用公制还是英制，多数系统用准备功能字来选择。例如，FANUC 系统采用 G21/G20 来进行公、英制的切换，而 SIEMENS 系统和 A−B 系统则采用 G71/G70 来进行公、英制的切换。其中 G21 或 G71 表示公制，而 G20 或 G70 表示英制。

例 G91 G20 G01 X20.0；或 G91 G70 G01 X20.0； （表示刀具向 *X* 正方向移动 20 in）

G91 G21 G01 X50.0；或 G91 G71 G01 X50.0； （表示刀具向 *X* 正方向移动 50 mm）

公、英制对旋转轴无效，旋转轴的单位始终是度（°）。

3. 小数点编程

公制下的数字单位分为两种，一种是以毫米为单位，另一种是以脉冲当量（即机床的最小输入单位）为单位。现在大多数机床常用的脉冲当量为 0.001 mm。

对于数字的输入，有些系统可省略小数点，有些系统则可以通过系统参数来设定是否可以省略小数点，而有些系统则不可省略小数点。对于不可省略小数点编程的系统，当使用小数点进行编程时，数字以毫米（mm）（英制为英寸，in；角度为度，°）为输入单位；当不使用小数点编程时，则以机床的最小输入单位作为输入单位。

例 从 *A* 点（0，0）移动到 *B* 点（50，0）有以下三种表达方式：

X50.0

X50.　　　　(小数点后的零可省略)

X50 000　　　(脉冲当量为 0.001 mm)

以上三组数值均表示 *X* 坐标值为 50 mm，50.0 与 50 000 从数学角度上看两者相差了1 000 倍。

在进行数控编程时，不管哪种系统，为保证程序的正确性，最好不要省略小数点的输入。此外，脉冲当量为 0.001 mm 的系统采用小数点编程时，如果数值小数点后的位数超过三位，数控系统按四舍五入处理。例如，当输入 X50.1234 时，经系统处理后的数值显示为 X50.123。

4. 平面选择指令（G17/G18/G19）

如图 1—30 所示，当机床坐标系及工件坐标系确定后，对应地就确定了三个坐标平面，即 *XY* 平面、*ZX* 平面和 *YZ* 平面，可分别用 G 代码 G17、G18、G19 表示这三个平面，即：

G17——*XY* 平面，G18——*ZX* 平面，G19——*YZ* 平面。

G17

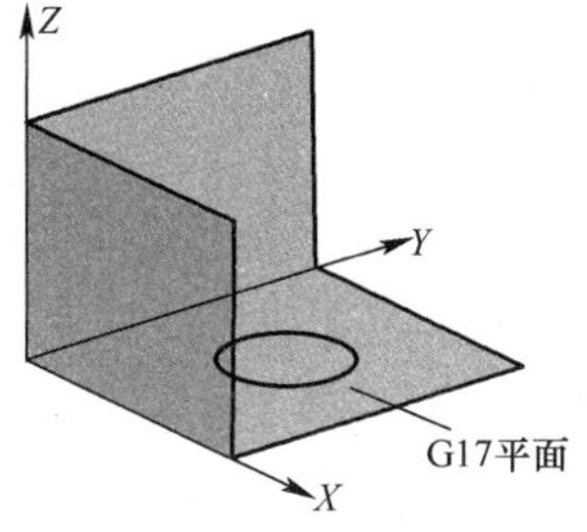

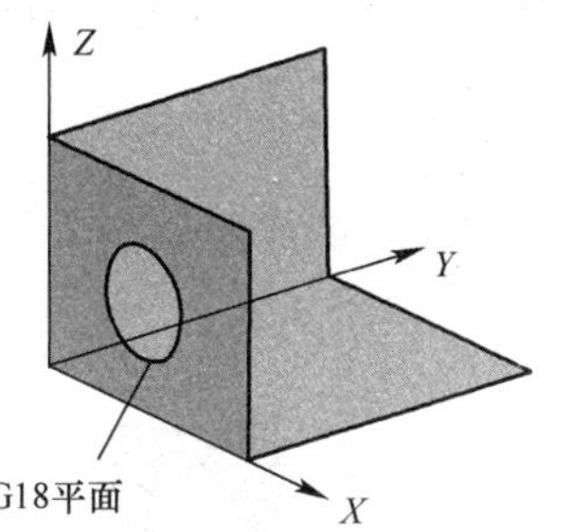

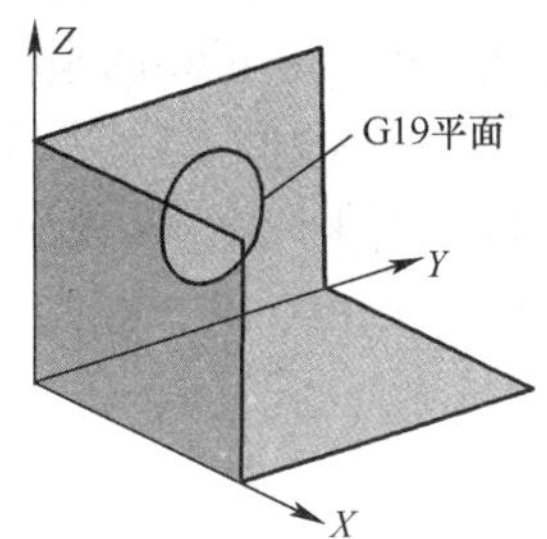

G18

G19

图 1—30　平面选择指令

第五节　数控车床编程中的常用功能指令

一、常用插补指令

1. 快速点定位指令（G00）

（1）指令格式

G00 X＿ Z＿；

X＿ Z＿ ——刀具目标点坐标。当使用增量方式时，X＿ Z＿ 为目标点相对于起始点的增量坐标，不运动的坐标可以不写。

例　G00 X30.0 Z10.0；

（2）指令说明

G00 不用指定移动速度，其移动速度由机床系统参数设定。在实际操作时，也能通过机床面板上的按钮“F0”“F25”“F50”和“F100”对G00移动速度进行调节。

快速移动的轨迹通常为折线型轨迹。

例　如图1—31所示，快速移动轨迹*OA*和*BD*的程序段如下：

OA：G00 X20.0 Z30.0；

BD：G00 X60.0 Z0；

*OA*程序段运行时，刀具先在*X*轴和*Z*轴方向移动相同的增量（即图中的*OB*轨迹），然后再从*B*点移动至*A*点。同样，*BD*程序段的运行轨迹则由轨迹*BC*和*CD*组成。

由于G00的轨迹通常为折线型轨迹。因此，要特别注意采用G00方式进、退刀时刀具相对于工件、夹具所处的位置，以避免在进、退刀过程中刀具与工件、夹具等发生碰撞。

2. 直线插补指令（G01）

（1）指令格式

G01 X__ Z__ F__；

X__ Z__ ——刀具目标点坐标。当使用增量方式时，X__ Z__ 为目标点相对于起始点的增量坐标，不运动的坐标可以不写。

F__——刀具切削进给的进给速度。

例　图1—32中切削运动轨迹*CD*的程序段如下：

G01 X40.0 Z0 F0.2；

图1—31 *BD*段

图1—31 *OA*段

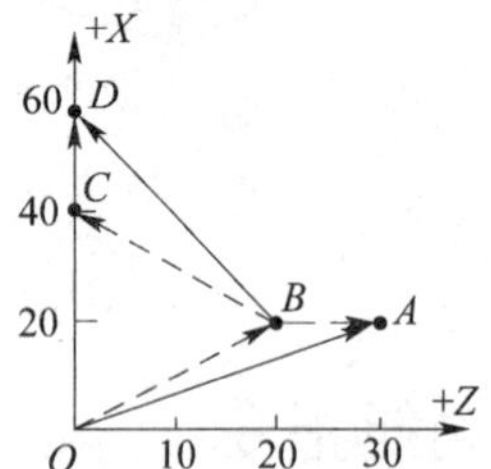

图1—31　G00轨迹实例

图1—32 G01轨迹

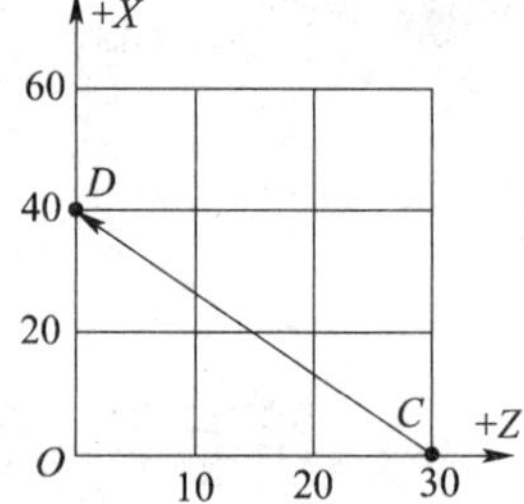

图1—32　G01轨迹实例

（2）指令说明

G01指令是直线运动指令。它命令刀具在两个坐标轴间以插补联动的方式按指定的进给速度做任意斜率的直线运动。因此，执行G01指令的刀具轨迹是直线型轨迹，是连接起点和终点的一条直线。

在G01程序段中必须含有F指令。如果在G01程序段中没有F指令，而在G01程序段前也没有指定F指令，则机床不运动，有的系统还会出现系统报警。

（3）编程实例

例　用G00和G01指令编写图1—33所示工件右端轮廓的精加工程序。

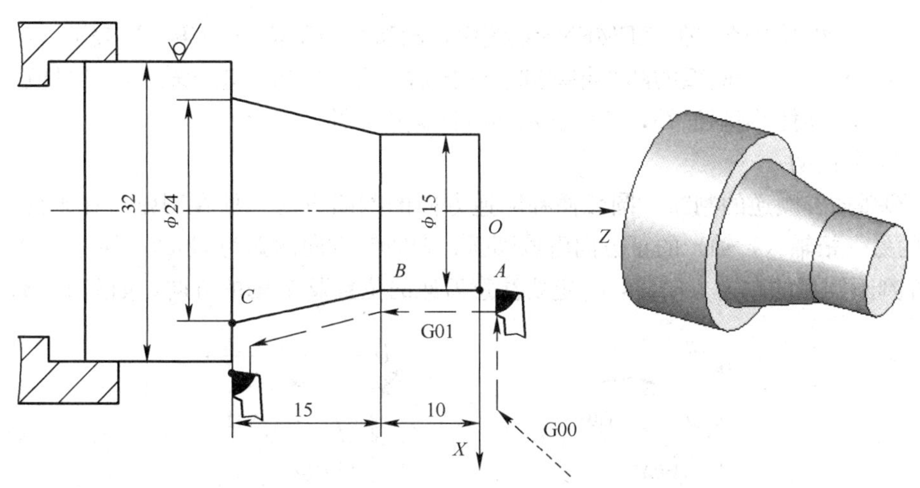

图 1—33　G00 及 G01 指令应用实例

本例工件的加工程序见表 1—1。

表 1—1　　加工程序

FANUC 0i 系统程序	SIEMENS SINUMERIK 802D 系统程序	程序说明
O0001;	AA01. MPF;	程序号
G99 G40 G21;	G95 G71 G40;	程序初始化
T0101;	T1D1;	换刀
G00 X100.0 Z100.0;	G00 X100.0 Z100.0;	
M03 S600;	M03 S600;	主轴正转，600 r/min
G00 X34.0 Z2.0;	G00 X34.0 Z2.0;	刀具定位
X15.0;	X15.0;	
G01 Z−10.0 F0.2;	G01 Z−10.0 F0.2;	加工 φ15 圆柱面，进给速度为 0.2 mm/r
X24.0 Z−25.0;	X24.0 Z−25.0;	车圆锥面
X34.0;	X34.0;	X 向切出
G00 X100.0 Z100.0;	G00 X100.0 Z100.0;	刀具快速退刀
M05;	M05;	主轴停转
M02;	M02;	程序结束

3. 圆弧插补指令（G02/G03）

（1）指令格式

G02(03)X_ Z_ R(CR=)_;

G02(03)X_ Z_ I_ K_;

X_ Z_ ——圆弧的终点坐标值，其值可以是绝对坐标，也可以是增量坐标。在增量方式下，其值为圆弧终点坐标相对于圆弧起点的增量值。

R＿ ——圆弧半径。在 SIEMENS 系统中，圆弧半径用符号“CR=”表示。

I＿ J＿K＿ ——圆弧的圆心相对起点并分别在 X、Y 和 Z 坐标轴上的增量值。

G02 表示顺时针圆弧插补，G03 表示逆时针圆弧插补。

（2）指令说明

1）圆弧插补顺逆的判断　圆弧插补顺逆方向的判断方法：处在圆弧所在平面（如 ZX 平面）的另一根轴（Y 轴）的正方向看该圆弧，顺时针方向圆弧为 G02，逆时针方向圆弧为 G03。在判断圆弧的顺逆方向时，一定要注意刀架的位置及 Y 轴的方向，如图 1—34 所示。

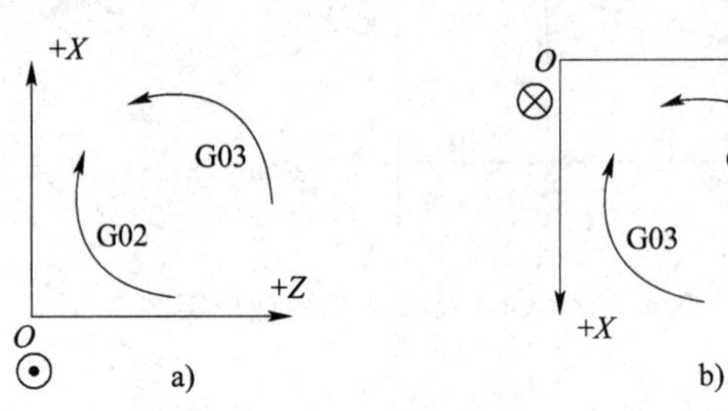

图 1—34　圆弧插补顺逆方向的判断

a）后置刀架，Y 轴朝上（⊙）　b）前置刀架，Y 轴朝下（⊗）

2）I、J、K 的正负值判断　在判断 I、J、K 的正负值时，一定要注意该值为矢量值。如图 1—35 所示，圆弧在编程时的 I、K 值均为负值。

例　如图 1—36 所示，轨迹 AB 用圆弧插补指令编写的程序段如下：

$(AB)_1$　G03 X40.0 Z2.68 R20.0；

　　　　G03 X40.0 Z2.68 I−10.0 K−17.32；

$(AB)_2$　G02 X40.0 Z2.68 R20.0；

　　　　G02 X40.0 Z2.68 I10.0 K−17.32；

图 1—35
I 值

图 1—35
K 值

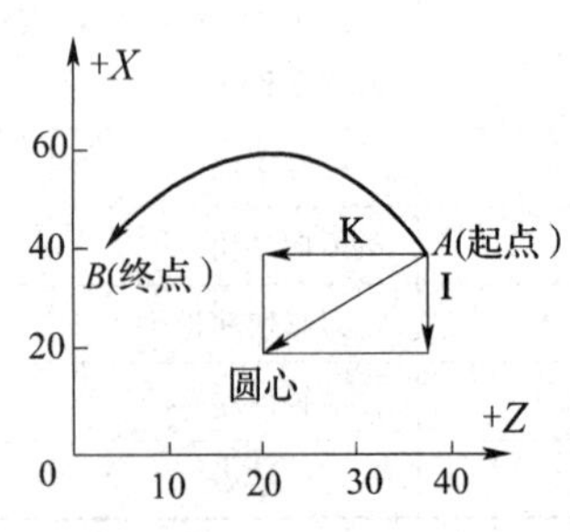

图 1—35　圆弧编程中 I、K 的正负值

图 1—36
I、K 编程

图 1—36
R 编程

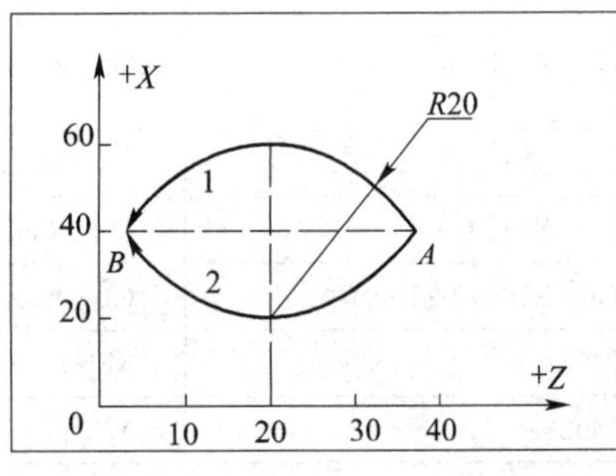

图 1—36　圆弧插补指令编程举例

3）圆弧半径参数 R 的正负值判断　圆弧半径参数 R 有正值与负值之分。当圆弧圆心角小于或等于 180°［图 1—37 中圆弧 $(AB)_1$］时，程序中的 R 用正值表示。当圆弧圆心角大于 180°并小于 360°［图 1—37 中圆弧 $(AB)_2$］时，程序中的 R 用负值表示。需要注意的是，该指令格式不能用于整圆插补的编程，整圆插补需用 I、J、K 方式编程。

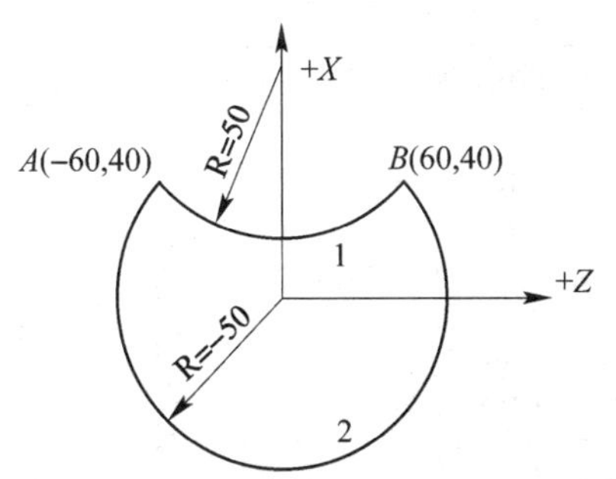

图 1—37 圆弧半径参数的正负值判断

图 1—37 半径负值

图 1—37 半径正值

例 如图 1—37 所示，轨迹 *AB* 用 R 指令格式编写的程序段如下：

$(AB)_1$ G03 X60.0 Z40.0 R50.0 F100；

$(AB)_2$ G03 X60.0 Z40.0 R−50.0 F100；

(3) 圆弧插补编程实例

例 编写图 1—38 所示工件的球面圆弧加工程序（外圆轮廓已加工完成）。

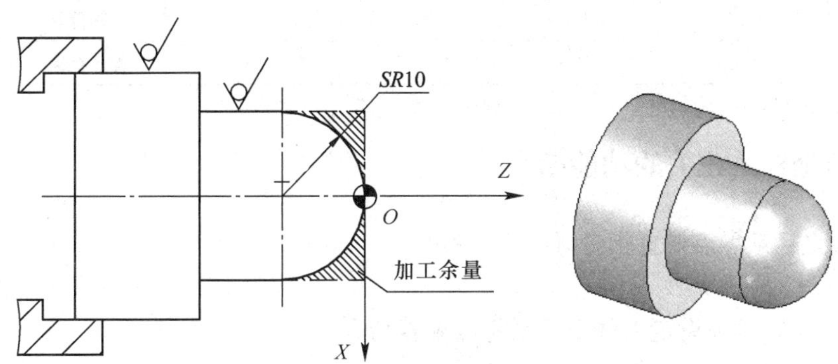

图 1—38 圆弧插补编程实例

本例采用圆弧偏移法去除加工余量，其加工程序见表 1—2。

表 1—2 **加工程序**

FANUC 0i 系统程序	SIEMENS SINUMERIK 802D 系统程序	程序说明
O0002；	AA02.MPF；	程序号
G99 G40 G21；	G95 G71 G40；	程序初始化
G28 U0 W0；	G74 X0 Z0；	
T0101；	T1D1；	换刀
G00 X100.0 Z100.0；	G00 X100.0 Z100.0；	
M03 S1000；	M03 S1000；	主轴正转，1 000 r/min
G00 X22.0 Z7.0；	G00 X22.0 Z7.0；	刀具定位
X0；	X0；	

续表

FANUC 0i 系统程序	SIEMENS SINUMERIK 802D 系统程序	程序说明
G03 X20.0 Z−3.0 R10.0 F0.2；	G03 X20.0 Z−3.0 CR=10.0 F0.2；	圆弧 Z 向偏移，并分多刀去除余量
G00 X22.0 Z4.0；	G00 X22.0 Z4.0；	
X0；	X0；	
G03 X20.0 Z−6.0 R10.0；	G03 X20.0 Z−6.0 CR=10.0；	
G00 X22.0 Z1.0；	G00 X22.0 Z1.0；	
X0；	X0；	
G03 X20.0 Z−9.0 R10.0；	G03 X20.0 Z−9.0 CR=10.0；	
G00 X22.0 Z0；	G00 X22.0 Z0；	精加工圆弧
G01 X0；	G01 X0；	
G03 X20.0 Z−10.0 R10.0 F0.1；	G03 X20.0 Z−10.0 CR=10.0 F0.1；	
G00 X100.0 Z100.0；	G00 X100.0 Z100.0；	刀具退出
M05；	M05；	主轴停转
M02；	M02；	程序结束

二、与坐标系相关的功能指令

1. 工件坐标系零点偏置指令（G54～G59）

（1）指令格式

G54；　（程序中设定工件坐标系零点偏置指令）

（2）指令说明

工件坐标系零点偏置指令的实质是通过对刀找出工件坐标系原点在机床坐标系中的绝对坐标值，并将这些值通过机床面板操作输入到机床偏置存储器（参数）中，从而将机床原点偏移至该点，如图 1—39 所示。

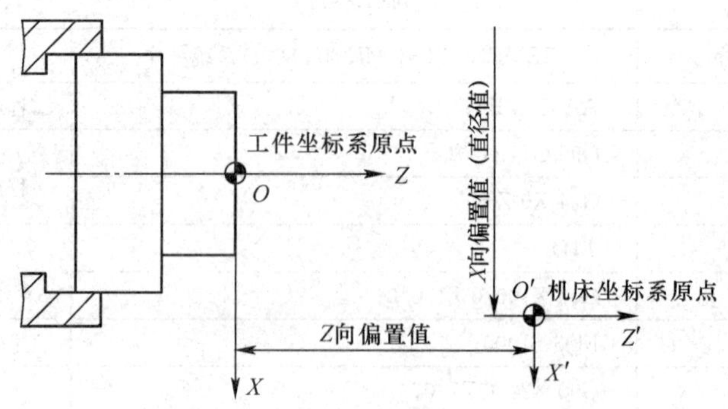

图 1—39　工件坐标系零点偏置

通过零点偏置设定的工件坐标系，只要不对其进行修改、删除操作，该工件坐标系将永久保存，即使机床关机，其坐标系也将保留。

零点偏置的数据可以设定 G54、G55、G56 等多个。在 FANUC 0i 及 SIEMENS SINUMERIK 802D 系统中，可设置 G54 到 G59 共 6 个能通过系统参数设定的偏置指令；而在 SIEMENS SINUMERIK 802C/S 系统中，则规定可设置 G54 到 G57 共 4 个能通过系统参数设定的偏置指令。这些指令均为同组的模态指令。在编程及加工过程中可以通过 G54 等指令对不同的工件坐标系进行选择，如图 1—40 所示，相关程序如下：

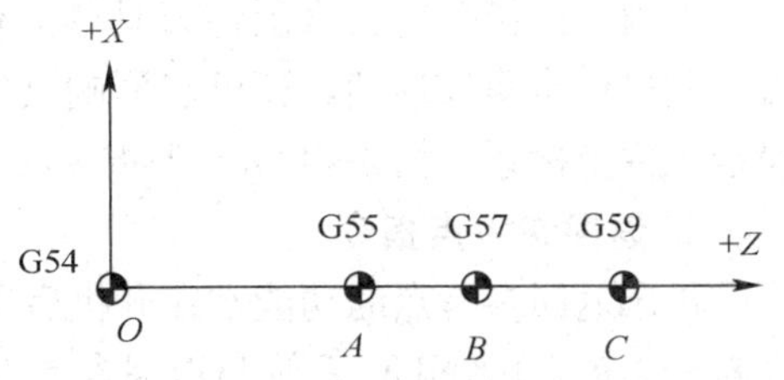

图 1—40　工件坐标系零点偏置的选择

```
O0050;
⋮
G54 G00 X0 Z0;       （选择与机床坐标系重合的 G54 坐标系，快速定位到 O 点）
M98 P100;
G55 X0 Z0;           （选择 G55 坐标系，重新快速定位到 A 点）
M98 P100;
G57 X0 Z0;           （选择 G57 坐标系，重新快速定位到 B 点）
M98 P100;
G59 X0 Z0;           （选择 G59 坐标系，重新快速定位到 C 点）
M98 P100;
M02;                 （程序结束）
```

执行该程序，刀具将在各个坐标系的原点间移动并执行子程序的内容。

另外，指令 G53 与 G54～G59 指令在同一程序中使用，它的指令格式：

G53；　（程序中取消工件坐标系设定，即选择机床坐标系）

2. FANUC 系统工件坐标系设定指令（G50）

除了用 G54～G59 指令进行选择与设定外，在 FANUC 系统中工件坐标系还可以通过 G50 指令进行设定。

（1）指令格式

G50 X＿ Z＿；

X＿ Z＿ ——刀具当前位置相对于新设定的工件坐标系的坐标值。

（2）指令说明

通过 G50 设定的工件坐标系零点，由刀具的当前位置及 G50 指令后的坐标值反推得出。如图 1—41 所示，将工件坐标系零点设为 O 点和 O_1 点的指令如下：

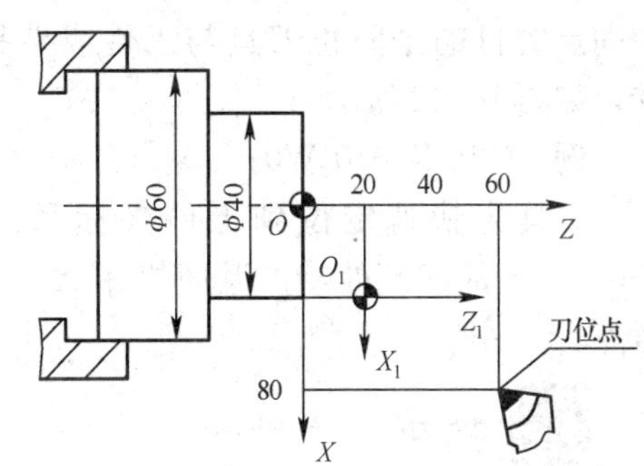

图 1—41　用 G50 设定工件坐标系

图 1—41 设定 O

图 1—41 设定 O_1

例 1　G50 X80.0 Z60.0；　　（工件坐标系

零点设为 O 点）

例 2 G50 X40.0 Z40.0；　　　（工件坐标系零点设为 O_1 点）

采用 G50 设定的工件坐标系不具有记忆功能，当机床关机后，设定的坐标系即消失。

在执行该指令前，必须将刀具的刀位点先通过手动方式准确移动到新坐标系的指定位置。其操作步骤较烦琐，还可能影响其定位精度。因此，在实际加工中，最好不用 G50 来设定工件坐标系，而采用 G54 等指令或刀具长度补偿功能来设定工件坐标系。

3. 返回参考点指令

机床返回参考点的功能常在开机后通过手动返回参考点的操作实现，也可以通过编程指令自动实现。FANUC 系统与返回参考点相关的编程指令主要有 G27、G28、G30 三种，这三种指令均为非模态指令。

（1）返回参考点校验指令（G27）

1）指令格式

G27 X(U)_ Z(W)_；

X（U）_ Z（W）_ ——参考点在工件坐标系中的绝对坐标值或增量坐标值（用 U、W 表示）。

2）指令说明　返回参考点校验指令 G27 用于检查刀具是否正确返回到程序中指定的参考点位置。执行该指令时，如果刀具通过快速定位指令 G00 已正确定位到参考点上，则对应轴的返回参考点指示灯亮，否则将出现机床系统报警。

（2）自动返回参考点指令（G28）

1）指令格式

G28 X(U)_ Z(W)_；　　　（FANUC 系统返回参考点指令）

G74 X0 Z0；　　　（SIEMENS 系统返回参考点指令）

X(U)_ Z(W)_——返回过程中经过的中间点，其坐标值可以用增量值，也可以用绝对值，增量值用 U、W 表示。

X0 Z0 为 SIEMENS 系统返回参考点指令中的固定格式，该值不是指返回过程中经过的中间点坐标值，当编入其他坐标值时也不被识别。

2）指令说明　在返回参考点过程中，设定中间点的目的是防止刀具与工件或夹具发生干涉，如图 1—42 所示。

例 G28 X50.0 W0；

刀具先快速定位到工件坐标系的中间点（50.0，－20.0）处，再返回机床 X、Z 轴的参考点。

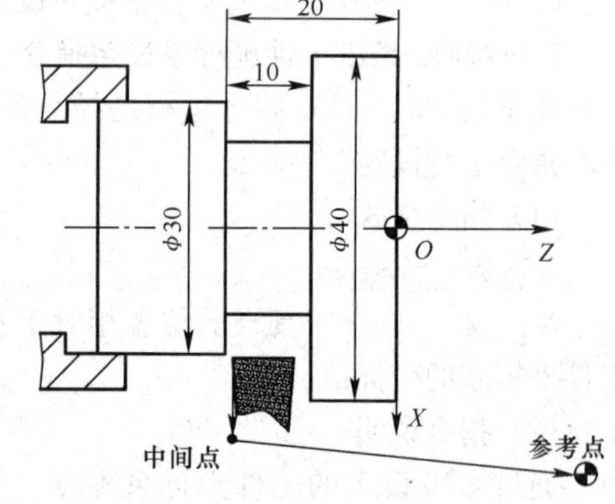

图 1—42　返回参考点指令 G28

提示

G28 指令的作用与在 JOG（手动）方式下进行开机返回参考点的作用相同。

（3）从参考点返回指令（G29）

1）指令格式

G29 X__ Y__ Z__；

X__ Y__ Z__ ——从参考点返回后刀具所到达的终点坐标，可用 G91/G90 来决定该值是增量值还是绝对值。如果是增量值，则该值是指刀具终点相对于 G28 中间点的增量值。

2）指令说明　执行 G29 指令时，刀具从参考点出发，经过一个中间点到达 G29 指令的 X__Y__Z__坐标值所指定的位置。

G29 中间点的坐标与前面 G28 所指定的中间点坐标为同一坐标值，因此这条指令只能出现在 G28 指令的后面。

（4）返回固定点指令（G30）

1）指令格式

G30 P2/P3/P4 X__ Z__；　　（FANUC 系统返回固定点指令）

G75 X0 Y0；　　（SIEMENS 系统返回固定点指令）

P2 为第二参考点，P3、P4 分别表示第三、第四参考点。

X__ Z__ ——中间点坐标值。

X0 Y0 为 SIEMENS 系统返回参考点指令中的固定格式，该值不是指返回过程中经过的中间点坐标值，当编入其他坐标值时也不被识别。

2）指令说明　执行这条指令时，可以使刀具从当前点出发，经过一个中间点到达第二、第三、第四参考点位置。

三、常用 M 功能指令

不同的机床生产厂家对有些 M 代码定义了不同的功能，但有部分 M 代码在所有机床上都具有相同的意义。常用 M 指令见表 1—3。

表 1—3　　常用 M 指令表

序号	代码	功能	序号	代码	功能
1	M00	程序暂停	7	M30	程序结束
2	M01	程序选择停止	8	M08	切削液开
3	M02	程序结束	9	M09	切削液关
4	M03	主轴正转	10	M98	调用子程序
5	M04	主轴反转	11	M99	返回主程序
6	M05	主轴停转			

1. 程序暂停（M00）

执行 M00 指令后，机床所有动作均被暂停，以便进行某种手动操作（如精度的检测等），重新按下循环启动按钮后，再继续执行 M00 指令后的程序。该指令常用于粗加工与精加工之间进行精度检测时的暂停。

2. 程序选择停止（M01）

M01 的执行过程和 M00 类似。不同之处：只有按下机床控制面板上的“选择停止”开关后，M01 指令才有效；否则，机床继续执行后面的程序。该指令常用于检查工件的某些关键尺寸。

3. 程序结束（M02）

执行程序结束指令（M02）后，表示本加工程序内所有内容均已完成。但是程序结束后，机床显示屏上的执行光标不返回程序开始段。

4. 程序结束（M30）

M30 广泛用作程序结束指令，其执行过程和 M02 相似。不同之处：当执行程序内容结束指令（M30）后，随即关闭主轴、切削液等所有机床动作，机床显示屏上的执行光标返回程序开始段，为加工下一个工件做好准备。

5. 主轴功能（M03/M04/M05）

M03 指令用于主轴顺时针方向旋转（简称正转），M04 指令用于主轴逆时针方向旋转（简称反转），主轴停转用指令 M05 表示。

6. 切削液开、关（M08/M09）

切削液开用 M08 表示，切削液关用 M09 表示。

7. 子程序调用指令（M98/M99）

在 FANUC 系统中，规定 M98 为子程序调用指令，调用子程序结束后返回其主程序时用 M99 指令。

在 SIEMENS 系统中，规定用 M17、M02 指令或符号“RET”作为子程序结束指令。

四、倒角与倒圆指令

FANUC、SIEMENS 系统除了以上介绍的常用功能指令外，还有一些特殊的功能指令，如倒角与倒圆指令等。这些功能指令的应用对简化编程十分有利。

1. FANUC 系统的倒角与倒圆指令

（1）倒角指令格式

G01 X(U)__　C__　F__；

G01 Z(W)__　C__　F__；

X(U)__　——倒角前轮廓尖角处（图 1—43 中的 *A* 点和 *C* 点）在 *X* 向的绝对坐标或增量坐标。

Z(W)__　——倒角前轮廓尖角处（图 1—43 中的 *A* 点和 *C* 点）在 *Z* 向的绝对坐标或增量坐标。

C__　——倒角的直角边边长。

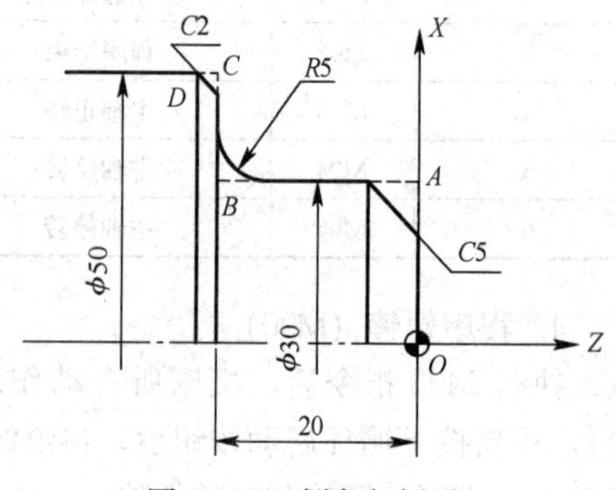

图 1—43　倒角与倒圆

（2）倒圆指令格式

G01 X(U)__R__F__；

G01 Z(W)__R__F__；

X(U) _ ——倒圆前轮廓尖角处（图 1—43 中的 *B* 点）在 *X* 向的绝对坐标或增量坐标。

Z(W) _ ——倒圆前轮廓尖角处（图 1—43 中的 *B* 点）在 *Z* 向的绝对坐标或增量坐标。

R _ ——倒圆半径。

（3）使用倒角与倒圆指令时的注意事项

1）倒角与倒圆指令中的 R 值与 C 值有正负之分。当倒角与倒圆的方向指向另一坐标轴的正方向时，其 R 值与 C 值为正；反之，则为负。

2）FANUC 系统中的倒角与倒圆指令仅适用于两直角边间的倒角与倒圆。

3）倒角与倒圆指令可用于凸、凹形尖角轮廓。

（4）编程实例

例 采用倒角与倒圆指令，编写图 1—43 所示刀具从 *O* 点到 *D* 点的加工程序。

```
O0302;
    ⋮
G01 X30.0 C-5.0 F100;   （倒角指向另一轴 Z 的负方向，C 为负值）
    W-20.0 R5.0;        （倒圆指向另一轴 X 的正方向，R 为正值）
    X50.0 C-2.0;        （倒角指向另一轴 Z 的负方向，C 为负值）
    ⋮
```

2. SIEMENS 系统的倒角与倒圆指令

（1）倒角指令格式

G01 X _ Z _ CHF= _ F _;

X _ Z _ ——倒角前轮廓尖角处的坐标值（图 1—44 中的 *A* 点）。

CHF= _ ——倒角轮廓的边长。

（2）倒圆指令格式

G01 X _ Z _ RND= _ F _;

X _ Z _ ——倒圆前轮廓尖角处的坐标值（图 1—44 中的 *C* 点）。

RND= _ ——倒圆半径。

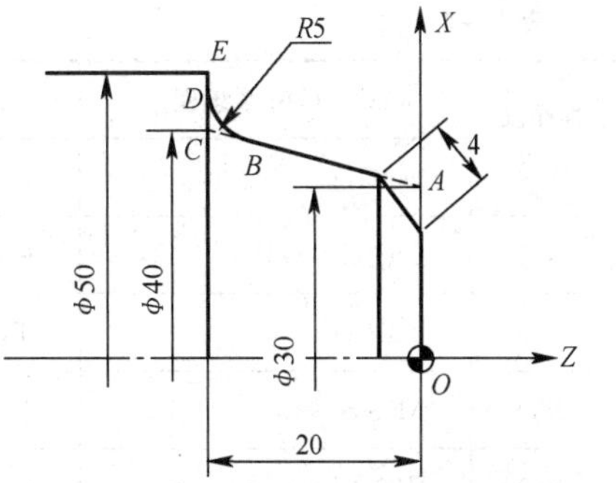

图 1—44 倒角与倒圆

（3）使用倒角与倒圆指令时的注意事项

1）编写倒角、倒圆程序段时，应注意在指令“CHF”“RND”与其数值间，必须写入“=”，否则出错。

2）应特别注意“CHF”为指令倒角后得到新轮廓的边长，不是指令被倒去的原轮廓上两条边的边长。如倒角 *C*1 时，指令中应写为“CHF=1.414”。

3）倒角后得到的新轮廓边的中垂线必须通过倒角前轮廓尖角处（如图 1—44 中的 *A* 点）。

4）倒圆的圆弧均与原轮廓形成相切关系。

5）SIEMENS 系统的倒角与倒圆指令适用面很广，既可用于任意角度的两相交直线及两相交圆弧的编程，也可用于直线与圆弧相交轮廓的编程。

（4）编程实例

例　采用 SIEMENS 系统规定的倒角与倒圆指令，编写图 1—44 所示刀具从 *O* 点到 *E* 点的加工程序。

```
AA302；
  ⋮
G01 X0 Z0 F100；
    X30 CHF=4；
    X40 Z-20 RND=5；
    X50；
  ⋮
```

五、程序开始与结束

针对不同的数控机床，其程序开始部分和结束部分的内容都是相对固定的，包括一些机床信息，如程序初始化、换刀、工件原点设定、快速点定位、主轴启动、切削液开启等功能。因此，程序的开始和程序的结束可编成相对固定的格式，从而减少编程的重复工作量。

FANUC 系统和 SIEMENS 系统的程序开始部分与程序结束部分见表 1—4。

表 1—4　　**程序的开始与结束**

程序段序号	FANUC 0i 系统程序	SIEMENS SINUMERIK 802D 系统程序	程序说明
	O0021；	AA21. MPF；	程序号
N10	G99 G40 G21；	G90 G95 G71 G40；	程序初始化
N20	T0101；	T1D1；	换刀并设定刀具补偿
N30	M03 S_；	M03 S_；	主轴正转及转速
N40	G00 X100. 0 Z100. 0；	G00 X100. 0 Z100. 0；	刀具至目测安全位置
N50	X_ Z_；	X_ Z_；	刀具定位至循环起点
⋮	⋮	⋮	工件车削加工
N150	G00 X100. 0 Z100. 0； （或 G28 U0 W0；）	G00 X100 Z100； （或 G74 X0 Z0；）	刀具退出
N160	M05；	M05；	主轴停转
N170	M30；	M02；	程序结束

注：N10 至 N50 为程序开始段，N150 至 N170 为程序结束段。

第六节 基础编程综合实例

一、绘制刀具轨迹

例 根据表 1—5 中的数控车削加工程序，画出刀具在 *ZX* 坐标平面内从轮廓车削的起点 *A* 到其终点 *H* 的刀具轨迹，并描绘加工后工件的轮廓形状。

表 1—5　　加工程序

FANUC 0i 系统程序	SIEMENS SINUMERIK 802D 系统程序	程序说明
O0011；	AA11. MPF；	程序号
G99 G40 G21；	G95 G71 G40；	程序初始化
T0101；	T1D1；	换刀
G00 X100. 0 Z100. 0；	G00 X100. 0 Z100. 0；	
M03 S1000；	M03 S1000；	主轴正转，1 000 r/min
G00 X62. 0 Z2. 0；	G00 X62. 0 Z2. 0；	刀具定位
X0；	X0；	
G01 Z0 F0. 1；	G01 Z0 F0. 1；	*A* 点
G03 X29. 33 Z−33. 60 I0 K−20. 0；	G03 X29. 33 Z−33. 60 I0 K−20. 0；	*B* 点
G02 X24. 0 Z−41. 79 R10. 0；	G02 X24. 0 Z−41. 79 CR=10. 0；	*C* 点
G01 Z−45. 0；	G01 Z−45. 0；	*D* 点
G02 X34. 0 Z−50. 0 R5. 0；	G02 X34. 0 Z−50. 0 CR=5. 0；	*E* 点
G01 X40. 0；	G01 X40. 0；	*F* 点
X50. 0 Z−70. 0；	X50. 0 Z−70. 0；	*G* 点
X62. 0；	X62. 0；	*H* 点
G00 X100. 0 Z100. 0；	G00 X100. 0 Z100. 0；	退刀
M05；	M05；	主轴停转
M02；	M02；	程序结束

该加工程序从 *A* 点到 *H* 点的刀位点运动轨迹如图 1—45a 所示，加工后的工件轮廓形状如图 1—45b 所示。

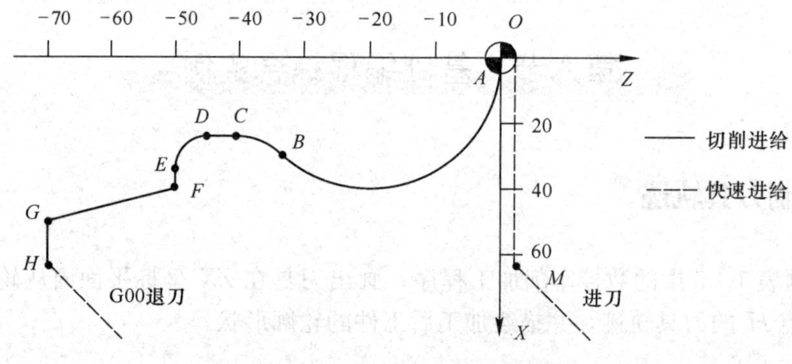

a)

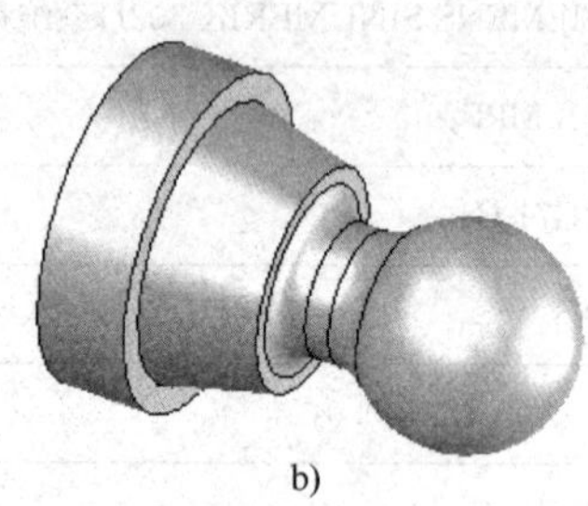

b)

图 1—45　刀位点运动轨迹和加工后的工件轮廓形状

二、加工外圆柱面

例　工件如图 1—46 所示。编写其数控车削加工程序。毛坯为 ϕ50 mm×55 mm 的 45 钢。

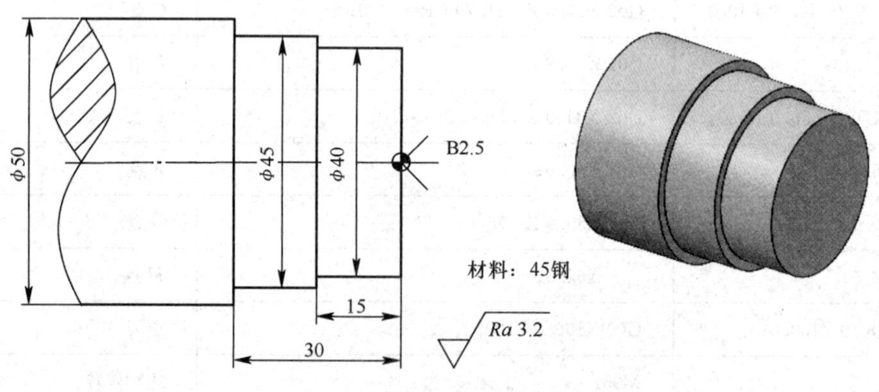

图 1—46　简单轴类零件编程实例

1. 加工准备

(1) 选择数控机床

选用的机床为采用 FANUC 0i（或 SIEMENS SINUMERIK 802D）系统的 CK6140 型

数控车床，刀架为前置刀架。

（2）选择刀具及切削用量

本例工件需同时加工外圆和端面，故选择如图 1—47 所示硬质合金 95°端面、外圆车刀。切削用量的推荐值如下：粗加工时，主轴转速取 n=1 000 r/min，进给量取 f=0.1～0.2 mm/r，背吃刀量取 a_p=1～2 mm；精加工时，n=1 500 r/min，f=0.05～0.1 mm/r，a_p=0.1～0.3 mm。

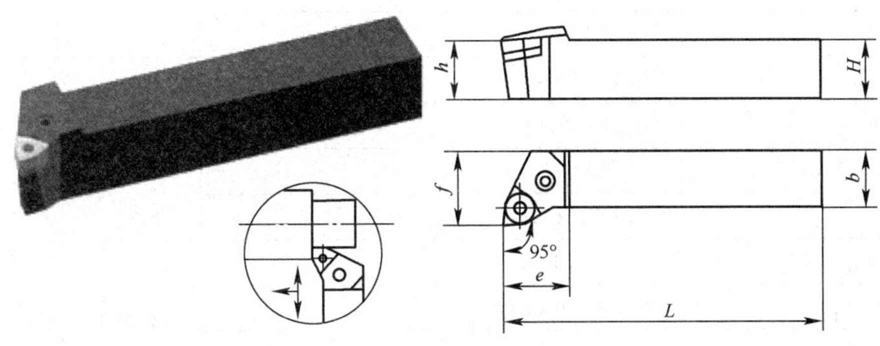

图 1—47　95°端面、外圆车刀

2. 设计加工路线

采用分层切削的方式加工本例工件。先粗加工，再精加工，精加工余量为 0.3 mm。切削轨迹如图 1—48 所示。

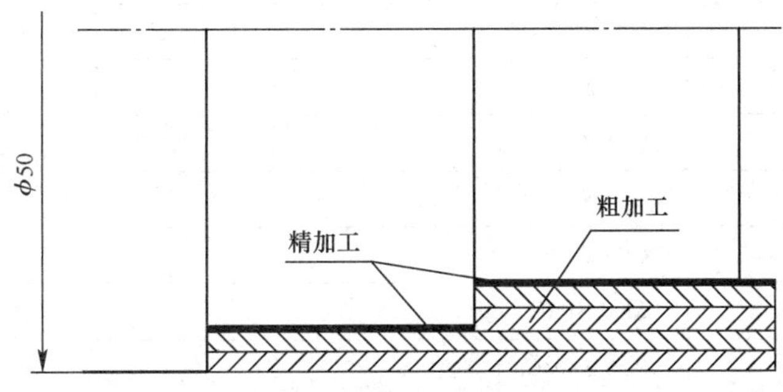

图 1—48　切削轨迹

3. 编制加工程序（表 1—6）

表 1—6　加工外圆柱面参考程序

FANUC 0i 系统程序	SIEMENS SINUMERIK 802D 系统程序	程序说明
O0011；	AA11. MPF；	程序号
G99 G40 G21；	G90 G95 G71 G40；	程序初始化
G28 U0 W0；	G74 X0 Z0；	返回参考点后换刀
T0101；	T1 D1；	

续表

FANUC 0i 系统程序	SIEMENS SINUMERIK 802D 系统程序	程序说明
M03 S1000；	M03 S1000；	主轴正转，刀具定位
G00 X52.0 Z2.0 M08；	G00 X52.0 Z2.0 M08；	
G01 Z0 F0.2；	G01 Z0 F0.2；	加工端面
X0；	X0；	
Z2.0；	Z2.0；	
G00 X47.8；	G00 X47.8；	第一次分层切削
G01 Z−30.0；	G01 Z−30.0；	
X52.0；	X52.0；	
G00 Z2.0；	G00 Z2.0；	
X45.6；	X45.6；	第二次分层切削
G01 Z−30.0；	G01 Z−30.0；	
X52.0；	X52.0；	
G00 Z2.0；	G00 Z2.0；	
X43.0；	X43.0；	第三次分层切削
G01 Z−15.0；	G01 Z−15.0；	
X47.0；	X47.0；	
G00 Z2.0；	G00 Z2.0；	
X40.6；	X40.6；	第四次分层切削
G01 Z−15.0；	G01 Z−15.0；	
X47.0；	X47.0；	
G00 Z2.0；	G00 Z2.0；	
M03 S1500 F0.1；	M03 S1500 F0.1；	换精加工转速和进给量
G00 X40.0；	G00 X40.0；	精加工
G01 Z−15.0；	G01 Z−15.0；	
X45.0；	X45.0；	
Z−30.0；	Z−30.0；	
X52.0；	X52.0；	
G00 Z2.0；	G00 Z2.0；	
G28 U0 W0；	G74 X0 Z0；	退刀
M05；	M05；	
M30；	M02；	程序结束

注：本例中省略了程序段号的输入，程序段号在手工输入时自动生成。

三、加工外圆弧面

例 如图 1—49 所示工件，外圆轮廓已加工好，试编写其内凹圆弧的加工程序。

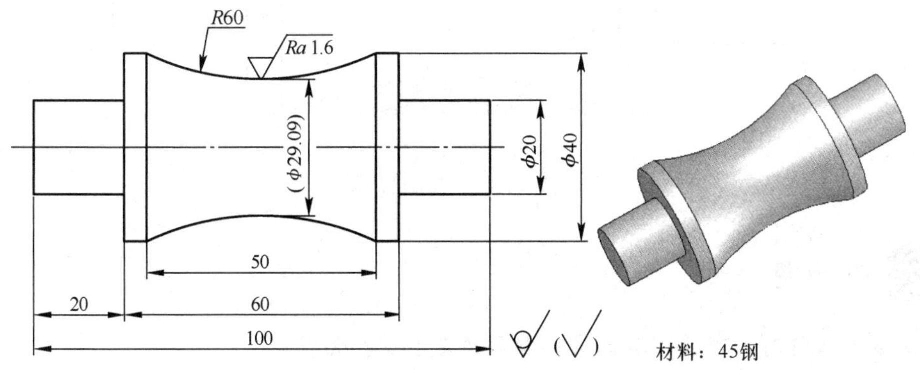

图 1—49 圆弧类零件编程实例

1. 加工准备

（1）选择数控机床

选用的机床为采用 FANUC 0i（或 SIEMENS SINUMERIK 802D）系统的 CK6140 型数控车床，刀架为前置刀架。

（2）选择刀具及切削用量

为防止加工刀具的后刀面与工件已加工表面发生干涉，选择如图1—50 所示硬质合金外圆车刀。切削用量的推荐值如下：粗加工时，主轴转速取 $n=1\ 000$ r/min，进给量取 $f=0.1\sim0.2$ mm/r，背吃刀量取 $a_p=1\sim2$ mm；精加工时，$n=1\ 500$ r/min，$f=0.05\sim0.1$ mm/r，$a_p=0.1\sim0.3$ mm。

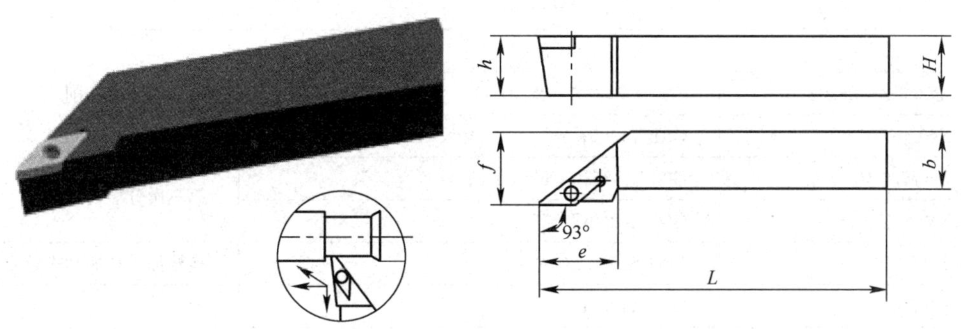

图 1—50 外圆车刀

2. 设计加工路线

采用 X 向偏移的方法进行分层切削，分 3 次粗加工和 1 次精加工，精加工余量为 0.3 mm。切削轨迹如图 1—51 所示。

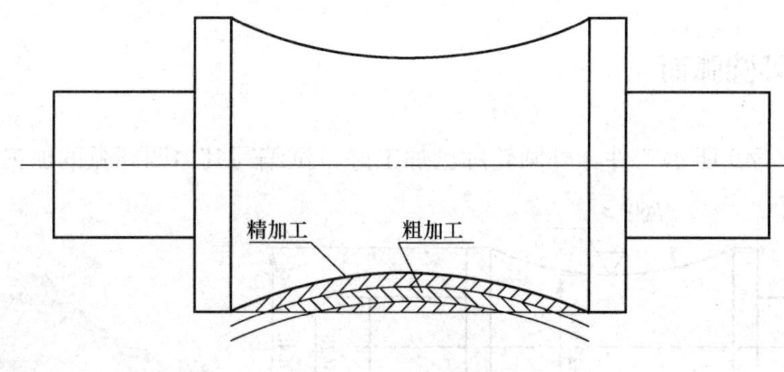

图 1—51　切削轨迹

 **想一想**

加工本例工件时，需要刀具的最小副偏角是多少？为什么？

3. 编制加工程序（表 1—7）

表 1—7　　　　加工外圆弧面参考程序

FANUC 0i 系统程序	SIEMENS SINUMERIK 802D 系统程序	程序说明
O0021；	AA21. MPF；	加工左端内轮廓
G99 G21 G40；	G95 G71 G40 G90；	程序初始化
T0101；	T1D1；	换 1 号外圆车刀
M03 S1000；	M03 S1000；	主轴正转，1 000 r/min
G00 X100. 0 Z100. 0 M08；	G00 X100. 0 Z100. 0 M08；	刀具至目测安全位置
X42. 0 Z－25. 0；	X42. 0 Z－25. 0；	刀具定位
G01 X47. 0 F0. 15；	G01 X47. 0 F0. 15；	第一次分层切削
G02 Z－75. 0 R60. 0；	G02 Z－75. 0 CR＝60. 0；	
G00 X43. 0 Z－25. 0；	G00 X43. 0 Z－25. 0；	
G02 Z－75. 0 R60. 0；	G02 Z－75. 0 CR＝60. 0；	第二次分层切削
G00 X42. 0 Z－25. 0；	G00 X42. 0 Z－25. 0；	
G01 X40. 5；	G01 X40. 5；	
G02 Z－75. 0 R60. 0；	G02 Z－75. 0 CR＝60. 0；	第三次分层切削
G00 X42. 0 Z－25. 0；	G00 X42. 0 Z－25. 0；	
M03 S1500 F0. 1；	M03 S1500 F0. 1；	换精加工转速和进给量
G01 X40. 0；	G01 X40. 0；	精加工
G02 Z－75. 0 R60. 0；	G02 Z－75. 0 CR＝60. 0；	
G01 X42. 0；	G01 X42. 0；	
G00 X100. 0 Z100. 0 M09；	G00 X100. 0 Z100. 0 M09；	程序结束部分
M05；	M05；	
M30；	M02；	

第七节 数控车床的刀具补偿功能

一、数控车床用刀具的交换功能

1. 刀具的交换

指令格式一：T0101；

该指令为 FANUC 系统换刀指令，前面的 T01 表示换 1 号刀，后面的 01 表示使用 1 号刀具补偿。刀具号与刀补号可以相同，也可以不同。

指令格式二：T04 D01；

该指令为 SIEMENS 系统换刀指令，T04 表示换 4 号刀，D01 表示使用 1 号刀刀具补偿。

2. 换刀点

所谓换刀点是指刀架自动转位时的位置。对于大部分数控车床来说，其换刀点的位置是任意的。换刀点应选在刀具交换过程中与工件或夹具不发生干涉的位置。还有一些数控车床的换刀点位置是一个固定点。通常情况下，该点选在靠近机床参考点的位置，或者选取数控车床的第二参考点。

 提示

固定的换刀点可以通过系统参数进行设定，而不固定的换刀点则可通过编程设定。

二、刀具补偿功能

1. 刀具补偿功能的定义

在数控编程过程中，为使编程工作更加方便，通常将数控刀具的刀尖假想成一个点，该点被称为刀位点或刀尖点。在编程时，一般不考虑刀具的长度与刀尖圆弧半径，只需考虑刀位点与编程轨迹是否重合。但在实际加工过程中，由于刀尖圆弧半径与刀具长度各不相同，在加工中会产生很大的加工误差。因此，实际加工时必须通过某个特定功能指令，使数控机床根据实际使用的刀具尺寸，自动调整各坐标轴的移动量，确保实际加工轮廓和编程轨迹完全一致。数控机床根据刀具实际尺寸，自动改变机床坐标轴或刀具刀位点位置，使实际加工轮廓和编程轨迹完全一致的功能，称为刀具补偿（系统画面显示为“刀具补正”）功能。

数控车床的刀具补偿分为刀具偏移（也称为刀具长度补偿）和刀尖圆弧半径补偿两种。

2. 刀位点的概念

所谓刀位点是指编制程序和加工时，用于表示刀具特征的点。它是对刀和加工的基准点。数控车刀的刀位点如图 1—52 所示，尖形车刀的刀位点通常是指刀具的刀尖，圆弧形车刀的刀位点是指圆弧刃的圆心，成形刀具的刀位点也通常是指刀尖。

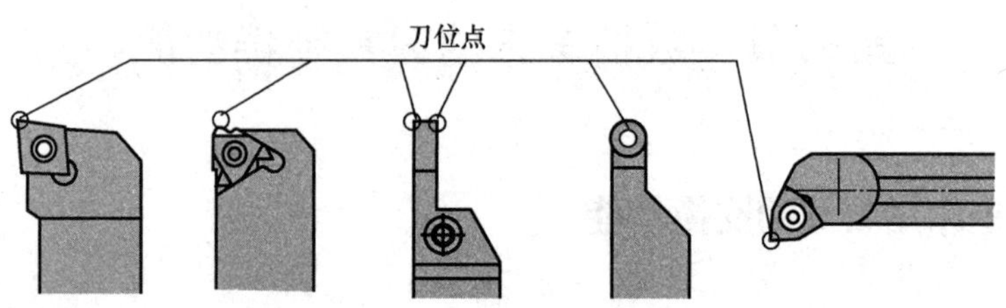

图 1—52　数控车刀的刀位点

三、刀具偏移补偿

1. 刀具偏移的含义

刀具偏移补偿是用来补偿假定刀具长度与基准刀具长度之差的功能。车床数控系统规定 X 轴与 Z 轴可同时实现刀具偏移。

刀具偏移分为刀具几何偏移和刀具磨损偏移两种。由于刀具几何形状不同和刀具安装位置不同而产生的刀具偏移称为刀具几何偏移，由刀具刀尖的磨损产生的刀具偏移则称为刀具磨损偏移（又称磨耗）。以下叙述的刀具偏移主要指刀具几何偏移。

刀具偏移补偿示例如图 1—53 所示。以 1 号刀作为基准刀具，工件原点采用 G54 设定，则其他刀具与基准刀具的长度差值（比 1 号刀短用负值表示）及换刀后刀具从刀位点到 A 点的移动距离见表 1—8。

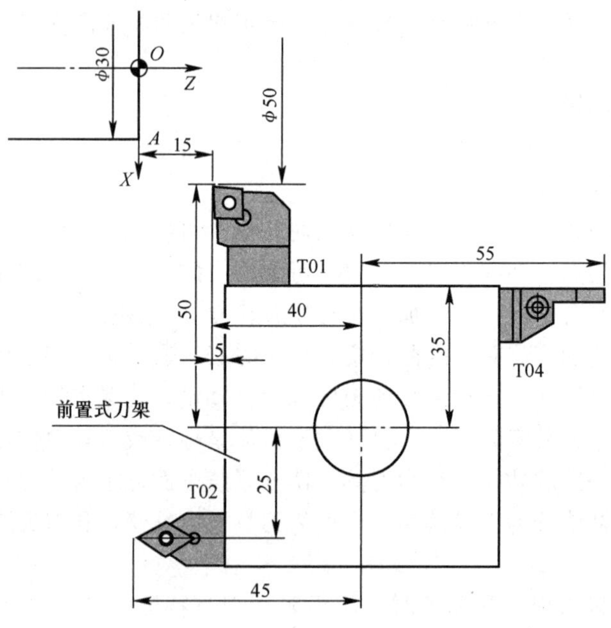

图 1—53　刀具偏移补偿示例

表 1—8　　刀具偏移补偿示例　　mm

项目 \ 刀具	T01（基准刀具）		T02		T04	
	X（直径）	*Z*	*X*（直径）	*Z*	*X*（直径）	*Z*
长度差值	0	0	−10	−15	10	−5
刀具移动距离	20	15	30	30	10	20

当换为 2 号刀后，由于 2 号刀在 *X* 直径方向比基准刀具短 10 mm，而在 *Z* 方向比基准刀具短 15 mm，因此，与基准刀具相比，2 号刀具的刀位点从换刀点移动到 *A* 点时，在 *X* 方向要多移动 10 mm，而在 *Z* 方向要多移动 15 mm。4 号刀具移动的距离计算方法与 2 号刀具相同。

FANUC 系统的刀具几何偏移补偿参数设置如图 1—54 所示，如要进行刀具磨损偏移设置则只需按下软键［磨耗］即可进入相应的设置画面。具体参数设置过程请参阅本书 FANUC 系统机床操作部分的有关内容。

```
工具补正/形状                              O0001 N0000

番号        X           Z            R      T
G01       0.000       0.000        0.000    0
G02     -10.000     -15.000        0.000    0
G03       0.000       0.000        0.000    0
G04      10.000      -5.000        1.500    3
G05       0.000       0.000        0.000    0
G06       0.000       0.000        0.000    0
G07       0.000       0.000        0.000    0
G08       0.000       0.000        0.000    0
现在位置（绝对坐标）
     X50.000   Z15.000
                                 S  0  T0000
     [磨耗] [形状] [工件移动] [  ] [  ]
```

图 1—54　FANUC 系统刀具几何偏移补偿参数设置

图 1—54 中的代码“T”指刀沿类型，不是指刀具号，也不是指刀补号。

2. 利用刀具几何偏移进行对刀操作

（1）对刀操作的定义

调整每把刀的刀位点，使其尽量重合于某一理想基准点，这一过程称为对刀。

采用 G54 设定工件坐标系后进行对刀时，必须精确测量各刀具安装后相对于基准刀具的刀具长度差值，给对刀带来了诸多不便，而且基准刀具的对刀误差还会直接影响其他刀具的加工精度。当采用 G50 设定工件坐标系后进行对刀时，原设定的坐标系一旦机床关机即丢失，并且程序起点还不能为任意位置。所以，在数控车床的对刀操作中，目前普遍采用刀具几何偏移的方法进行。

（2）对刀操作的过程

数控车床直接利用刀具几何偏移进行对刀操作的过程如图 1—55 所示。首先手动操作加工端面，记录下这时刀位点的 *Z* 向机械坐标值（图中 *Z* 值，机械坐标值为相对于机床原点的坐标值）。再用手动操作方式加工外圆，记录下这时刀位点的 *X* 向机械坐标值（图

中 X_1值），停机测量工件直径 d，用公式 $X=X_1-d$ 计算出主轴中心的机械坐标值。再将 X、Z 值输入相应的刀具几何偏移存储器中，完成该刀具的对刀操作。

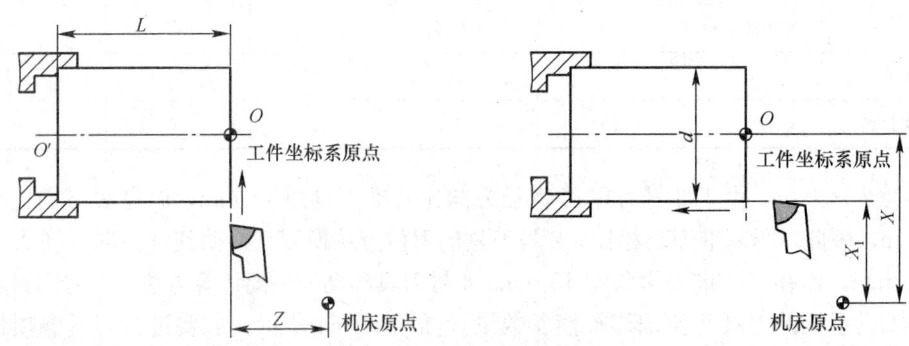

图 1—55　数控车床的对刀过程

其余刀具的对刀操作与上述方法相似，不过不能采用试切法进行，而用刀具的刀位点靠到工件表面并记录下相应的 Z 及 X_1尺寸，再通过测量、计算后将相应的 X、Z 值输入相应的刀具几何偏移存储器（图 1—54）中。

（3）利用刀具几何偏移进行对刀操作的实质

利用刀具几何偏移进行对刀的实质就是利用刀具几何偏移使工件坐标系原点与机床原点重合。这时，假想基准刀具位于机床原点，长度为零，刀架上的实际刀具则通过对刀操作及刀具几何偏移设置后，使每把刀具比基准刀具的长度相差一个对应的 X 与 Z 值（X 与 Z 的绝对值为机床回参考点后，工件坐标系原点相对于刀架工作位置上各刀具刀位点的轴向距离），每把刀具想要移到机床原点则必须多移动一个相应的 X 与 Z 值，从而使刀位点移到工件坐标系原点处。此时程序中所有坐标值均为相对于机床原点的坐标值。

3. 刀具偏移补偿的应用

利用刀具偏移补偿功能，可以修正因对刀不正确或刀具磨损等原因造成的工件加工误差。

例　加工外圆表面时，如果外圆直径比要求的尺寸大了 0.2 mm，此时只需将刀具偏移存储器中 X 的值减小 0.2，并用原刀具及原程序重新加工该零件，即可修正该加工误差。同样，如果出现 Z 方向的误差，则其修正办法相同。

图 1—56
BC 圆弧

图 1—56
刀尖点

四、刀尖圆弧半径补偿

1. 假想刀尖与刀尖圆弧半径

在理想状态下，将尖形车刀的刀位点假想成一个点，该点即为假想刀尖（图 1—56 中的 A 点）。在对刀时也是以假想刀尖进行对刀。但实际加工中的车刀，由于工艺或其他要求，刀尖往往不是一个理想的点，而是一段圆弧（图 1—56 中的 BC 圆弧）。

图 1—56
半径

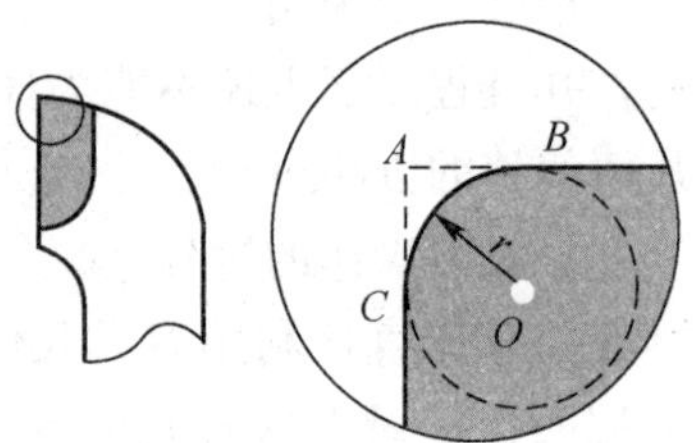

图 1—56　假想刀尖示意图

所谓刀尖圆弧半径是指车刀刀尖圆弧所构成的假想圆

半径（图 1—56 中的 r）。实践中，所有车刀均有大小不等或近似的刀尖圆弧，假想刀尖在实际加工中是不存在的。

2. 按假想刀尖加工工件时的误差分析

用圆弧刀尖的外圆车刀切削加工时，圆弧刃车刀（图 1—56）的对刀点分别为 B 点和 C 点，所形成的假想刀位点为 A 点。但在实际加工过程中，刀具切削点在刀尖圆弧上变动，从而在加工过程中可能产生过切或少切现象。因此，在数控车床上采用圆弧刃车刀按假想刀尖进行加工（即忽略刀尖圆弧半径对工件轮廓的影响）的情况下，工件会出现以下几种误差情况。

（1）加工台阶面或端面时，对加工表面的尺寸和形状影响不大，但在端面的中心位置和台阶的清角位置会产生残留误差，如图 1—57a 所示。

（2）加工圆锥面时，对圆锥的锥度不会产生影响，但对锥面的大小端尺寸会产生较大的影响。通常情况下，会使外锥面的尺寸变大（图 1—57b），而使内锥面的尺寸变小。

（3）加工圆弧时，会对圆弧的圆度和圆弧半径产生影响。加工外凸圆弧时，会使加工后的圆弧半径变小，其值＝理论轮廓半径 R－刀尖圆弧半径 r，如图 1—57c 所示。加工内凹圆弧时，会使加工后的圆弧半径变大，其值＝理论轮廓半径 R＋刀尖圆弧半径 r，如图 1—57d 所示。

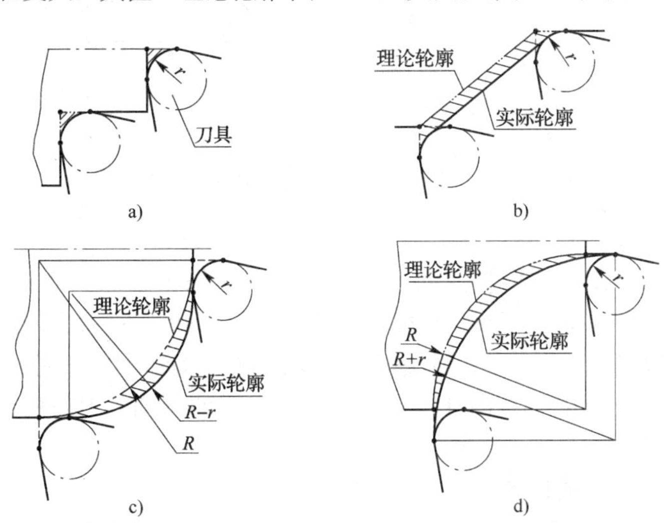

图 1—57　按假想刀尖加工工件时的误差分析

3. 刀尖圆弧半径补偿的定义

在实际加工中，由于刀具产生磨损及精加工的需要，常将车刀的刀尖修磨成半径较小的圆弧，这时的刀位点为刀尖圆弧的圆心。为确保工件轮廓形状准确，加工时不允许刀具刀尖圆弧的圆心运动轨迹与被加工工件轮廓重合，而应与工件轮廓偏移一个半径值，这种偏移称为刀尖圆弧半径补偿。圆弧形车刀的刀刃半径偏移也与其相同。

目前，大多数车床的数控系统具有刀尖圆弧半径补偿功能。在编程时，只要按工件轮廓进行编程，再通过系统补偿一个刀尖圆弧半径即可。但有些车床的数控系统没有刀尖圆弧半径补偿功能。对于这些系统（机床），如果要加工精度较高的圆弧或圆锥表面，则要通过计算来确定刀尖圆心的运动轨迹，再进行编程。

4. **刀尖圆弧半径补偿指令（G40、G41、G42）**

（1）指令格式

G41 G01/G00　X_　Y_　F_；　（刀尖圆弧半径左补偿）

G42 G01/G00　X_　Y_　F_；　（刀尖圆弧半径右补偿）

G40 G01/G00　X_　Y_；　（取消刀尖圆弧半径补偿）

（2）指令说明

编程时，刀尖圆弧半径补偿偏置方向的判别如图 1—58 所示。向着 Y 坐标轴的负方向并沿刀具的移动方向看，当刀具处在加工轮廓左侧时，称为刀尖圆弧半径左补偿，用 G41 表示；当刀具处在加工轮廓右侧时，称为刀尖圆弧半径右补偿，用 G42 表示。

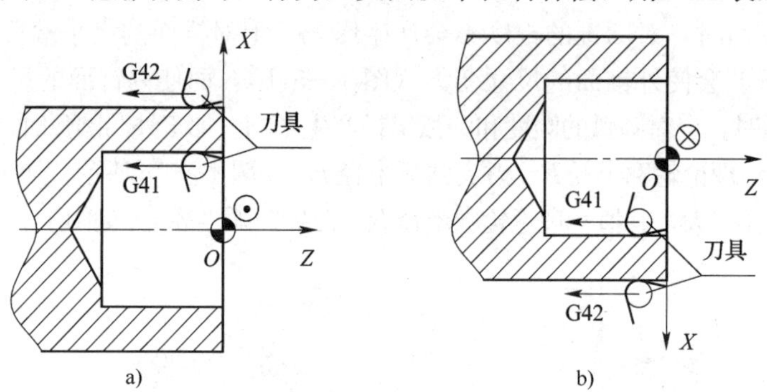

图 1—58　刀尖圆弧半径补偿偏置方向的判别

a）后置刀架，Y 轴正向向外（⊙）　b）前置刀架，Y 轴正向向内（⊗）

在判别刀尖圆弧半径补偿偏置方向时，一定要沿 Y 轴由正向负观察刀具所处的位置，故应特别注意后置刀架（图 1—58a）和前置刀架（图 1—58b）对刀尖圆弧半径补偿偏置方向的区别。对于前置刀架，为防止判别过程中出错，可在图样上将工件、刀具及 X 轴同时绕 Z 轴旋转 180°后（此时正 Y 轴向外）再进行偏置方向的判别，刀补的偏置方向则与后置刀架的判别方向相同。

5. **圆弧车刀刀沿位置的确定**

数控车床采用刀尖圆弧半径补偿进行加工时，如果刀具的刀尖形状和切削时所处的位置（即刀沿位置）不同，那么刀具的补偿量与补偿方向也不同。根据各种刀尖形状及刀尖位置的不同，数控车刀的刀沿位置共有 9 种，如图 1—59 所示。部分典型刀具的刀沿号如图 1—60 所示。

除 9 号刀沿外，数控车床的对刀均是以假想刀位点来进行的。也就是说，在刀具偏移存储器中或 G54 坐标系设定的值是通过假想刀尖点（图 1—59c 中 P 点）进行对刀后所得的机床坐标系中的绝对坐标值。

数控车床刀尖圆弧半径补偿 G41/G42 的指令后不带任何补偿号。在 FANUC 系统中，该补偿号（代表所用刀具对应的刀尖圆弧半径补偿值）由 T 指令指定，其刀尖圆弧半径补偿号与刀具偏置补偿号对应，如图 1—54 中的“G04”设置。在 SIEMENS 系统中，其补偿号由 D 指令指定，其后的数字表示刀具偏移存储器号，其设置参阅第四章。

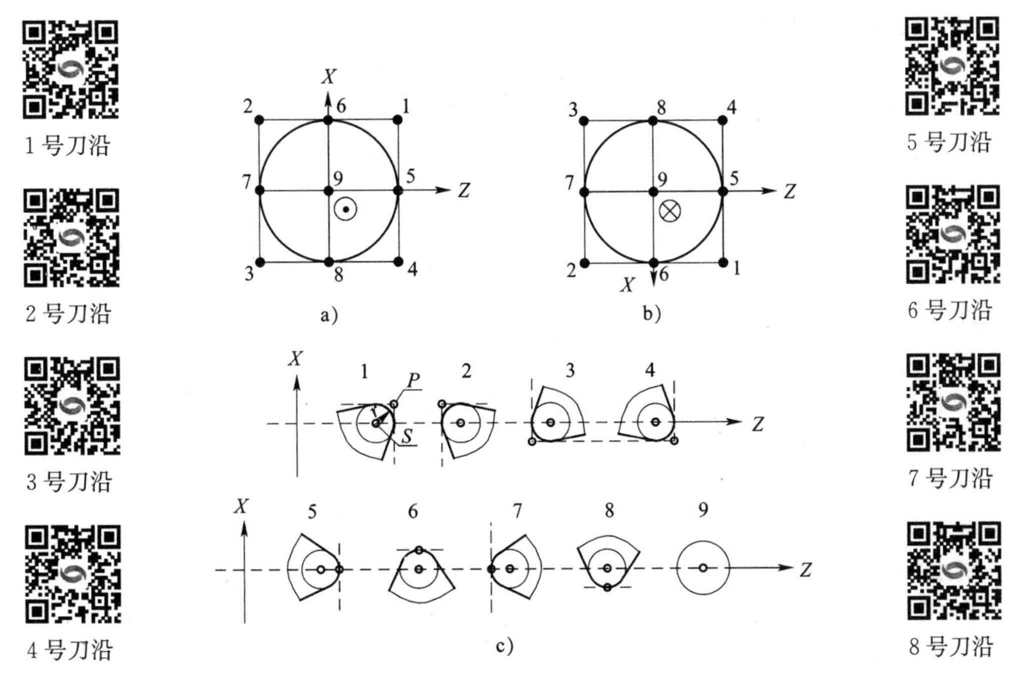

9 号刀沿

图 1—59　数控车刀的刀沿位置

a）后置刀架，Y 轴正向向外（⊙）　b）前置刀架，Y 轴正向向内（⊗）　c）具体刀具的相应刀沿号

P——假想刀尖点　S——刀沿圆心位置　r——刀尖圆弧半径

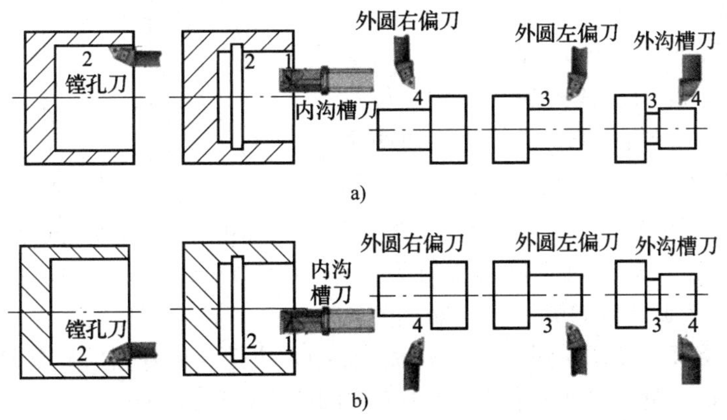

图 1—60　部分典型刀具的刀沿号

a）后置刀架的刀沿位置号　b）前置刀架的刀沿位置号

在判别刀沿位置时，同样要沿 Y 轴由正向负观察刀具，同时也要特别注意前、后置刀架的区别。前置刀架的刀沿位置判别方法与刀尖圆弧半径补偿偏置方向判别方法相似，也可将刀具、工件、X 轴绕 Z 轴旋转 180°，使 Y 轴正向向外，从而使前置刀架转换成后置刀架来进行判别。例如，当刀尖靠近卡盘侧时，不管是前置刀架还是后置刀架，其外圆车刀的刀沿位置号均为 3 号。

6. 刀尖圆弧半径补偿过程

刀尖圆弧半径补偿的过程分为三步，即刀补建立、刀补进行和刀补取消。其补偿过程如图 1—61（外圆车刀的刀沿号为 3 号）所示，并结合其加工程序 O0010 说明。

例　图 1—61 所示的刀尖圆弧半径补偿过程的加工程序如下：

```
O0010;
N10 G99 G40 G21;                  (程序初始化)
N20 T0101;                        (换 1 号刀，执行 1 号刀补)
N30 M03 S1000;                    (主轴按 1 000 r/min 转速正转)
N40 G00 X85.0 Z10.0;              (快速点定位)
N50 G42 G01 X40.0 Z5.0 F0.2;      (刀补建立)
N60     Z-18.0; }
N70     X80.0;  }                 (刀补进行)
N80 G40 G00 X85.0 Z10.0;          (刀补取消)
N90 G28 U0 W0;                    (返回参考点)
N100 M30;
```

图 1—61 刀补建立

图 1—61 刀补进行

图 1—61 刀补取消

（1）刀补建立

刀补建立是指刀具从起点接近工件时，车刀圆弧刃的圆心从与编程轨迹重合过渡到与编程轨迹偏离一个偏置量的过程。该过程的实现必须与 G00 或 G01 功能在一起才有效。

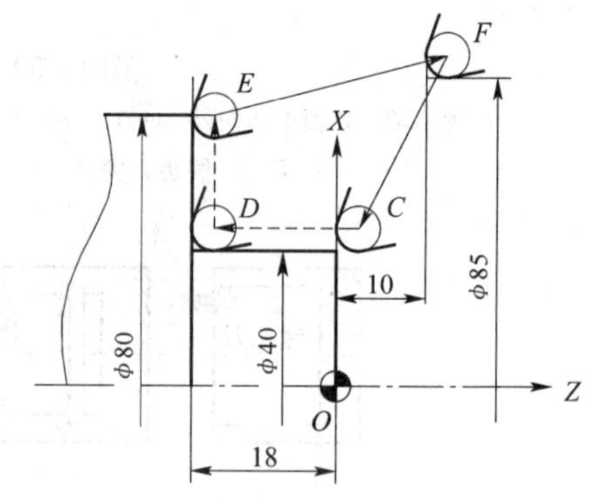

图 1—61　刀尖圆弧半径补偿过程

FC—刀补建立　*CDE*—刀补进行　*EF*—刀补取消

刀具补偿过程通过 N50 程序段建立。当执行 N50 程序段后，车刀圆弧刃的圆心坐标位置由以下方法确定：将包含 G42 语句的下边两个程序段（N60、N70）预读，并连接在补偿平面内最近两个移动语句的终点坐标（图 1—61 中的 *CD* 连线），其连线的垂直方向为偏置方向，根据 G41 或 G42 来确定偏向哪一边，偏置的大小由刀尖圆弧半径值（设置在图 1—54 所示画面中）决定。经补偿后，车刀圆弧刃的圆心位于图 1—61 中的 *C* 点处，其坐标值为(40＋刀尖圆弧半径×2，5.0)。

（2）刀补进行

在 G41 或 G42 程序段后程序进入补偿模式，此时车刀圆弧刃的圆心与编程轨迹始终相距一个偏置量，直到刀补取消。

在该补偿模式下，机床同样要预读两个程序段，找出当前程序段所示的刀具轨迹与下一程序段偏置后的刀具轨迹交点，以确保机床把下一段工件轮廓向外补偿一个偏置量，如图 1—61 中的 *D* 点、*E* 点。

（3）刀补取消

刀具离开工件，车刀圆弧刃的圆心轨迹过渡到与编程轨迹重合的过程称为刀补取消，如

图 1—61 中的 *EF* 段（即 N80 程序段）。

刀补的取消用 G40 来执行，需要特别注意的是，G40 必须与 G41 或 G42 成对使用。

7. 进行刀尖圆弧半径补偿时应注意的事项

（1）刀尖圆弧半径补偿模式的建立与取消程序段只能在 G00 或 G01 移动指令模式下才有效。虽然现在部分系统支持 G02、G03 模式，但为了防止出现差错，在半径补偿建立与取消程序段最好不使用 G02、G03 指令。

（2）G41/G42 不带参数，其补偿号（代表所用刀具对应的刀尖圆弧半径补偿值）由 T 指令指定。该刀尖圆弧半径补偿号与刀具偏置补偿号对应。

（3）采用切线切入（或切出）方式或法线切入（或切出）方式建立（或取消）刀补。对于不便于沿工件轮廓线切向或法向切入（或切出）时，可根据情况增加一个过渡圆弧的辅助程序段。

（4）为了防止在刀尖圆弧半径补偿建立与取消过程中刀具产生“过切”现象，在建立与取消刀具圆弧半径补偿时，程序段的起始位置与终止位置最好与补偿方向在同一侧。

（5）在刀具补偿模式下，一般不允许存在连续两段以上的补偿平面内非移动指令，否则刀具也会出现“过切”等危险动作。补偿平面非移动指令通常指仅有 G、M、S、F、T 指令的程序段（如 G90、M05）及程序暂停程序段（G04 X10.0）。

（6）在选择刀尖圆弧偏置方向和刀沿位置时，要特别注意前置刀架和后置刀架的区别。

8. 刀具补偿功能编程实例

用刀具补偿功能等指令编写图 1—62 所示工件的加工程序（ϕ60 mm 外圆已加工好）。

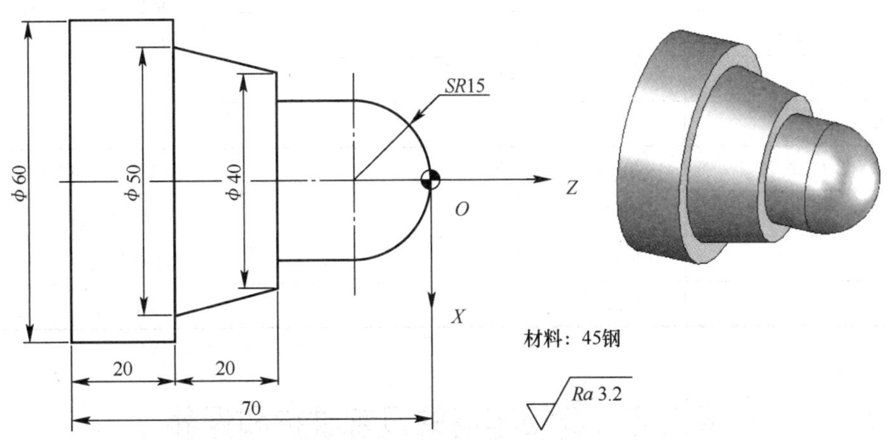

图 1—62　刀具补偿功能编程实例

采用刀具偏移的方法进行对刀，并按工件轮廓编写粗、精加工程序。粗加工前，将 *X* 向刀具长度偏移值＋0.4 输入 1 号刀具偏移存储器，以保证粗加工后留有 0.4 mm（直径量）的精加工余量，粗加工不采用刀尖圆弧半径补偿。精加工时，提高转速，降低进给速度，并采用刀尖圆弧半径补偿进行加工，以确保工件轮廓的尺寸精度、形状精度及表面粗糙度。本例加工程序见表 1—9。

表 1—9　　刀具补偿功能编程实例参考程序

FANUC 0i 系统程序	SIEMENS SINUMERIK 802D 系统程序	程序说明
O0021；	AA21. MPF；	加工右端外轮廓
G99 G21 G40 F0. 2；	G95 G71 G40 G90 F0. 2；	程序初始化
T0101；	T1D1；	换 1 号外圆粗车刀
M03 S600；	M03 S600；	主轴正转，600 r/min
G00 X100. 0 Z100. 0 M08；	G00 X100. 0 Z100. 0 M08；	刀具至目测安全位置
X62. 0 Z2. 0；	X62. 0 Z2. 0；	刀具定位至循环起点
⋮	⋮	去余量粗加工
G28 U0 W0；	G74 X0 Z0；	返回参考点
/M00 M05；	/M00 M05；	粗加工后的暂停
T0202；	T2 D1；	换 2 号外圆精车刀
M03 S1200；	M03 S1200；	精加工转速为 1 200 r/min
G00 X62. 0 Z2. 0；	G00 X62. 0 Z2. 0；	刀具定位至精加工起点
G42 G01 X0 Z0 F0. 1；	G42 G01 X0 Z0 F0. 1；	精加工，取刀尖圆弧半径右补偿
G03 X30. 0 Z−15. 0 R15. 0；	G03 X30. 0 Z−15. 0 CR=15. 0；	
G01 Z−30. 0；	G01 Z−30. 0；	
X40. 0；	X40. 0；	
X50. 0 Z−50. 0；	X50. 0 Z−50. 0；	
X62. 0；	X62. 0；	
G40 G00 X62. 0 Z2. 0；	G40 G00 X62. 0 Z2. 0；	取消刀尖圆弧半径补偿
G28 U0 W0；	G74 X0 Z0；	刀具返回参考点
M05；	M05；	主轴停转
M30；	M02；	程序结束

第八节　数控车床的日常维护和保养

一、数控车床的定期检查

对数控机床进行预防性保养和定期检查可延长机床元器件的使用寿命，延长机械部件的磨损周期，防止意外恶性事故的发生，保证机床长时间稳定工作。因此，维护人员应该严格按照维护说明书的要求对机床进行定期检查。数控车床的定期维护检查内容见表 1—10。

表 1—10　　数控车床的定期维护检查内容

检查周期	检查部位	检查要求
每天	导轨润滑油箱	检查油量，及时添加润滑油。检查润滑油泵是否定时启动及停止
	主轴润滑恒温油箱	检查工作是否正常，油量是否充足，温度范围是否合适
	机床液压系统	检查油箱泵有无异响，工作油面高度是否合适，压力表指示是否正常，管路及各接头有无泄漏
	压缩空气气源压力	检查气动控制系统压力是否在正常范围之内
	X、Z 轴导轨面	清除切屑和脏物；检查导轨面有无划伤损坏，润滑油是否充足
	各防护装置	检查机床防护罩是否齐全有效
	电气柜各散热通风装置	检查各电气柜中冷却风扇是否工作正常，风道过滤网有无堵塞，及时清洗过滤器
每周	各电气柜过滤网	清洗黏附的尘土
不定期	切削液箱	随时检查液面高度，及时添加切削液。如果切削液太脏，应及时更换
	排屑器	经常清理切屑，检查有无卡住现象
半年	检查主轴驱动带	按说明书要求调整驱动带松紧程度
	各轴导轨上镶条，压紧滚轮	按说明书要求调整松紧状态
一年	检查和更换电动机碳刷	检查换向器表面，去除毛刺，吹净碳粉，及时更换磨损过度的碳刷
	液压油路	清洗溢流阀、减压阀、滤油器、油箱，过滤或更换液压油
	主轴润滑恒温油箱	清洗过滤器、油箱，更换润滑油
	切削液过滤器	清洗切削液油池，更换过滤器
	滚珠丝杠	清洗丝杠上旧的润滑脂，涂上新油脂

二、数控车床常见故障分类及常规处理

1. 数控车床常见操作故障

数控车床的故障种类繁多，有电气、机械、液压、气动等部件的故障，产生的原因也比较复杂，但很大一部分故障是由于操作人员操作机床不当引起的。数控车床常见的操作故障如下：

（1）防护门未关，机床不能运转。

（2）机床未返回参考点。

（3）主轴转速超过最高转速限定值。

（4）程序内没有设置 F 或 S 值。

（5）进给修调 F%或主轴修调 S%开关设为空挡。

（6）回零时离零点太近或回零速度太快，引起超程。

（7）程序中 G00 位置超过限定值。

（8）刀具补偿设置错误。

（9）刀具换刀位置不正确（如换刀点离工件太近）。

（10）G40 撤销不当，引起刀具切入已加工表面。

（11）程序中使用了非法代码。

（12）刀尖圆弧半径补偿方向错误。

（13）切入、切出方式不当。

（14）切削用量太大。

（15）刀具钝化。

（16）工件材质不均匀，引起振动。

（17）机床被锁定（如工作台不动）。

（18）工件未夹紧。

（19）对刀位置不正确，工件坐标系设置错误。

（20）使用了不合理的 G 功能指令。

（21）机床处于报警状态。

（22）断电后或报过警的机床，没有重新返回参考点。

2. 故障常规处理方法

数控车床出现故障，少量故障（如存储器报警、动力电源电压过高报警等）可以通过自诊断功能显示，大部分故障是由综合因素引起的，往往不能确定其具体原因。一般按以下步骤做出常规处理：

（1）充分调查故障现场

机床发生故障后，维护人员应仔细观察寄存器和缓冲工作寄存器中尚存的内容，了解已执行程序内容，向操作人员了解现场情况和现象。当有诊断显示报警时，打开电气柜观察印制线路板上有无相应报警红灯显示。完成这些调查后，就可以按动数控机床上的复位键，观察系统复位后报警是否消除。如果报警消除，则可判断为软件故障；否则，即判断为硬件故障。对于非破坏性故障，可让机床重演故障时运行状况，仔细观察故障是否再现。

（2）将可能造成故障的原因全部列出

数控车床发生故障的原因多种多样，有机械的、电气的、控制系统的等。此时，要将可能的故障原因全部列出来，以便排查。

（3）逐步筛选并确定故障产生的原因

根据故障现象，参考机床有关维护使用手册罗列出诸多因素，经优化选择、综合判断，找出导致故障的确切原因。

（4）故障的排除

找到造成故障的确切原因后，就可以修理、调整和更换有关部件。

三、数控车床的安全操作规程

数控机床的操作一定要规范，以避免发生人身、设备等的安全事故。数控机床的安全操作规程如下：

1. 操作前的注意事项

（1）零件加工前，一定要先检查机床是否运行正常。

（2）在操作机床前，仔细检查输入的数据，以免引起误操作。

（3）确保指定的进给速度与操作所需要的进给速度相适应。

（4）当使用刀具补偿时，仔细检查补偿方向与补偿量。

（5）CNC 与 PMC 参数都是机床厂设置的，通常不需要修改。如果必须修改参数，在修改前确保对参数有深入、全面的了解。

（6）机床通电后，CNC 装置尚未出现位置显示或报警画面前，不要碰数控系统操作（MDI）面板上的任何按键。这是因为 MDI 上的有些按键专用于维护和特殊操作，在开机的同时按下这些按键，可能使机床数据丢失。

2. 机床操作过程中的注意事项

（1）手动操作

当手动操作机床时，要确定刀具和工件的当前位置，并保证正确指定了运动轴、方向和进给速度。

（2）手动返回参考点

机床通电后，务必先执行手动返回参考点。如果机床没有执行手动返回参考点操作，机床的运动不可预料。

（3）手轮进给

在手轮进给时，一定要选择正确的手轮进给倍率。过大的手轮进给倍率容易导致刀具或机床的损坏。

（4）工件坐标系

手动干预、机床锁住或镜像操作都可能移动工件坐标系。用程序控制机床前，先确认工件坐标系。

（5）空运行

通常，使用机床空运行来确认机床运行的正确性。在空运行期间，机床以空运行的进给速度运行。空运行的进给速度要比编程的进给速度快得多。

（6）自动运行

机床在自动执行程序时，操作人员不得离开岗位，要密切注意机床、刀具的工作状况，根据实际加工情况调整加工参数。一旦发现意外情况，应立即停止机床动作。

3. 与编程相关的安全操作

（1）坐标系的设定

如果没有设置正确的坐标系，既使指令正确，机床仍可能不按设想的动作运行。

（2）公、英制的转换

在编程过程中，一定要注意公、英制的转换。使用的单位制式一定要与机床当前使用的单位制式相同。

（3）回转轴的功能

当编制极坐标插补或法线方向（垂直）控制时，要特别注意轴的转速。转速不能过高，如果工件装夹不牢固，会因离心力过大而甩出，引起事故。

（4）刀具补偿功能

在补偿功能模式下，一旦运行基于机床坐标系的运动命令或返回参考点命令，补偿就会暂时取消，这可能会导致机床不可预想的运动。

4. 关机时的注意事项

（1）确认工件已加工完毕。

（2）确认机床的全部运动均已完成。

（3）检查工作台面是否远离行程开关。

（4）检查刀具是否已取下，主轴锥孔内是否已清洁并涂上油脂。

（5）检查工作台面是否已清洁。

（6）关机时要先关闭系统电源，再关闭机床电源。

思考与练习

1. 数控加工程序由哪几部分组成？

2. 什么叫数控程序段格式？写出一个完整的数控程序段，并说明各部分的组成。

3. 数控系统功能指令有哪些？各功能指令有何用途？

4. 什么叫指令分组？什么叫模态指令？什么叫开机默认指令？

5. 什么叫机床坐标系？如何建立机床坐标系？如何确定数控车床中机床坐标系的坐标方向？

6. 什么叫工件坐标系？什么叫工件坐标系原点？如何选择数控车床的工件坐标系原点？

7. G50 设定的坐标系与 G54 设定的坐标系在编程及设定方法上有何区别？

8. M00、M01、M02、M30 指令的作用是什么？它们各有哪些不同？

9. 主轴转速功能有哪两种？两者如何进行数值换算？

10. 进给功能分哪两种？分别用何种指令来指定？

11. 写出圆弧加工程序段的指令格式，其使用 G02 还是 G03 应如何判断？

12. 采用 I、K 进行圆弧编程时，I、K 的值是如何确定的？

13. 用 I、J 及 R 的编程方法分别编写图 1—63 所示从 A 到 B 共四段圆弧的程序段（提示：非车床系统）。

14. 分别按圆弧偏移法和车锥法的加工工艺，编写车削图 1—64 所示工件的加工程序（外圆 ϕ50 mm 已加工好）。

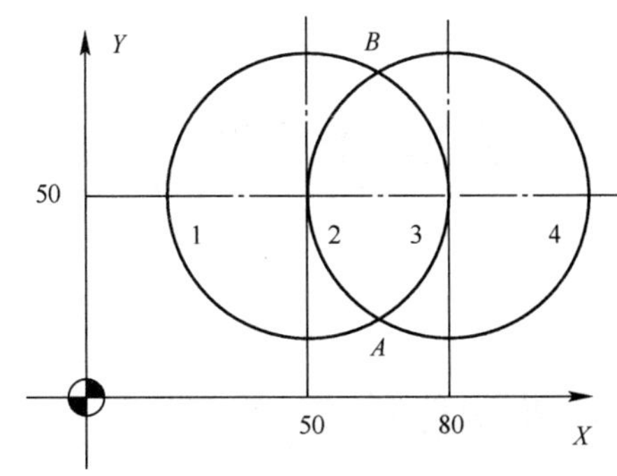

图 1—63　圆弧编程实例

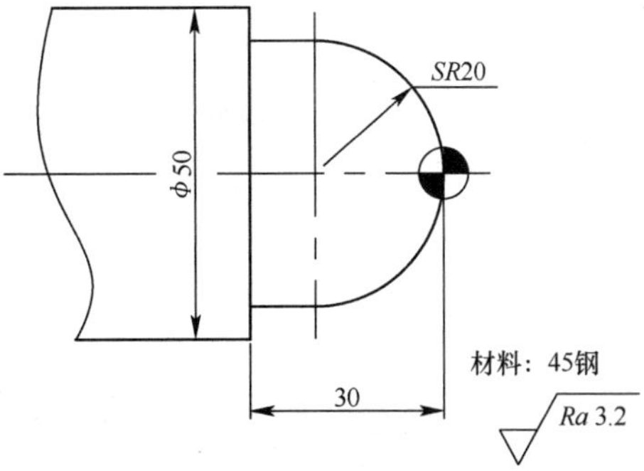

图 1—64　圆弧加工工艺实例

15. 什么叫刀具补偿功能？刀具补偿功能分哪几种？

16. 刀尖圆弧半径补偿的过程分哪几步？在进行刀尖圆弧半径补偿的过程中应注意哪些问题？

第二章

FANUC 系统的编程与操作

第一节 FANUC 系统及其功能简介

一、FANUC 数控系统介绍

FANUC 公司生产的 CNC 产品主要有 FS3、FS6、FS0、FS10/11/12、FS15、FS16、FS18、FS21/210 等系列。目前我国用户使用的系列主要有 FS0、FS15、FS16、FS18、FS21/210 等。

1. FS0 系列

FS0 系列是一种面板装配式的 CNC 系统。它有许多类型，如 FS0－T、FS0－TT、FS0－M、FS0－G、FS0－F 等。T 型 CNC 系统用于单刀架、单主轴的数控车床；TT 型 CNC 系统用于单主轴、双刀架或双主轴、双刀架的数控车床；M 型 CNC 系统用于数控铣床或加工中心；G 型 CNC 系统用于数控磨床；F 型是对话型数控 CNC 系统。

常用 FS0 系列数控系统的型号有 FANUC 0－TD、FANUC 0－MD、FANUC 0i－TA/TB/TC/TD、FANUC 0i－MA/MB/MC 等。

2. FS10/11/12 系列

FS10/11/12 系列有多个品种，可用于车、铣、磨等各种机床。它的类型有 M 型、T 型、TT 型、F 型。

3. FS15 系列

FS15 系列是 FANUC 公司开发的 32 位 CNC 系统，被称为人工智能 CNC 系统。该系统采用功能模块结构，可以根据不同的需要将模块组合成最小功能至最大功能的系统；控制轴数从 2 轴到 15 轴，同时还有 PMC 的轴控制功能；可配备 7、9、11、13 个槽的控制单元母板，在控制单元母板上插入各种印制电路板；采用通信专用微处理器和 RS422 接口；并有远程缓冲功能。FS15 系列在硬件方面采用模块式多主总线结构，并且是多微处理器控制系统，主 CPU 为 68020，同时还有一个子 CPU。所以，该系统适用于大型、复合数控机床的多轴控制和多系统控制。

4. FS16/FS18 系列

FS16/FS18 系列是在 FS15 之后开发的产品，其性能介于 FS15 和 FS0 之间。在显示方面，FS16 系列采用了彩色液晶显示等技术。

在 FS16/FS18 系列中，常用的数控系统型号有 FANUC 18i－TA/TB、FANUC 18i－MA/MB 等。

5. FS21/FS210 系列

FS21/FS210 系列是 FANUC 公司推出的较新系统，该系统常用的数控系统型号有 FANUC 21i－MA/MB、FANUC 21i－TA/TB 等。该系列的数控系统适用于中小型数控机床。

二、FANUC 0i 系统功能介绍

FANUC 0i 系统为目前我国数控机床上采用较多的数控系统，主要用于数控车床、数控铣床和加工中心，具有一定的代表性。其常用功能指令有准备功能指令、辅助功能指令及其他功能指令。

1. 准备功能指令

FANUC 系统常用准备功能指令见表 2—1。

表 2—1　　FANUC 系统常用准备功能指令

G 指令	组别	功能	指令格式及说明
G00 ▲	01	快速点定位	G00 X_ Z_;
G01		直线插补	G01 X_ Z_ F_;
G02		顺时针方向圆弧插补	G02 X_ Z_ R_ F_; G02 X_ Z_ I_ K_ F_;
G03		逆时针方向圆弧插补	
G04	00	暂停	G04 X1.5；或 G04 U1.5； 或 G04 P1500；
G17	16	选择 *XY* 平面	G17;
G18 ▲		选择 *ZX* 平面	G18;
G19		选择 *YZ* 平面	G19;
G20 ▲	06	英寸输入	G20;
G21		毫米输入	G21;
G27	00	返回参考点检测	G27 X_ Z_;
G28		返回参考点	G28 X_ Z_;
G30		返回第二、三、四参考点	G30 P3 X_ Z_; 或 G30 P4 X_ Z_;
G32	01	螺纹切削	G32 X_ Z_ F_;（F 为导程）
G34		变螺距螺纹切削	G34 X_ Z_ F_ K_;
G40 ▲	07	刀尖圆弧半径补偿取消	G40;
G41		刀尖圆弧半径左补偿	G41 G01 X_ Z_;
G42		刀尖圆弧半径右补偿	G42 G01 X_ Z_;

续表

G 指令	组别	功能	指令格式及说明
G50 ▲	00	坐标系设定或最高限速	G50 X_ Z_； G50 S_；
G52	14	局部坐标系设定	G52 X_ Z_；
G53		选择机床坐标系	G53 X_ Z_；
G54 ▲		选择工件坐标系 1	G54；
G55		选择工件坐标系 2	G55；
G56		选择工件坐标系 3	G56；
G57		选择工件坐标系 4	G57；
G58		选择工件坐标系 5	G58；
G59		选择工件坐标系 6	G59；
G65	00	宏程序非模态调用	G65 P_L_＜自变量指定＞；
G66	12	宏程序模态调用	G66 P_L_＜自变量指定＞；
G67 ▲		宏程序模态调用取消	G67；
G70	00	精车循环	G70 P_ Q_；
G71		粗车循环	G71 U_ R_； G71 P_ Q_ U_ W_ F_；
G72		平端面粗车循环	G72 W_ R_； G72 P_ Q_ U_ W_ F_；
G73		多重复合循环	G73 U_ W_ R_； G73 P_ Q_ U_ W_ F_；
G74		端面切槽循环	G74 R_； G74 X(U)_ Z(W)_ P_ Q_ R_ F_；
G75		径向切槽循环	G75 R_； G75 X(U)_ Z(W)_ P_ Q_ R_ F_；
G76		螺纹复合循环	G76 P*mra* Q_ R_； G76 X(U)_ Z(W)_ R_ P_ Q_ F_；
G90	01	内、外圆切削循环	G90 X_ Z_ F_； G90 X_ Z_ R_ F_；
G92		螺纹切削循环	G92 X_ Z_ F_； G92 X_ Z_ R_ F_；
G94		端面切削循环	G94 X_ Z_ F_； G94 X_ Z_ R_ F_；
G96	02	恒定线速度	G96 S200；(200 m/min)
G97 ▲		每分钟转数	G97 S800；(800 r/min)
G98	05	每分钟进给	G98 F100；(100 mm/min)
G99 ▲		每转进给	G99 F0. 1；(0. 1 mm/r)

关于准备功能指令的说明如下：

（1）G 指令有 A、B 和 C 三个系列，表 2—1 所列为 A 系列的 G 指令。

（2）当电源接通或复位时，CNC 进入清零状态，这时的开机默认指令在表中以符号“▲”表示，但是原来的 G21 或 G20 仍保持有效。

（3）表 2—1 中的 00 组 G 指令都是非模态指令。

（4）当指定了未在系统说明书中指定的 G 指令时，显示 P/S010 报警。

（5）不同组的 G 指令在同一程序段中可以指令多个。如果在同一程序段中出现了多个同组的 G 指令，则仅执行最后指令的那个 G 指令。

（6）G 指令按组号显示。对于表中没有列出的功能指令，可参阅有关厂家的编程说明书。

2. 辅助功能指令

辅助功能指令以代码“M”表示。FANUC 0i 系统的辅助功能指令与第一章提到的常用 M 指令相同，参阅表 1—3。

3. 其他功能指令

FANUC 系统的其他功能指令可参阅本书第一章。

第二节 内、外圆加工单一固定循环

为了达到简化编程的目的，在 FANUC 系统中配备了很多固定循环功能，这些循环功能主要用在零件的内、外圆粗精加工，螺纹加工，内、外沟槽及端面槽的加工中。灵活运用这些固定循环指令，可以使加工程序简短、明了，还可以降低编程过程中的出错率。

一、内、外圆切削循环指令（G90）

1. 圆柱面切削循环

（1）指令格式

G90 X(U)__ Z(W)__ F__；

X(U)__ Z(W)__——循环切削终点（图 2—1 中 *C* 点）处的坐标。U 和 W 后面数值的符号取决于轨迹 *AB* 和 *BC* 的方向。

F——循环切削过程中的进给量。该值可沿用到后续程序中，也可沿用循环程序前已经指令的 F 值。

例 G90 X30.0 Z−30.0 F0.1；

（2）指令的运动轨迹及工艺说明

圆柱面切削循环（即矩形循环）的执行过程如图 2—1 所示。刀具从程序起点 *A* 开始以 G00 方式径向移动至指令中的 *X* 坐标处（*B* 点），再以 G01 的方式沿轴向切削进给至终点坐标处（*C* 点），然后退至循环开始的 *X* 坐标处（*D*

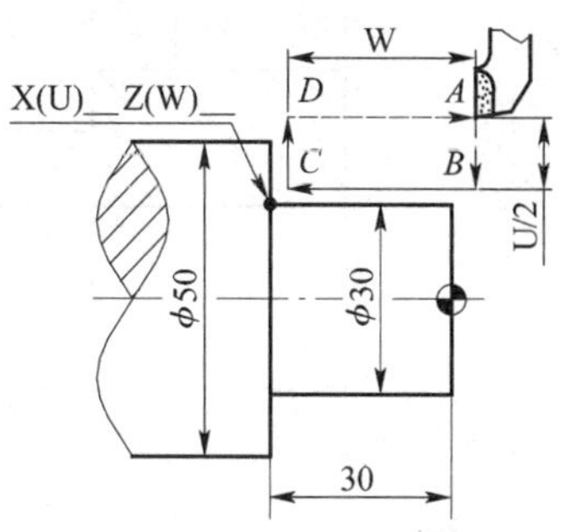

图 2—1 圆柱面切削循环的执行过程

点），最后以 G00 方式返回循环起始点 A 处，准备下个动作。

该指令与简单的编程指令（如 G00、G01 等）相比，将 AB、BC、CD、DA 四条直线指令组合成一条指令进行编程，从而达到了简化编程的目的。

使用数控车床的所有循环指令时，要特别注意正确选择程序循环起始点的位置。因为该点既是程序固定循环的起点，又是程序固定循环的终点。程序循环起始点一般应选择在离开工件或毛坯 1～2 mm 的位置。

（3）编程实例

例　用 G90 指令编写图 2—1 所示工件的加工程序。

```
O0201;
G99 G21 G40;                  （程序初始化）
T0101;                        （换 1 号刀并调用 1 号刀补）
M03 S600;                     （主轴正转，转速 600 r/min）
G00 X52.0 Z2.0;               （固定循环起点）
G90 X46.0 Z－30.0 F0.2;       （调用固定循环加工圆柱表面）
    X42.0;                    （固定循环模态调用，以下同）
    X38.0;
    X34.0;
    X30.5;                    （精加工余量为 0.5 mm）
    X30.0 F0.1;               （精加工进给量）
G00 X100.0 Z100.0;
M30;                          （主轴停转，程序结束，并返回程序开头）
```

例　用 G90 指令编写图 2—2 所示工件中 ϕ36 mm 孔的加工程序（其他轮廓已加工）。

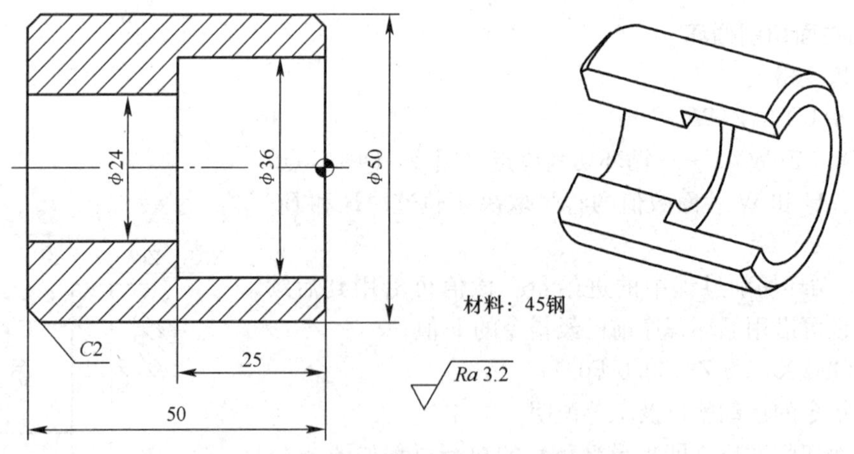

图 2—2　G90 指令加工内轮廓

```
O0201;
G99 G21 G40;                  （程序初始化）
```

```
T0101;                          (换 1 号刀并调用 1 号刀补)
M03 S600;                       (主轴正转，转速 600 r/min)
G00 X22.0 Z2.0;                 (固定循环起点)
G90 X28.0 Z−25.0 F0.2;          (调用固定循环加工内轮廓)
    X32.0;
    X35.5;                      (精加工余量为 0.5 mm)
    X36.0 F0.1 S1200;           (变换精加工的进给量和主轴转速)
G00 X100.0 Z100.0;
M30;                            (主轴停转，程序结束，并返回程序开头)
```

2. 圆锥面切削循环

(1) 指令格式

G90 X(U)_ Z(W)_ R_ F_;

X(U)_ Z(W)_——循环切削终点处的坐标。

F——循环切削过程中的进给量。

R——圆锥面切削起点（图 2—3a 中的 *B* 点）处的 *X* 坐标减终点（图 2—3a 中的 *C* 点）处 *X* 坐标值的 1/2。

例 G90 X30.0 Z−30.0 R−5.0 F0.2;

(2) 指令的运动轨迹与工艺分析

该指令的运动轨迹如图 2—3 所示，类似于圆柱面切削循环。

G90 循环指令中 R 的值有正负之分。当切削起点处的半径小于终点处的半径时，R 的值为负值，如图 2—3a 中 R 的值；反之，则为正值。

为了保证锥面加工时锥度的准确性，该循环的循环起点一般应在离工件 *X* 向 1～2 mm 和 *Z* 向的 Z0 位置处，如图 2—3b 所示。当加工 *CD* 直线段时，如果 *Z* 向起刀点处在 Z2.0 位置，其实际的加工路线为 *ED*，从而产生了锥度误差。解决其锥度误差的另一种办法是在 *CD* 直线的延长线上起刀（图 2—3b 中的 *G* 点），但这时要重新计算 R 值。

锥面加工的背吃刀量应参照最大加工余量来确定，即将图 2—3b 中 *CF* 段的长度进行平均分配。如果按图 2—3b 中的 *BD* 段长度来分配背吃刀量的大小，在加工过程中第一次执行循环时的开始处背吃刀量将会过大（如图中 *ABF* 区域所示），即在切削开始处的背吃刀量为 5 mm。

(3) 编程实例

例 用 G90 指令编写图 2—3a 所示工件的加工程序。

```
O0202;
⋮
G00 X52.0 Z0;                   (固定循环起点，Z 向为 Z0)
G90 X56.0 Z−30.0 R−5.0 F0.2;    (调用固定循环加工圆锥表面，在 X46.0 Z0 处开
                                 始切削，平均分配背吃刀量)
    X52.0;                      (固定循环模态调用，以下同)
```

X48.0；
X44.0；
X40.5；　　　　　　　　　　　　　　　　（精加工余量为 0.5 mm）
X40.0 F0.1；　　　　　　　　　　　　　　（起始点为 X30.0 Z0）
G00 X100.0 Z100.0；
M30；

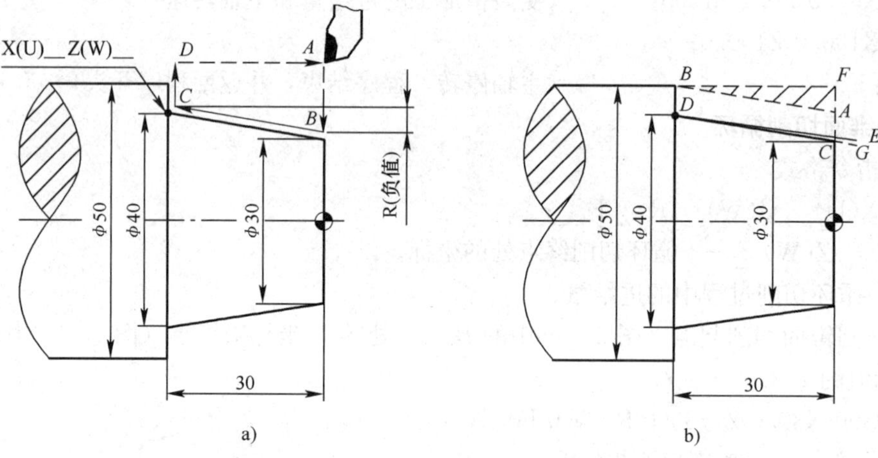

图 2—3　圆锥面切削循环指令的运动轨迹

二、端面切削循环指令（G94）

1. 平端面切削循环

这里所指的端面是与 X 轴平行的端面，称为平端面。

（1）指令格式

G94 X(U)__ Z(W)__ F__；

X(U)__ Z(W)__、F 含义同 G90。

例　G94 X10.0 Z−20.0 F0.2；

（2）指令的运动轨迹及工艺说明

该指令的运动轨迹如图 2—4 所示。刀具从程序起点 A 开始以 G00 方式快速到达指令中的 Z 坐标处（B 点），再以 G01 的方式切削进给至终点坐标处（C 点），并退至循环起始的 Z 坐标处（D 点），再以 G00 方式返回循环起始点 A，准备下个动作。

执行该指令的工艺过程与 G90 工艺过程相似，不同之处在于切削进给速度及背吃刀量应略小，以减小切削过程中的刀具振动。

（3）编程实例

例　用 G94 指令编写图 2—4 所示工件的加工程序。

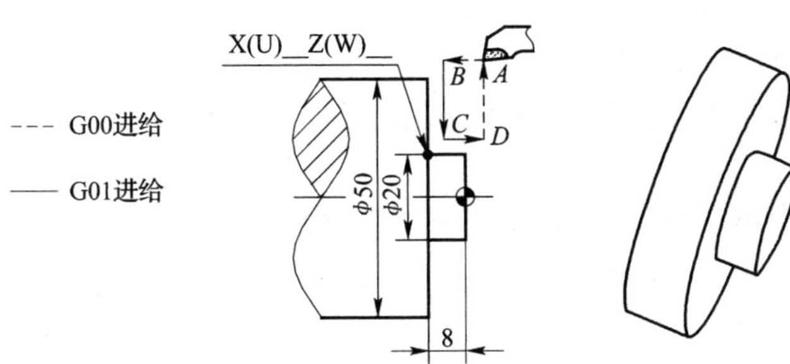

图 2—4 平端面切削循环指令的运动轨迹

```
O0203;
⋮
G00 X52.0 Z2.0;             (固定循环起点)
G94 X20.0 Z−2.0 F0.2;       (调用固定循环加工平端面)
    Z−4.0;                  (固定循环模态调用，以下同)
    Z−6.0;
    Z−7.5;                  (精加工余量为 0.5 mm)
    Z−8.0 F0.1;
G00 X100.0 Z100.0;
M30;
```

2. 斜端面切削循环

当圆锥母线在 X 轴上的投影长大于其在 Z 轴上的投影长时，该端面即称为斜端面。

(1) 指令格式

G94 X(U)__ Z(W)__ R __ F __;

X(U)__ Z(W)__、F 含义同 G90。

R——斜端面切削起点（图 2—5 中的 B 点）处的 Z 坐标减去其终点（图 2—5 中的 C 点）处的 Z 坐标值。

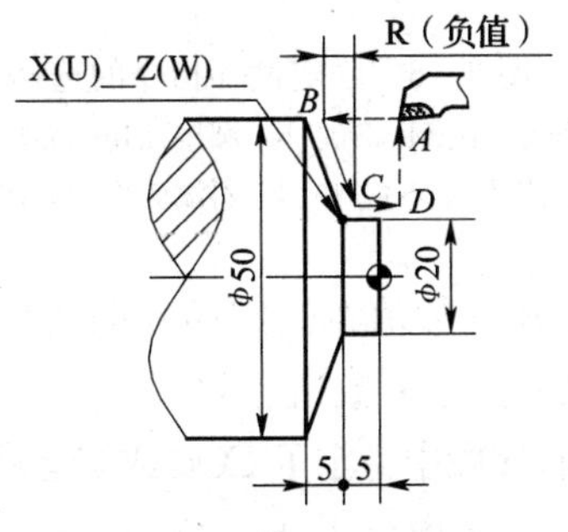

图 2—5 斜端面切削循环指令的运动轨迹

例　G94 X20.0 Z－10.0 R－5.0 F0.2；

（2）指令的运动轨迹及工艺说明

该指令的运动轨迹及工艺说明与 G90 相似。

（3）编程实例

例　用 G94 指令编写图 2—5 所示工件的加工程序。

```
O0204；
⋮
G00 X53.0 Z2.0；                    （固定循环起点）
G94 X20.0 Z5.0 R－5.5 F0.2；        （延长线上开始切削，且 R 的值为负值）
    Z3.0；                          （固定循环模态调用，以下同）
    Z1.0；
    Z－1.0；
    Z－3.0；
    Z－4.5；                        （精加工余量为 0.5 mm）
    Z－5.0 F0.1 S1200；
G00 X100.0 Z100.0；
M30；
```

三、使用单一固定循环指令（G90、G94）时应注意的事项

（1）应根据坯件的形状和工件的加工轮廓恰当地选择固定循环指令 G90、G94。一般情况下的选择如图 2—6 所示。

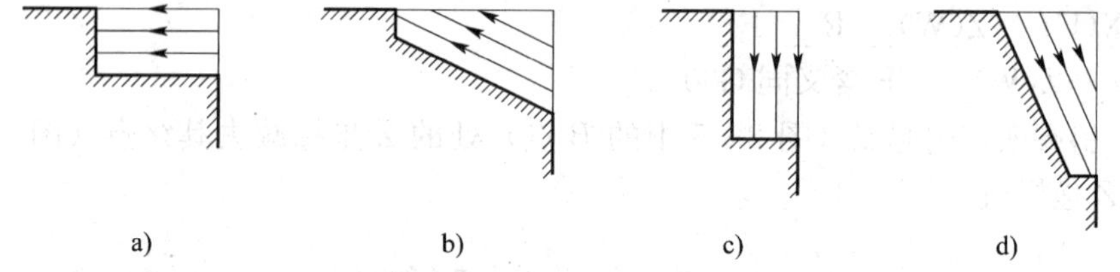

图 2—6　固定循环指令的选择

a）圆柱面切削循环 G90　b）圆锥面切削循环 G90（R）

c）平端面切削循环 G94　d）斜端面切削循环 G94（R）

（2）因为 X(U)、Z(W) 和 R 的数值在固定循环期间是模态的，所以如果没有重新指定 X(U)、Z(W) 和 R 的值，则原来指定的数值有效。

（3）如果在使用固定循环的程序段中指定了 EOB 或零运动指令，则重复执行同一固定循环。

（4）如果在固定循环方式下，又指令了 M、S、T 功能，则固定循环和 M、S、T 功能同时完成。

（5）采用不同的切削方式时，其选择的刀具类型也不相同。例如，选用 G90 指令加工

外圆时，可选择如图 2—7a 所示的外圆车刀；而选用 G94 指令加工端面时，则应选择如图 2—7b 所示的端面车刀。

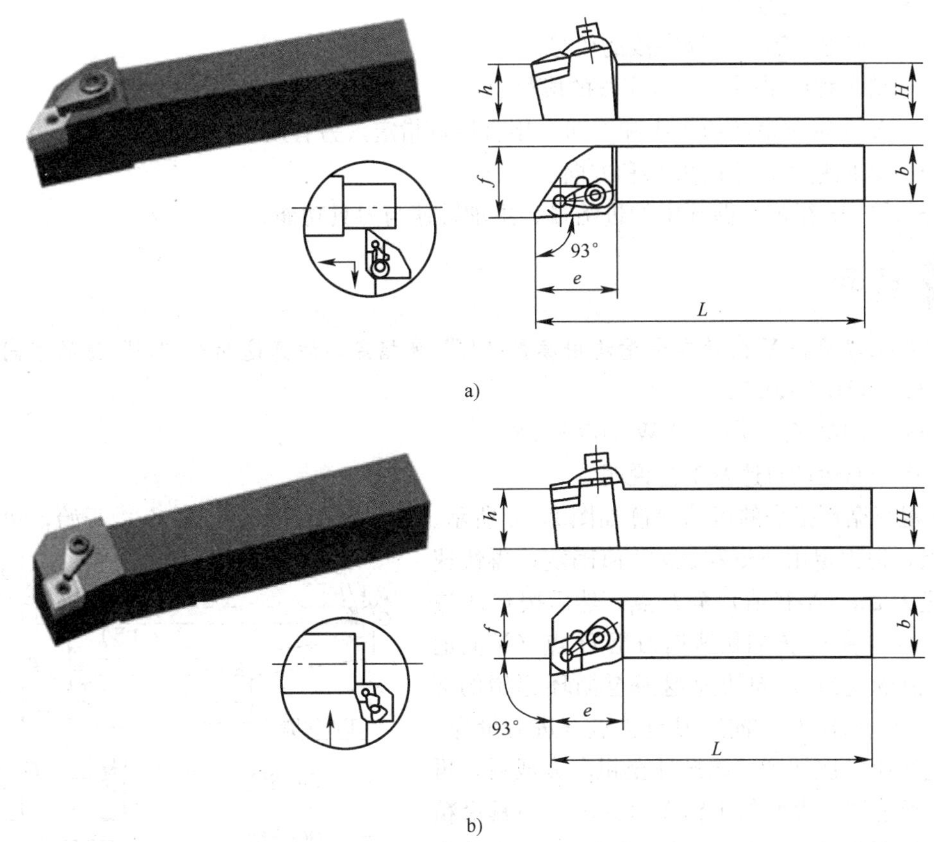

图 2—7　外圆车刀和端面车刀

提示

仔细观察外圆车刀和端面车刀，它们的刀具角度有什么区别？

第三节　内、外圆加工复合固定循环

一、毛坯切削循环

1. 内、外圆粗车循环指令（G71）

（1）指令格式

G71 U$\underline{\Delta d}$ R$\underline{e}$ ；

G71 P$\underline{ns}$ Q$\underline{nf}$ U$\underline{\Delta u}$ W$\underline{\Delta w}$ F＿ S＿ T＿；

Δd——X 向背吃刀量（半径量指定），不带符号，且为模态值。

e——退刀量，为模态值。

ns——精车程序第一个程序段的段号。

nf——精车程序最后一个程序段的段号。

Δu——X 向精车余量的大小和方向，用直径量指定（另有规定除外）。

Δw——Z 向精车余量的大小和方向。

F、S、T——粗加工循环中的进给量、主轴转速与刀具功能。

提示

X 向背吃刀量和 X 向精车余量均用参数“U”来指定，注意这两个“U”值的不同点。

例　G71 U1.5 R0.5；

G71 P100 Q200 U0.3 W0.05 F0.2；

（2）指令的运动轨迹及工艺说明

G71 粗车循环指令的运动轨迹如图 2—8 所示。刀具从循环起点（C 点）开始，快速退刀至 D 点，退刀量由 Δw 和 $\Delta u/2$ 值确定；再快速沿 X 向进刀 Δd（半径值）至 E 点；然后按 G01 进给至 G 点后，沿 45°方向快速退刀至 H 点（X 向退刀量由 e 值确定）；Z 向快速退刀至循环起始的 Z 值处（I 点）；再次沿 X 向进刀至 J 点（进刀量为 $e+\Delta d$）进行第二次切削。该循环至粗车完成后，再进行平行于精加工表面的半精车（这时，刀具沿精加工表面分别留出 Δw 和 Δu 的加工余量）。半精车完成后，快速退回循环起点，结束粗车循环所有动作。

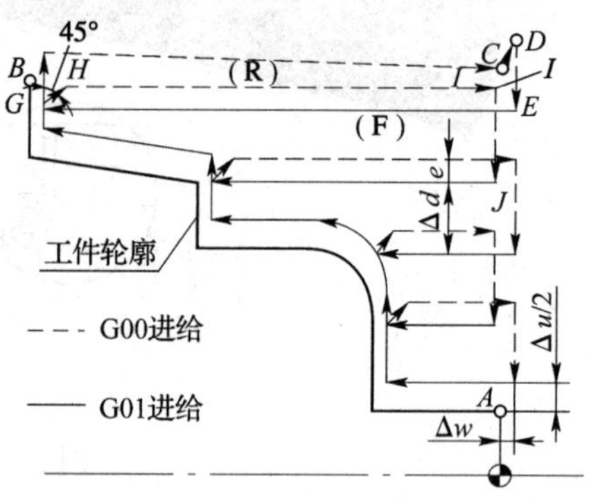

图 2—8　粗车循环指令的运动轨迹

指令中的 F 和 S 的值是指粗加工循环中的 F 和 S 的值，该值一经指定，则在程序段段号“ns”和“nf”之间所有的 F 和 S 的值均无效。另外，该值也可以不加指定而沿用前面程序段中的 F 和 S 的值，并可沿用至粗、精加工结束后的程序中。

通常情况下，FANUC 0i 系统粗加工循环中的轮廓外形必须采用单调递增或单调递减的形式。否则，会出现凹形轮廓不是分层切削，而是在半精加工时一次性切削的情况（图 2—9）。当加工凹圆弧 AB 段时，阴影部分的加工余量在粗车循环时，因其 X 向的递增与递减形式并存，故无法进行分层切削，而在半精车时一次性进行切削。

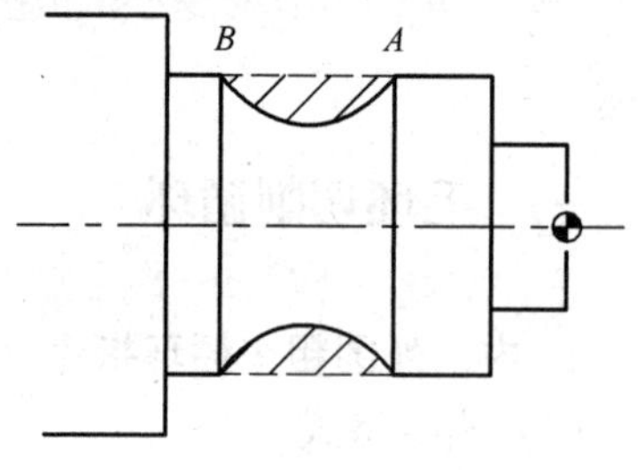

图 2—9　粗车内凹轮廓

在 FANUC 系列的 G71 循环中，顺序号“ns”程序段必须沿 X 向进刀，且不能出现 Z 向的运动指令，否则会出现程序报警。

N100 G01 X30.0；　　　　（正确的"ns"程序段）

N100 G01 X30.0 Z2.0；　（错误的"ns"程序段，程序段中出现了 Z 向的运动指令）

（3）编程实例

例　用复合固定循环指令 G71 编写图 2—10 所示工件的粗加工程序。

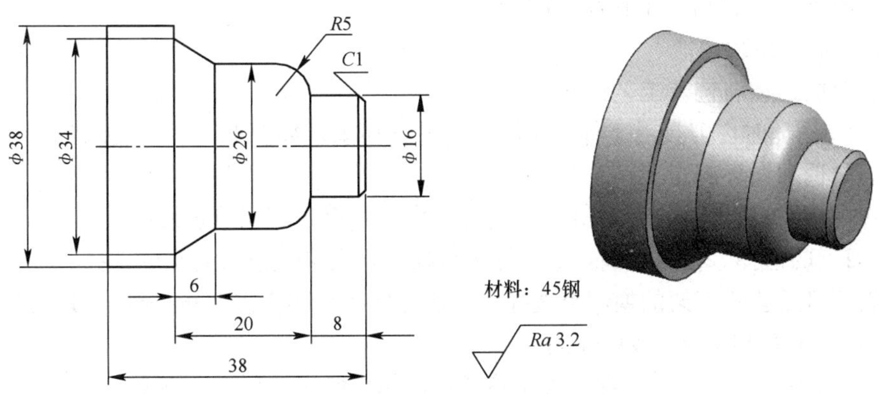

图 2—10　复合固定循环指令编程实例

```
O0205；
    G99 G40 G21；
    T0101；
    G00 X100.0 Z100.0；
    M03 S600；
    G00 X42.0 Z2.0；               （快速定位至粗车循环起点）
    G71 U1.0 R0.3；                （粗车循环，指定进刀与退刀量）
    G71 P100 Q200 U0.3 W0 F0.2；   （指定循环所属的首、末程序段，及精车余量
                                   与进给量，其转速由前面程序段指定）
N100 G00 X14.0；                   （也可用 G01 进刀，不能出现 Z 坐标字）
     G01 Z0 F0.1 S1200；           （精车时的进给量和转速）
       X16.0 Z－1.0；
       Z－8.0；
     G03 X26.0 Z－13.0 R5.0；
     G01 Z－22.0；
         X34.0 Z－28.0；
         X38.0；
         Z－40.0；
N200 G01 X42.0；
     G00 X100.0 Z100.0；
M30；
```

2. 内、外圆精车循环指令（G70）

（1）指令格式

G70 P<u>*ns*</u> Q<u>*nf*</u>；

ns——精车程序第一个程序段的段号。

nf——精车程序最后一个程序段的段号。

例　G70 P100 Q200；

（2）指令的运动轨迹及工艺说明

执行 G70 循环时，刀具沿工件的实际轨迹进行切削，如图 2—8 中轨迹 $A-B$ 所示。循环结束后刀具返回循环起点。

G70 指令用在 G71、G72、G73 指令的程序内容之后，不能单独使用。

1）换刀点的选择　精车之前，如果需进行换刀，则应注意换刀点的选择。

①倾斜床身后置式刀架的换刀点选择。一般先回机床参考点，再进行换刀。编程时，可在上例的 N200 程序段后插入如下程序：

G28 U0 W0；	（返回机床参考点，如果使用了顶尖，则要考虑先返回 X 向参考点，再返回 Z 向参考点）
T0202；	（换 2 号精车刀）
G00 X52.0 Z2.0 ；	（返回循环起点）

②水平床身前置式刀架的换刀点选择。通常应选择在换刀过程中刀具不与工件、夹具、顶尖干涉的位置，其换刀程序如下：

G00 X100.0 Z100.0；或 G00 X150.0 Z20.0；	（前一程序段未考虑顶尖位置，后一程序段则已考虑了顶尖位置）
T0202；	
G00 X52.0 Z2.0 ；	（返回循环起点）

G70 执行过程中，F 和 S 的值由段号“*ns*”和“*nf*”之间给出的 F 和 S 的值指定，如图 2—10 所示编程实例的程序中 N100 的后一个程序段所示。

2）精车余量的确定　精车余量的大小受机床、刀具、工件材料、加工方案等因素影响，故应根据前、后工步的表面质量、尺寸、位置及安装精度确定，其值不能过大也不宜过小。确定加工余量的常用方法有经验估算法、查表修正法、分析计算法三种。车削内、外圆时的加工余量采用经验估算法，一般取 0.2～0.5 mm。另外，在 FANUC 系统中，还要注意加工余量的方向性，即外圆的加工余量为正，内孔加工余量为负。

（3）编程实例

例　用 G71 与 G70 指令编写图 2—11 所示工件内轮廓（坯孔直径为 18 mm）粗、精车的加工程序。

```
O0206;
    G99 G40 G21;
    T0101;
    G00 X100.0 Z100.0;
```

```
    M03 S600；
    G00 X17.0 Z2.0；                        （快速定位至粗车循环起点）
    G71 U0.8 R0.3；                         （背吃刀量取较小值）
    G71 P100 Q200 U－0.3 W0.05 F0.2；       （精车余量 X 向取负值，Z 向取正值）
N100 G00 X30.0 F0.1 S1000；
    G01 Z0；
        X28.0 Z－20.0；
        Z－30.0；
        X20.0；
        Z－42.0；
N200 G01 X17.0；
    G70 P100 Q200；
    G00 X100.0 Z100.0；
    M30；
```

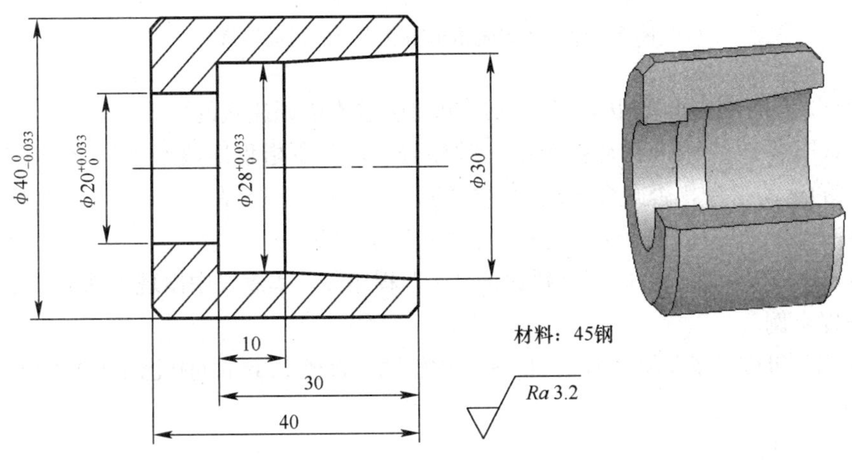

图 2—11　精加工循环指令编程实例

提示

加工内轮廓时，应特别注意作为精加工余量的“U”值取负值，且为直径量。

3. 平端面粗车循环指令（G72）

（1）指令格式

G72 W$\underline{\Delta d}$ R$\underline{e}$ ；

G72 P$\underline{ns}$ Q$\underline{nf}$ U$\underline{\Delta u}$ W$\underline{\Delta w}$ F＿S＿T＿；

Δd——Z 向背吃刀量，不带符号，且为模态值。

其余参数与 G71 指令中的参数相同。

例　G72 W1.5 R0.5；

G72 P100 Q200 U0.3 W0.05 F0.2；

（2）指令的运动轨迹及工艺说明

G72 循环指令的运动轨迹如图 2—12 所示。该轨迹与 G71 轨迹相似，不同之处在于该循环是沿 *Z* 向进行分层切削的。

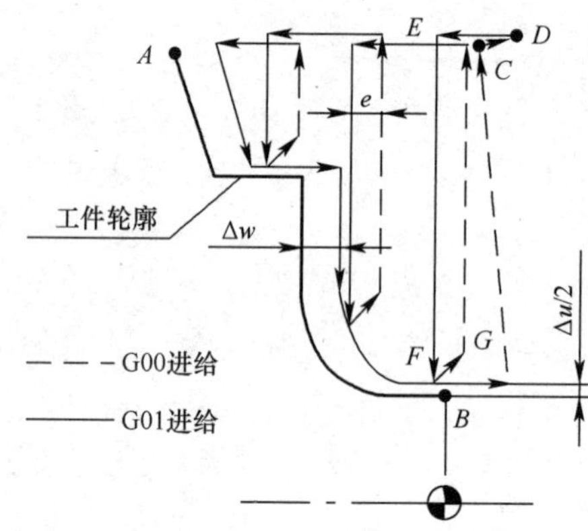

图 2—12　平端面粗车循环指令的运动轨迹

G72 循环所加工的轮廓形状，必须采用单调递增或单调递减的形式。

在 FANUC 系统的 G72 循环指令中，顺序号“*ns*”所指程序段必须沿 *Z* 向进刀，且不能出现 *X* 向的运动指令，否则会出现程序报警。

N100 G01 Z－30.0；　　　　（正确的“*ns*”程序段）

N100 G01 X30.0 Z－30.0；　（错误的“*ns*”程序段，程序段中出现了 *X* 向的运动指令）

（3）编程实例

例　用 G72 和 G70 指令编写图 2—13 所示内轮廓（直径 12 mm 的孔已钻好）的加工程序。

```
O0207;
G99 G40 G21;
T0101;
G00 X100.0 Z100.0;
M03 S600;
G00 X10.0 Z10.0;                    (快速定位至粗车循环起点)
G72 W1.0 R0.3;
G72 P100 Q200 U-0.05 W0.3 F0.2;     (精车余量 Z 向取较大值)
N100 G01 Z-8.68 F0.1 S1200;
     G02 X34.40 Z-5.0 R39.0;
     G01 X54.0;
     G02 X60.0 Z-2.0 R3.0;
N200 G01 Z0;
```

```
G70 P100 Q200；
    G00 X100.0 Z100.0；
    M30；
```

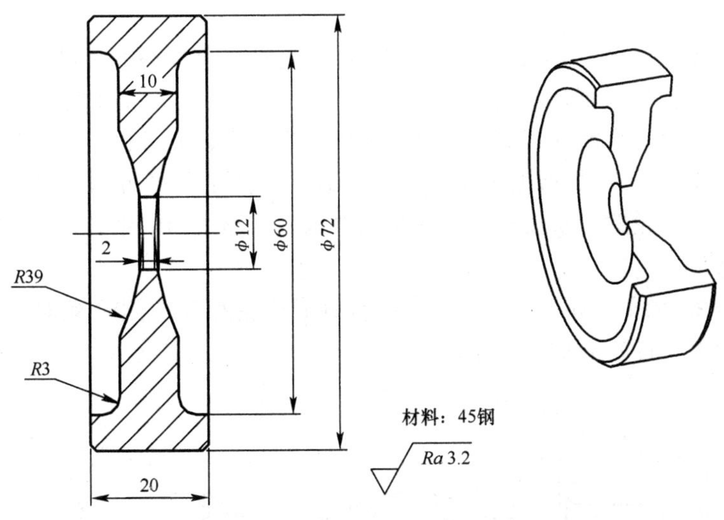

图 2—13 平端面粗车循环指令编程实例

4. 多重复合循环指令（G73）

（1）指令格式

G73 U$\underline{\Delta i}$ W$\underline{\Delta k}$ R$\underline{d}$ ；

G73 P$\underline{ns}$ Q$\underline{nf}$ U$\underline{\Delta u}$ W$\underline{\Delta w}$ F __ S __ T __；

Δi——X 向退刀量的大小和方向（半径量指定），该值是模态值。

Δk——Z 向退刀量的大小和方向 ，该值是模态值。

d ——分层次数（粗车重复加工次数）。

其余参数与 G71 指令中的参数相同。

例 G73 U3.0 W0.5 R3.0；

G73 P100 Q200 U0.3 W0.05 F0.2；

（2）指令的运动轨迹及工艺说明

G73 多重复合循环指令的运动轨迹如图 2—14 所示。

1）刀具从循环起点（C 点）开始，快速退刀至 D 点（在 X 向的退刀量为 $\Delta u/2+\Delta i$，在 Z 向的退刀量为 $\Delta w+\Delta k$）。

2）快速进刀至 E 点（E 点坐标值由 A 点坐标、精加工余量、退刀量 Δi 和 Δk 及粗车次数确定）。

3）沿轮廓形状偏移一定值后切削至

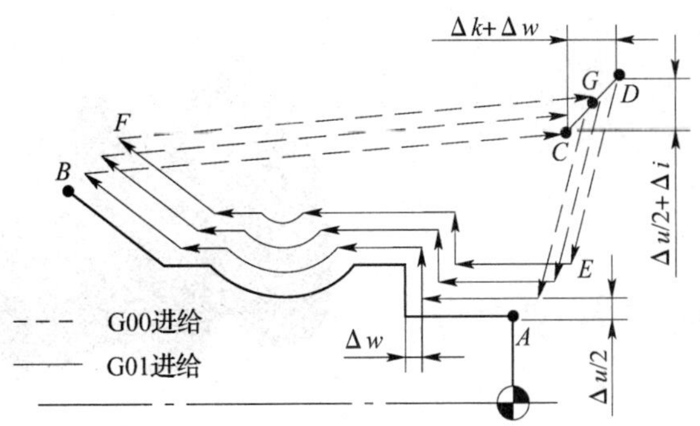

图 2—14 多重复合循环指令的运动轨迹

F 点。

4）快速返回 G 点，准备第二层循环切削。

5）如此分层（分层次数由循环程序中的参数 d 确定）切削至循环结束后，快速退回循环起点（C 点）。

G73 循环指令主要用于车削固定轨迹的轮廓。这种复合循环加工可以高效地切削铸造成形、锻造成形或已粗车成形的工件。但是，对不具备类似成形条件的工件，如果采用 G73 进行编程与加工，反而会增加刀具在切削过程中的空行程，而且也不便计算粗车余量。

G73 程序段中，"*ns*" 所指程序段可以沿 X 轴或 Z 轴的任意方向进刀。

G73 循环加工的轮廓形状没有单调递增或单调递减形式的限制。

（3）编程实例

例　用 G73 指令编写图 2—15 所示工件右侧成形轮廓（左侧轮廓加工完成后，采用一夹一顶的方式装夹工件）的加工程序。

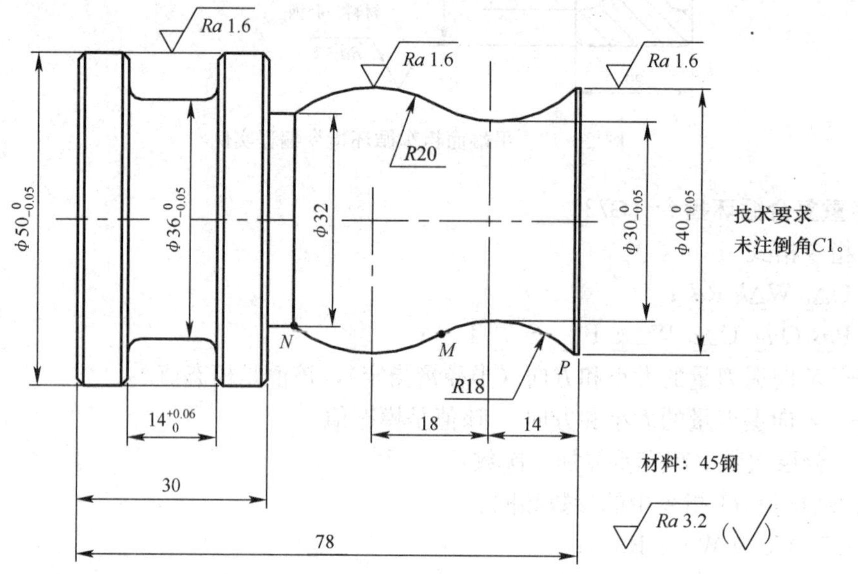

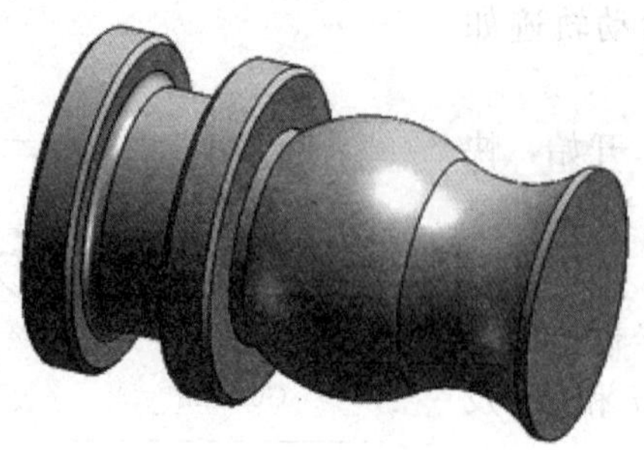

图 2—15　多重复合循环指令编程实例

首先，应正确选择刀具及刀具角度，以保证刀具在加工过程中不产生过切。刀具采用菱形刀片可转位车刀，其刀尖角为 35°，副偏角为 52°，如图 1—50 所示，适合本例工件的加工要求。因为加工本例工件所要求的最大副偏角位于图 2—15 中 *N* 点处，约为 35°。

计算出局部基点坐标：*P*（40.0，－0.71）、*M*（34.74，－22.08）、*N*（32.0，－44.0）。另外，最好采用刀尖圆弧半径补偿进行加工。

```
O0208;
    G99 G40 G21;
    T0101;
    G00 X100.0 Z100.0;
    M03 S800;
    G00 X52.0 Z2.0;                    (快速定位至粗车循环起点)
    G73 U11.0 W0 R8.0;                 (X 向分 8 次切削，直径方向总切深为 24 mm)
    G73 P100 Q200 U0.3 W0 F0.2;
N100 G42 G00 X40.0 F0.05 S1500;        (刀尖圆弧半径补偿)
    G01 Z－0.71;
    G02 X34.74 Z－22.08 R18.0;
    G03 X32.0 Z－44.0 R20.0;
    G01 Z－48.0;
        X48.0;
        X50.0 Z－49.0;
N200 G40 G01 X52.0;                    (取消刀尖圆弧半径补偿)
    G70 P100 Q200;
    G00 X100.0 Z100.0;
    M30;
```

提示

采用固定循环加工内、外圆轮廓时，如果编写了刀尖圆弧半径补偿指令，则仅在精加工过程中才执行，在粗加工过程中不执行。

5. 使用内、外圆加工复合固定循环指令（G71、G72、G73、G70）时的注意事项

（1）应根据毛坯的形状、工件的加工轮廓及其加工要求恰当地选用内、外圆加工复合固定循环指令。

G71 固定循环指令主要用于径向尺寸要求比较高、轴向切削尺寸大于径向切削尺寸的毛坯工件的粗车循环。编程时，*X* 向精车余量取值一般大于 *Z* 向精车余量的取值，参见程序“O0205”。

G72 固定循环主要用于端面精度要求比较高、径向切削尺寸大于轴向切削尺寸的毛坯工件的粗车循环。编程时，*Z* 向精车余量取值一般大于 *X* 向精车余量的取值，参见程序“O0207”。

G73 固定循环主要用于已成型工件的粗车循环。精车余量根据具体的加工要求和加工形状来确定，参见程序“O0208”。

（2）使用其他内、外圆复合固定循环指令编程时，在其 *ns*～*nf* 之间的程序段中，不能含有以下指令：单一固定循环指令、参考点返回指令、螺纹切削指令（见后续章节）、宏程序调用（G73 指令除外）或子程序调用指令。

（3）执行 G71、G72、G73 循环时，只有在 G71、G72、G73 指令程序段中 F、S、T 是有效的，在调用的程序段 *ns*～*nf* 之间编入的 F、S、T 功能将被全部忽略。相反，在执行 G70 精车循环时，G71、G72、G73 指令程序段中的 F、S、T 功能无效，此时 F、S、T 的值取决于程序段 *ns*～*nf* 之间编入的 F、S、T 功能。

（4）在 G71、G72、G73 程序段中，Δd（Δi）、Δu 都用地址符 U 进行指定，而 Δk、Δw 都用地址符 W 进行指定。系统是根据 G71、G72、G73 程序段中是否指定 P、Q 来区分 Δd（Δi）、Δu 及 Δk、Δw 的。当程序段中没有指定 P、Q 时，该程序段中的 U 和 W 分别表示 Δd（Δi）和 Δk；当程序段中指定了 P、Q 时，该程序段中的 U、W 分别表示 Δu 和 Δw。

（5）在 G71、G72、G73 指令程序段中的 Δw、Δu 是精加工余量值。该值按其余量的方向有正、负之分。另外，G73 指令程序段中的 Δi、Δk 的值也有正、负之分，是根据刀具位置和进退刀方式来判定的。

二、切槽用复合固定循环

1. 径向切槽循环指令（G75）

（1）指令格式

G75 R$\underline{e}$;

G75 X(U)__ Z(W)__ P$\underline{\Delta i}$ Q$\underline{\Delta k}$ R$\underline{\Delta d}$ F__ ;

e——退刀量，其值为模态值。

X(U)__ Z(W)__ ——切槽终点处坐标。

Δi——*X* 方向的每次背吃刀量，用不带符号的半径量表示。

Δk——刀具完成一次径向切削后，在 *Z* 方向的偏移量，用不带符号的值表示。

Δd——刀具在切削底部的 *Z* 向退刀量，无要求时可省略。

F——径向切削时的进给量。

例　G75 R0.5；

　　G75 U6.0 W5.0 P1500 Q2000 F0.1；

（2）指令的运动轨迹及工艺说明

G75 循环指令的运动轨迹如图 2—16 所示。

1）刀具从循环起点（*A* 点）开始，沿径向进刀 Δi 并到达 *C* 点。

2）退刀 *e*（断屑）并到达 *D* 点。

3）按该循环递进切削至径向终点 *X* 的坐标处。

4）退到径向起刀点，完成一次切削循环。

5）沿轴向偏移 Δk 至 F 点，进行第二层切削循环。

6）依次循环直至刀具切削至程序终点坐标处（B 点），径向退刀至起刀点（G 点），再轴向退刀至起刀点（A 点），完成整个切槽循环运动。

G75 程序段中的 Z（W）值可省略或设定值为 0。当 Z（W）值设为 0 时，G75 循环指令执行时刀具仅做 X 向进给，而不做 Z 向偏移。

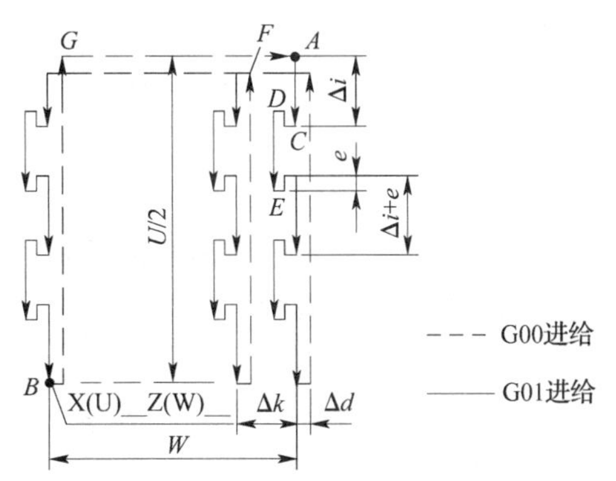

图 2—16　径向切槽循环指令的运动轨迹

对于程序段中的 Δi、Δk 值，在 FANUC 系统中不能输入小数点，而是直接输入最小编程单位，如 P1500 表示径向每次背吃刀量为 1.5 mm。

车一般外沟槽时，切槽刀是由外圆切入，其几何形状与切断刀基本相同，车刀两侧副后角相等，车刀左右对称。

（3）编程实例

例　用 G75 指令编写图 2—17 所示工件（设所用切槽刀的刀宽为 3 mm）的沟槽加工程序。

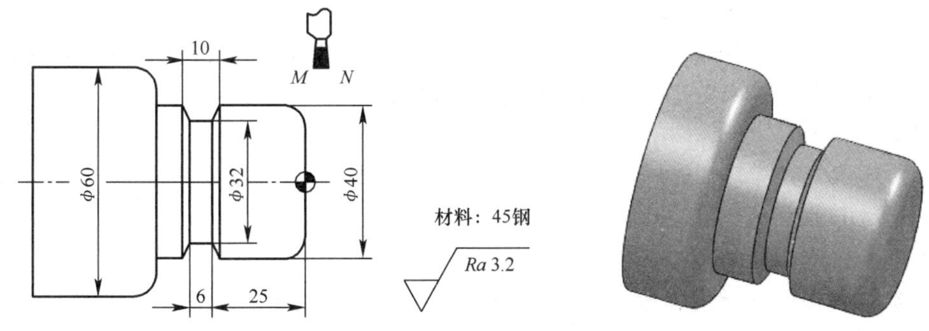

图 2—17　径向切槽循环指令编程实例

编写本例的循环程序段时，要正确选择循环起点。由于切槽刀在对刀时以刀尖点 M（图 2—17）作为 Z 向对刀点，而切槽时由刀尖点 N 控制长度尺寸 25 mm，因此 G75 循环起始点的 Z 向坐标为“－25－3（刀宽）＝－28”。

```
O0209;
G99 G40 G21;
T0101;
G00 X100.0 Z100.0;
M03 S600;
G00 X42.0 Z-28.0;          (快速定位至切槽循环起点)
```

G75 R0. 3；

G75 X32. 0 Z－31. 0 P1500 Q2000 F0. 1；

G00 X100. 0 Z100. 0；

M30；

在切槽循环结束且不退刀的情况下，巧用切槽刀的左、右刀尖能很方便地对槽侧的两处斜边进行编程加工。其程序如下：

⋮

G75 X32. 0 Z－31. 0 P1500 Q2000 F0. 1；

G01 X40. 0 Z－26. 0；　（图 2—17 中刀尖点 N 到达切削位置）

X32. 0 Z－28. 0；　（车削右侧斜面）

X42. 0；　（应准确测量刀宽，以确定刀具 Z 向移动量）

X40. 0 Z－33. 0；　（用刀尖 M 车削左侧斜面）

X32. 0 Z－31. 0；

X42. 0；

⋮

2. 端面切槽循环指令（G74）

（1）指令格式

G74 R$\underline{e}$ ；

G74 X(U)＿ Z(W)＿ P$\underline{\Delta i}$ Q$\underline{\Delta k}$ R$\underline{\Delta d}$ F＿；

Δi——刀具完成一次轴向切削后在 X 向的偏移量。该值用不带符号的半径量表示。

Δk——Z 向的每次背吃刀量。用不带符号的值表示。

其余参数同 G75 指令。

例　G74 R0. 5；

G74 U6. 0 W5. 0 P1500 Q2000 F0. 1；

（2）指令的运动轨迹及工艺说明

G74 循环指令的运动轨迹类似于 G75 循环指令的运动轨迹，如图 2—18 所示。不同之处是刀具从循环起点 A 出发，先轴向切深，再径向平移，依次循环直至完成全部动作。

G74 循环指令中的 X(U) 值可省略或设定为 0。当 X(U) 值设为 0 时，在 G74 循环执行过程中，刀具仅做 Z 向进给，而不做 X 向偏移。此时，该指令可用于端面啄式深孔钻削循环。但使用该指令时，装夹在刀架（尾座无效）上的刀具一定要精确定位到工件的旋转中心。

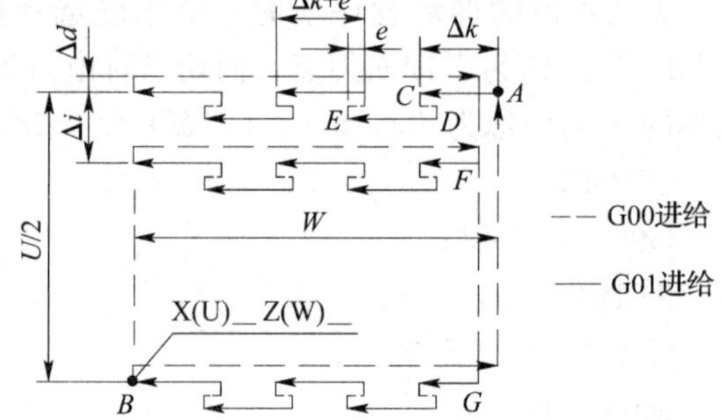

图 2—18　端面切槽循环指令的运动轨迹

（3）编程实例

例　用 G74 指令编写图 2—19 所示工件的切槽（切槽刀的刀宽为 3 mm）及钻孔加工程序。

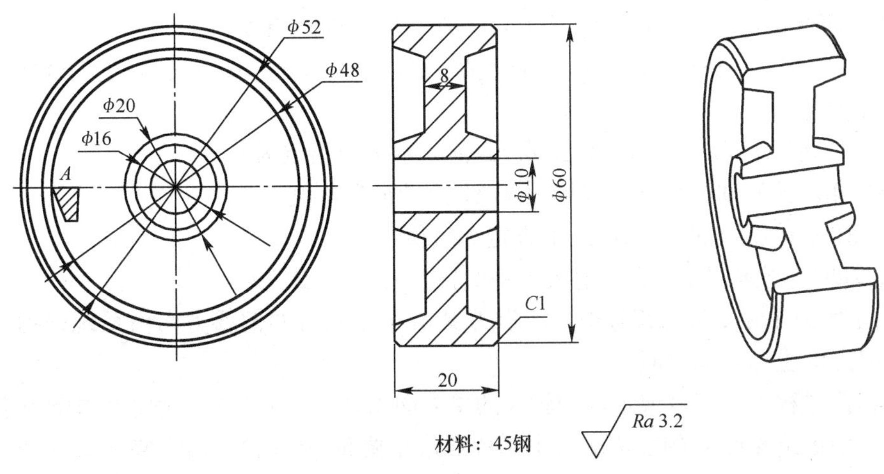

图 2—19 端面切槽循环指令编程实例

```
O0210;
⋮
G00 X20.0 Z1.0;                        (快速定位至切槽循环起点)
G74 R0.3;
G74 X42.0 Z－6.0 P1000 Q2000 F0.1;    (X 坐标相差一个刀宽)
G01 X16.0 Z0;                          (加工内锥面)
    X20.0 Z－6.0;
    X42.0;
    Z2.0;
    X46.0 Z0;
    X42.0 Z－6.0;
    Z2.0;
G28 U0 W0;                             (返回参考点，以便转刀)
T0202;                                 (换 2 号刀，即 φ10 mm 钻头)
G00 X0 Z1.0;                           (快速定位到啄式钻削起点)
G74 R0.3;
G74 Z－25.0 Q5000 F0.1;
G28 U0 W0;
M30;
```

提示

车削如图 2—19 所示端面槽时，车刀的刀尖点 A 处于车孔状态。为了避免车刀与工件沟槽的较大圆弧面相碰，刀尖点 A 处的副后刀面必须根据端面槽圆弧的大小磨成圆弧形，并保证一定的后角。

3. 使用切槽复合固定循环指令（G74、G75）时的注意事项

（1）在 FANUC 或三菱系统中，当出现以下情况而执行切槽复合固定循环指令时，将会出现程序报警。

1）X(U）或 Z(W）指定，而 Δi 或 Δk 值未指定或指定为 0。

2）Δk 值大于 Z 轴的移动量（W）或 Δk 值设定为负值。

3）Δi 值大于 U 值的 1/2 或 Δi 值设定为负值。

4）退刀量大于进刀量，即 e 值大于每次背吃刀量 Δi 或 Δk。

（2）因为 Δi 和 Δk 为无符号值，所以刀具切深完成后的偏移方向由系统根据刀具起刀点及切槽终点的坐标自动判断。

（3）切槽过程中，刀具或工件受较大的单方向切削力，容易在切削过程中产生振动，因此切槽加工中进给速度 F 的取值应略小（特别是在端面切槽时），通常取 0.1～0.2 mm/r。

三、内、外圆加工编程实例

例　分析图 2—20 所示工件（毛坯为 ϕ40 mm×92 mm 的 45 钢）的加工过程并编写其加工程序。

1. 选择机床与夹具

选择 FANUC 0i 系统、前置刀架式数控车床，夹具采用通用的三爪自定心卡盘。编程原点分别设在工件左、右端面与 Z 轴相交的交点上。

2. 加工步骤

（1）采用 G71 和 G70 指令粗、精加工工件左侧外轮廓。

（2）掉头车端面，保证总长，打中心孔。

（3）采用一夹一顶的方式进行装夹。

（4）用 G73 和 G70 指令粗、精加工工件右侧外轮廓。

（5）用 G75 指令进行切槽加工。

（6）工件去毛刺、倒棱，检查各项尺寸精度。

3. 基点计算

采用三角函数法进行基点计算，计算过程略。部分基点坐标为：M（24.90，0），N（22.0，−27.25），P（28.13，−36.0）。

4. 选择刀具与切削用量

（1）1 号刀为 90°外圆车刀。切削用量：粗车时，主轴转速为 600 r/min，进给速度 0.2 mm/r，背吃刀量 1.5 mm（即 S600、F0.3、U1.5）；精车时，主轴转速为 1 200 r/min，进给速度为 0.1 mm/r，背吃刀量为 0.25 mm（即 S1200、F0.1、U0.2）。

（2）2 号刀为菱形刀片外圆车刀。主偏角为 93°，刀尖角为 35°。切削用量：粗车时，主轴转速为 600 r/min，进给速度为 0.3 mm/r，背吃刀量为 1.5 mm（即 S600、F0.3、U1.5）；精车时，主转轴速为 1 200 r/min，进给速度为 0.1 mm/r，背吃刀量为 0.25 mm（即 S1200、F0.1、U0.25）。

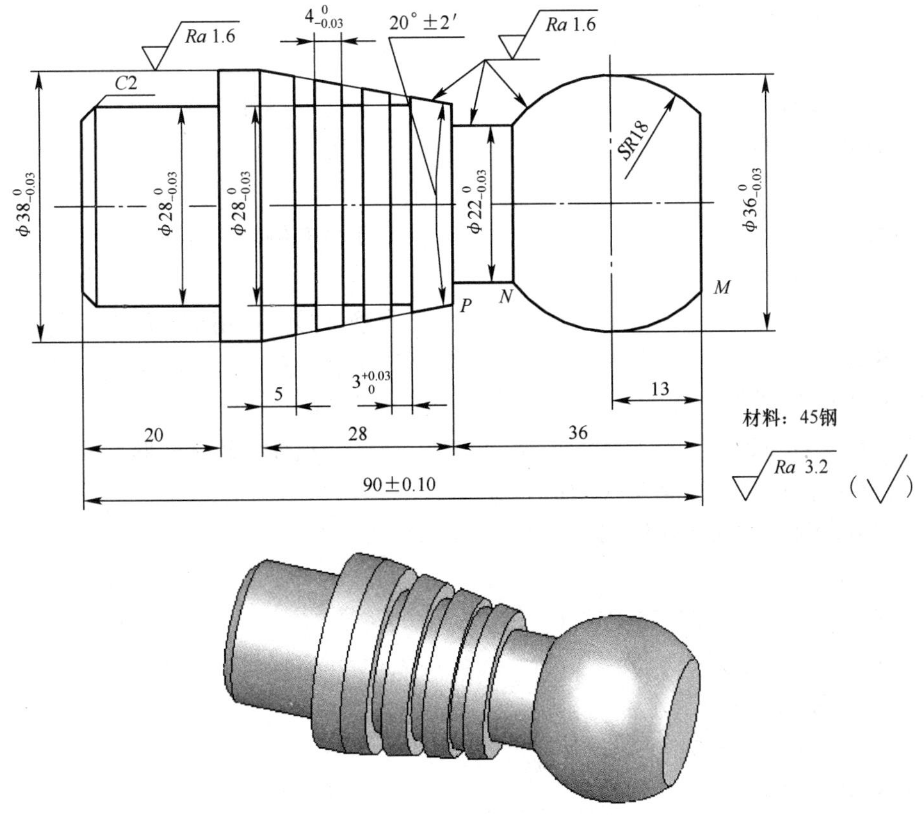

图 2—20　外形加工编程实例

（3）3 号刀为切槽刀，刀宽为 3 mm。切削用量：主轴转速为 600 r/min，进给速度为 0.1 mm/r（即 S600、F0.1）。

5. 编写加工程序

```
O0311;                               (工件左侧加工程序)
G99 G21 G40;
T0101;                               (换 1 号刀，用于 G71 加工)
M03 S600;
G00 X42.0 Z2.0;
G71 U1.5 R0.3;                       (粗车循环)
G71 P100 Q200 U0.2 W0 F0.3;
N100 G00 X24.0 S1200 F0.1;
     G01 Z0;
         X28.0 Z-2.0;                (轮廓倒角 C2)
         Z-20.0;
```

```
        X38.0;
        Z-40.0;
N200 G01 X42.0;
G70 P100 Q200;                    (精车左侧外轮廓)
G00 X100.0 Z100.0;
M30;
O0312;                            (工件右侧加工程序)
G99 G21 G40;
T0202;                            (换 2 号刀，用于 G73 加工)
M03 S600;
G00 X42.0 Z2.0;
G73 U9.0 W0 R8;                   (G73 粗加工轮廓外形)
G73 P300 Q400 U0.25 W0 F0.3;
N300 G00 X24.90 S1200 F0.1;
     G01 Z0;
     G03 X22.0 Z-27.25 R18.0;
     G01 Z-36.0;
         X28.13;
         X38.0 Z-64.0;
N400 G01 X42.0;
N410 G70 P300 Q400;
G00 X30.0 Z150.0;                 (注意前置刀架有顶尖时的换刀位置)
T0303;                            (转 3 号刀，用于 G75 切槽)
M03 S600;
G00 X42.0 Z-45.0;
G75 R0.3;
G75 X28.0 Z-59.0 P3000 Q7000 F0.1;
G00 X30.0 Z150.0;
M30;
```

想一想

为什么能用一个切槽指令程序段加工出三条槽？

例 如图 2—21 所示工件，毛坯为 ϕ82 mm×15 mm 的 45 钢（中间已加工出 ϕ2 mm 内孔）。分析其加工方案并编写其数控车加工程序。

首先，用 G72 指令进行编程加工左侧轮廓；然后，用 G73 指令加工右侧轮廓。

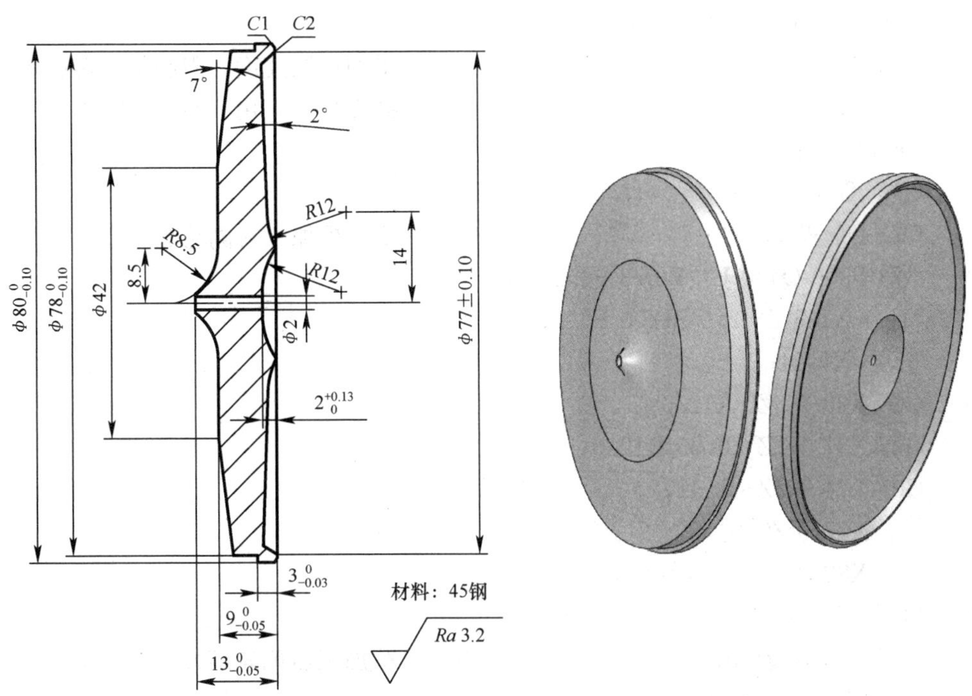

图 2—21　复合固定循环编程实例

```
O0250;                                    （工件左侧加工程序）
    G99 G21 G40;
    T0101;                                （换 1 号刀，用于 G72 加工）
    M03 S600;
    G00 X82.0 Z2.0;
    G72 W1.0 R0.3;                        （粗车循环，去除部分余量）
    G72 P100 Q200 U0.1 W0.3 F0.2;
N100 G01 Z-10.0 S1200 F0.1;
        X78.0;
        Z-6.21;
        X42.0 Z-4.0;
        X17.0;
    G03 X1.58 Z1.0 R8.5;
N200 G01 Z2.0;
    G70 P100 Q200;
    G00 X100.0 Z100.0;                    （退刀至转刀点）
    M30;
O0251;                                    （工件右侧加工程序）
```

```
    G99 G96 G21 G40;
    G50 S2000;                        (采用恒线速度，限制最高转速)
    T0202;                            (换 2 号刀，用于 G73 加工)
    M03 S600;
    G00 X1.0 Z1.0;
    G73 U0 W3.0 R3;                   (G73 粗加工右侧轮廓)
    G73 P300 Q400 U0 W0.3 F0.2;
N300 G01 X1.6 Z-2.0 S1200 F0.1;
         X7.24;
    G02 X20.51 Z0 R12.0;
    G02 X27.16 Z-0.59 R12.0;
    G01 X74.17 Z-1.42;
        X77.0 Z0;
        X82.0;
N400 G01 Z1.0;
     G70 P300 Q400;                   (精加工右侧轮廓)
     G00 X100.0 Z100.0;
     M30;
```

第四节　螺纹加工及其固定循环

在 FANUC 数控系统中，螺纹加工的指令有 G32、G34 及其固定循环指令 G92、G76。通过这些指令，在数控车床上加工各种螺纹更加简便。

一、普通螺纹的加工工艺

1. 普通螺纹的尺寸计算

普通螺纹是我国应用最为广泛的一种三角形螺纹，牙型角为 60°。普通螺纹分粗牙普通螺纹和细牙普通螺纹。粗牙普通螺纹螺距是标准螺距，其代号用字母“M”及公称直径表示，如 M16、M12 等。细牙普通螺纹代号用字母“M”及公称直径×螺距表示，如 M24×1.5、M27×2 等。

普通螺纹有左旋螺纹和右旋螺纹之分，左旋螺纹应在螺纹标记的末尾处加注“LH”，如 M20×1.5LH 等，未注明的是右旋螺纹。

普通螺纹的基本牙型如图 2—22 所示。图中标注有螺纹的基本尺寸：

P 代表螺纹螺距；H 代表螺纹原始三角形高度，$H=0.866P$；D、d 代表螺纹大径；D_2、d_2 代表螺纹中径；D_1、d_1 代表螺纹小径。

螺纹基本尺寸的计算如下：

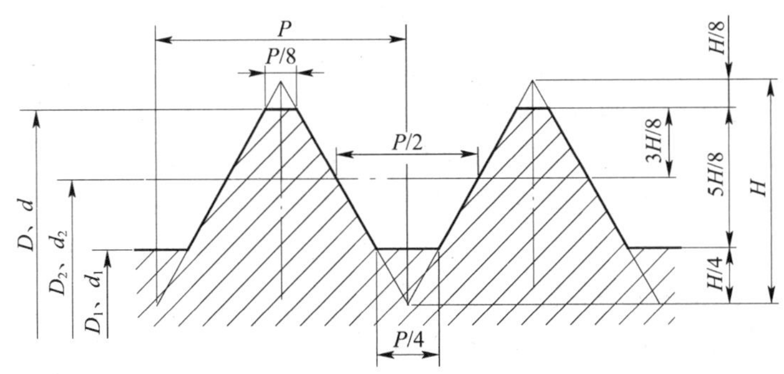

图 2—22 普通螺纹的基本牙型

(1) 螺纹的大径（D、d）

螺纹大径的基本尺寸与螺纹的公称直径相同。外螺纹大径在螺纹加工前，由外圆车削得到，该外圆的实际直径通过其大径公差带或借用其中径公差带进行控制。

(2) 螺纹的中径（D_2、d_2）

$$D_2\ (d_2) = D\ (d) - (3H/8) \times 2 = D\ (d) - 0.6495P$$

在数控车床上，螺纹的中径是通过控制螺纹的削平高度（由螺纹车刀的刀尖体现）、牙型高度、牙型角和螺纹底径来综合控制的。

(3) 螺纹的小径（D_1、d_1）与螺纹的牙型高度（h）

$$D_1\ (d_1) = D\ (d) - (5H/8) \times 2 = D\ (d) - 1.08P$$

$$h = 5H/8 = 0.54125P\text{，取 } h = 0.54P$$

(4) 螺纹编程直径与总切深量的确定

在编制螺纹加工程序或车削螺纹时，因受到螺纹车刀刀尖形状及其尺寸刃磨精度的影响，为保证螺纹中径达到要求，故在编程或车削过程中通常采用以下经验公式进行调整或确定其编程小径（d_1'、D_1'）：

$$d_1' = d - (1.1 \sim 1.3)\ P$$

$$D_1' = D - P\text{（车削塑性金属）}$$

$$D_1' = D - 1.05P\text{（车削脆性金属）}$$

在以上经验公式中，d、D 直径均指其基本尺寸。在各编程小径的经验公式中，已考虑到了部分直径公差的要求。

同样，考虑螺纹的公差要求和螺纹切削过程中对大径的挤压作用，编程或车削过程中的外螺纹大径应比其公称直径小 0.1～0.3 mm。

例 在数控车床上加工 M24×2—7h 的外螺纹，采用经验公式计算。

$$\text{螺纹编程大径 } d' = 23.8\ \text{mm}$$

$$\text{半径方向总切深量 } h' = (1.1 \sim 1.3)\ P/2 = 0.65 \times 2 = 1.3\ (\text{mm})$$

$$\text{编程小径 } d_1' = d - 2h' = 24 - 2.6 = 21.4\ (\text{mm})$$

2. 螺纹轴向起点和终点尺寸的确定

在数控机床上车削螺纹时，沿螺距方向的 Z 向进给应和机床主轴的旋转保持严格的速比关系。但是，在实际车削螺纹开始时，伺服系统不可避免地有一个加速的过程，结束前也相应有一个减速的过程。在这两段时间内，螺距得不到有效保证。为了避免在进给机构加速或减速过程中切削，在安排其工艺时要尽可能考虑合理的导入距离 δ_1 和导出距离 δ_2，如图 2—23 所示。

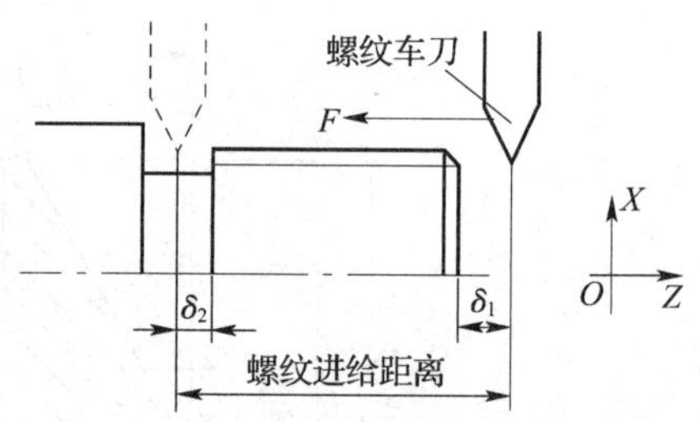

图 2—23 螺纹切削的导入、导出距离

δ_1 和 δ_2 的数值与机床拖动系统的动态特性有关，还与螺纹的螺距和螺纹的精度有关。一般 δ_1 取 $2P$～$3P$，对大螺距和高精度的螺纹则取较大值；δ_2 一般取 P～$2P$。如果螺纹退尾处没有退刀槽，其 $\delta_2=0$。这时，该处的收尾形状由数控系统的功能确定。

3. 螺纹加工的多刀切削

如果螺纹牙型较深或螺距较大，可分多次进给。每次进给的背吃刀量是用实际牙型高度减精加工背吃刀量后所得的差，并按递减规律分配。常用公制螺纹切削时的进给次数与实际背吃刀量（直径量）可参考表 2—2 选取。

表 2—2　　常用普通螺纹切削的进给次数与背吃刀量

螺距（mm）		1.0	1.5	2.0	2.5
总切深量（mm）		1.3	1.95	2.6	3.25
每次背吃刀量（mm）	1 次	0.8	1.0	1.2	1.3
	2 次	0.4	0.6	0.7	0.9
	3 次	0.1	0.25	0.4	0.5
	4 次		0.1	0.2	0.3
	5 次			0.1	0.15
	6 次				0.1

二、螺纹切削指令（G32、G34）

1. 等螺距直螺纹

这类螺纹包括普通圆柱螺纹和端面螺纹。

（1）指令格式

G32 X(U)__ Z(W)__ F__ Q__；

X(U)__ Z(W)__：直线螺纹的终点坐标。

F——直线螺纹的导程。如果是单线螺纹，则为直线螺纹的螺距。

Q——螺纹起始角。该值为不带小数点的非模态值，其单位为 0.001°。如果是单线螺纹，则该值不用指定，这时该值为 0。

在该指令格式中，当只有 Z 向坐标数据字 Z(W)__时，指令加工等螺距圆柱螺纹；当只有 X 向坐标数据字 X(U)__时，指令加工等螺距端面螺纹。

例 G32 W－30.0 F4.0；

（2）指令的运动轨迹及工艺说明

G32 指令的运动轨迹如图 2—24 所示。G32 指令近似于 G01 指令，刀具从 B 点以每转进给一个导程/螺距的速度切削至 C 点。其切削前的进刀和切削后的退刀都要通过其他的程序段来实现，如图中的 AB、CD、DA 程序段。

在加工等螺距圆柱螺纹以及除端面螺纹之外的其他各种螺纹时，均需特别注意其螺纹车刀的安装方法（正、反向）和主轴的旋转方向应与车床刀架的配置方式（前、后置）相适应。如采用图 2—24 所示后置刀架车削其右旋螺纹时，不仅螺纹车刀必须反向（即前刀面向下）安装，车床主轴也必须用 M04 指令其旋向。否则，车出的螺纹将不是右旋，而是左旋。如果螺纹车刀正向安装，主轴用 M03 指令，则起刀点应改为图 2—24 中的 D 点。

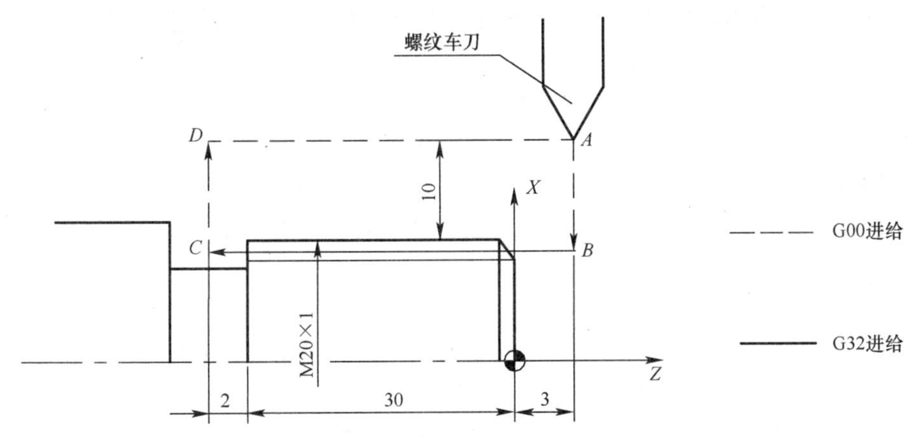

图 2—24　加工圆柱螺纹 G32 指令的运动轨迹与编程实例

（3）编程实例

例 用 G32 指令编写图 2—24 所示工件的螺纹加工程序。

该螺纹为连接用普通螺纹，没有规定其公差要求，可参照螺纹公差的国家标准。其大径（车螺纹前的外圆直径）尺寸可靠近最低配合要求的公差带［如 8e（$^{-0.06}_{-0.34}$）］，并取其中值确定，或按经验取为 19.8 mm，以避免合格螺纹的牙顶出现过尖的问题。

螺纹切削导入距离 δ_1 取 3 mm，导出距离 δ_2 取 2 mm。螺纹的总切深量预定为 1.3 mm，分三次切削，背吃刀量依次为 0.8 mm、0.4 mm 和 0.1 mm。

程序如下：

```
O0301;
⋮
G00 X40.0 Z3.0;              (δ1=3 mm)
    U-20.8;
G32 W-35.0 F1.0;             (螺纹第一刀切削，背吃刀量为 0.8 mm)
```

```
G00 U20.8;
    W35.0;
    U-21.2;
G32 W-35.0 F1.0;              (背吃刀量为0.4 mm)
G00 U21.2;
    W35.0;
    U-21.3;
G32 W-35.0 F1.0;              (背吃刀量为0.1 mm)
G00 U21.3;
    W35.0;
G00 X100.0 Z100.0;
M30;
```

例　用G32指令编写图2—24所示螺纹［代号改为M20×P_h2P1］的加工程序。

```
O0302;
⋮
G00 X40.0 Z6.0;               (导入距离δ1=6 mm)
    X19.2;
G32 Z-32.0 F2.0 Q0;           (加工第一条螺旋线，螺纹起始角为0°)
G00 X40.0;
    Z6.0;
    ⋮                         (至第一条螺旋线加工完成)
    X19.2;
G32 Z-32.0 F2.0 Q180000;      (加工第二条螺旋线，螺纹起始角为180°)
G00 X40.0;
    Z6.0;
    ⋮                         (多刀重复切削至第二条螺旋线加工完毕)
M30;
```

2. 等螺距圆锥螺纹

（1）指令格式

G32 X(U)__ Z(W)__ F__;

例　G32 U3.0 W-30.0 F4.0;

（2）指令的运动轨迹及工艺说明

加工圆锥螺纹G32指令的运动轨迹（图2—25）与加工圆柱螺纹G32指令的运动轨迹相似。

加工圆锥螺纹时，要特别注意受导入距离δ_1、导出距离δ_2影响的螺纹切削起点与终点坐标，以保证螺纹锥度的正确。

圆锥螺纹在X向或Z向的导程不同，程序中导程F的取值以两者较大值为准。

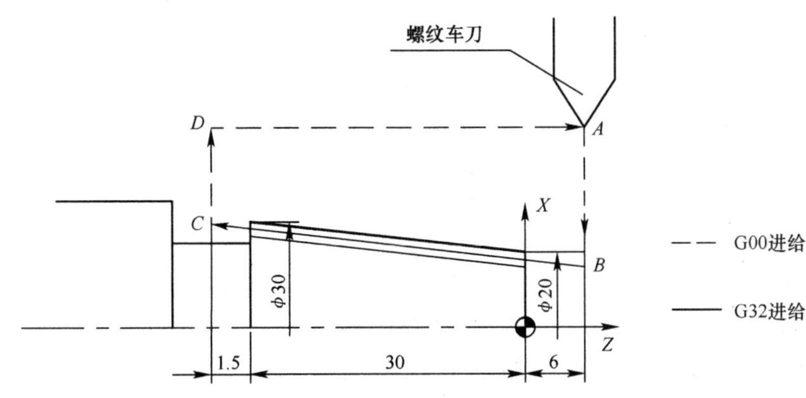

图 2—25　加工圆锥螺纹 G32 指令的运动轨迹与编程实例

(3) 编程实例

例　用 G32 指令编写图 2—25 所示工件的圆锥螺纹（f_Z＝2.5 mm）加工程序。

经计算，圆锥螺纹的牙顶在 *B* 点处的坐标为（18.0，6.0），在 *C* 点处的坐标为（30.5，－31.5）。

程序如下：

```
O0303;
   ⋮
G00 X16.7 Z6.0;              (δ1=6 mm)
G32 X29.2 Z-31.5 F2.5;       (螺纹第一刀切削，背吃刀量为 1.3 mm)
G00 U20.0;
    W37.5;
G00 X16.0 Z6.0;
G32 X28.5 Z-31.5 F2.5;       (螺纹第二刀切削，背吃刀量为 0.7 mm)
   ⋮
```

(4) G32 指令的其他用途

G32 指令除了可以加工以上螺纹外，还可以加工以下几种螺纹：

1）多线螺纹　编制加工多线螺纹的程序时，只要用地址 Q 指定主轴一转信号与螺纹切削起点的偏移角度即可。

2）端面螺纹　执行端面螺纹的程序段时，刀具在指定螺纹切削距离内以每转速度进给（参数 F）沿 *X* 向进给，而 *Z* 向不做运动。

3）连续螺纹切削　连续螺纹切削功能是为了保证程序段交界处的少量脉冲输出与下一个移动程序段的脉冲处理与输出相互重叠（程序段重叠）。因此，执行连续程序段加工时，由运动中断而引起的断续加工被消除，故可以完成那些需要中途改变其等螺距和形状（如从直螺纹变为圆锥螺纹）的特殊螺纹的切削。

3. 变螺距螺纹

这类螺纹主要指变螺距圆柱螺纹及变螺距圆锥螺纹。

（1）指令格式

G34 X(U)__ Z(W)__ F__ K__；

K——主轴每转螺距的增量（正值）或减量（负值）。

其余参数同 G32 的规定。

例 G34 W－30.0 F4.0 K0.1；

（2）指令的运动轨迹及工艺说明

G34 指令执行过程中，除每转螺距有增量外，其余动作和运动轨迹与 G32 指令的相同。

4. 使用螺纹切削指令（G32、G34）时的注意事项

（1）在螺纹切削过程中，进给速度倍率无效。

（2）在螺纹切削过程中，进给暂停功能无效。如果在螺纹切削过程中按了进给暂停按钮，刀具将在执行了非螺纹切削的程序段后停止。

（3）在螺纹切削过程中，主轴速度倍率功能无效。

（4）在螺纹切削过程中，不宜使用恒线速度控制功能，而应采用恒转速控制功能。

三、螺纹切削单一固定循环指令（G92）

1. 圆柱螺纹切削循环

（1）指令格式

G92 X(U)__ Z(W)__ F__；

X(U)__ Z(W)__——螺纹切削终点处的坐标。U 和 W 后面数值的符号取决于轨迹 *AB*（图 2—26）和 *BC* 的方向。

F——螺纹导程的大小。如果是单线螺纹，则为螺距的大小。

例 G92 X30.0 Z－30.0 F2.0；

（2）指令的运动轨迹及工艺说明

圆柱螺纹循环（G92）切削的运动轨迹是一个矩形轨迹，与 G90 循环的相似，如图 2—26 所示。刀具从循环起点 *A* 沿 *X* 向快速移动至 *B* 点，然后以导程/转的进给速度沿 *Z* 向切削进给至 *C* 点，再沿 *X* 向快速退刀至 *D* 点，最后返回循环起点 *A*，准备下一次循环。

在 G92 循环编程中，仍应注意循环起点的正确选择。通常情况下，*X* 向循环起点取在离外圆表面 1～2 mm（直径量）的位置，*Z* 向的循环起点根据导入值的大小来进行选取。

（3）编程实例

例 在后置刀架式数控车床上，用 G92 指令编写图 2—26 所示工件的螺纹加工程序。在螺纹加工前，其外圆已加工好，直径为 ϕ23.75 mm。

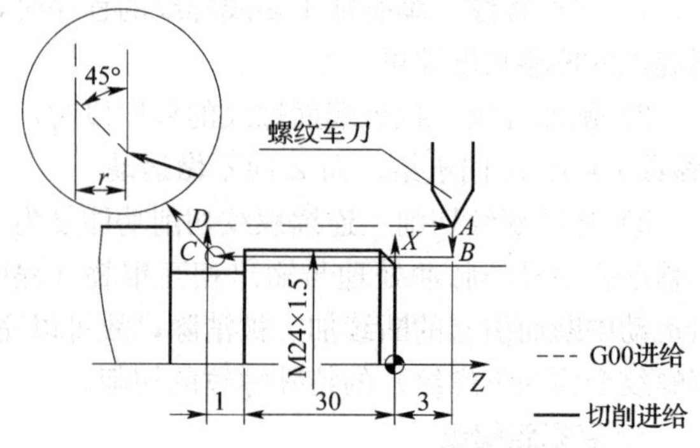

图 2—26 圆柱螺纹循环切削的运动轨迹

加工程序如下：

```
O0304;
G99 G40 G21;
⋮
T0202;                          （螺纹车刀的前刀面向下）
M04 S600;
G00 X25.0 Z3.0;                 （螺纹切削循环起点）
G92 X22.9 Z－31.0 F1.5;         （多刀切削螺纹，背吃刀量分别为 1.1 mm、0.5 mm、
                                0.1 mm 和 0.1 mm）
    X22.4;                      （模态指令，只需指令 X，其余值不变）
    X22.3;
    X22.2;
G00 X150.0;                     （有顶尖时的退刀，应先沿 X 向退，再沿 Z 向退）
    Z20.0;
M30;
```

例 在前置刀架式数控车床上，用 G92 指令编写图 2—27 所示双线左旋螺纹的加工程序。在螺纹加工前，其螺纹外圆直径已加工至 ϕ29.8 mm。

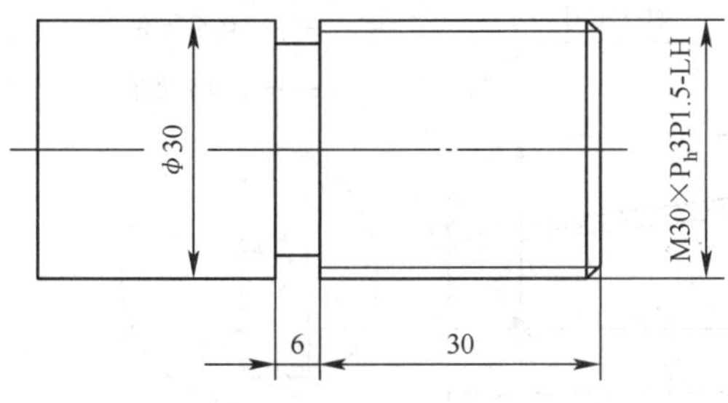

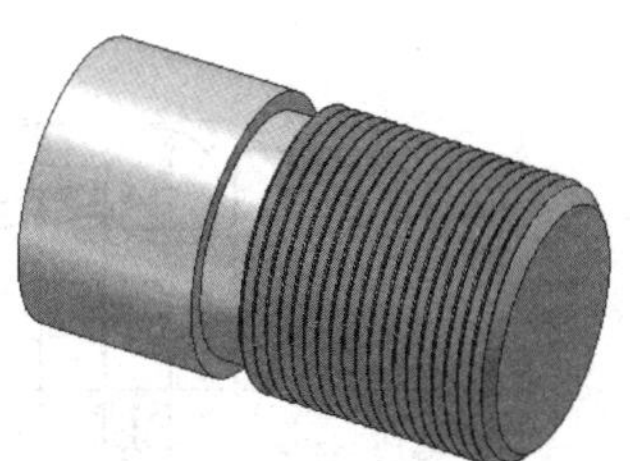

图 2—27 双线左旋螺纹编程实例

```
O0305;
G99 G40 G21;
T0202;
M03 S600;
G00 X31.0 Z－34.0;
G92 X28.9 Z3.0 F3.0;
    X28.4;
    X28.15;
    X28.05;
G01 Z－32.5 F0.2;               （Z 向平移一个螺距）
G92 X28.9 Z4.5 F3.0;            （加工第二条螺旋线）
    X28.4;
```

X28.15；

X28.05；

G00 X100.0 Z100.0；

M30；

2. 圆锥螺纹切削循环

（1）指令格式

G92 X（U）_ Z（W）_ F_ R_；

R——圆锥螺纹切削起点（图 2—28 中 B 点）处的 X 坐标减其终点（编程终点）处的 X 坐标值的 1/2。当切削起点处的半径小于终点处的半径（即顺圆锥外表面）时，R 取负值。

其余参数参照圆柱螺纹 G92 指令的规定。

例 G92 X30.0 Z−30.0 F2.0 R−5.0；

（2）指令的运动轨迹及工艺说明

圆锥螺纹切削循环（G92）的运动轨迹与直螺纹切削循环（G92）的运动轨迹相似，即原 BC 水平直线改为倾斜直线，如图 2—28 所示。

在编程时既要注意圆锥螺纹循环 G92 中 R 的值有正、负之分，还要根据不同长度来确定 R 的值。如图 2—28 所示，用于确定 R 的值的长度为 $30+\delta_1+\delta_2$。应按该式计算 R 的值，以保证螺纹锥度的正确。

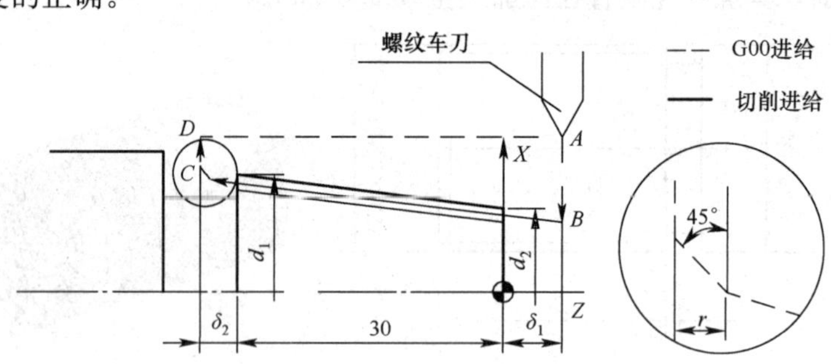

图 2—28 圆锥螺纹循环切削的运动轨迹

圆锥螺纹的牙型角为 55°，其余尺寸参数（如牙型高度、大径、中径、小径等）通过查表确定。

（3）编程实例

参照圆柱螺纹切削循环 G92 编程实例。

3. 使用螺纹切削单一固定循环指令（G92）时的注意事项

（1）在螺纹切削过程中，如果按下循环暂停键，刀具立即按斜线回退，先回到 X 轴的起点，再回到 Z 轴的起点。在回退期间，不能进行另外的暂停。

（2）G92 指令是模态指令，当 Z 轴移动量没有变化时，只需对 X 轴指定其移动指令，即可重复执行固定循环动作。

（3）执行 G92 循环时，在螺纹切削的退尾处，刀具沿接近 45°的方向斜向退刀，Z 向退刀距离 $r=$（0.1～12.7）S（导程），如图 2—28 所示。该值由系统参数设定。

（4）在 G92 指令执行过程中，进给速度倍率和主轴速度倍率均无效。

四、螺纹切削复合固定循环指令（G76）

1. 螺纹复合循环指令

（1）指令格式

G76 P$\underline{mr\alpha}$ Q$\underline{\Delta d_{min}}$ R$\underline{d}$；

G76 X(U)_ Z(W)_ R$\underline{i}$ P$\underline{k}$ Q$\underline{\Delta d}$ F _；

m——精加工重复次数，01～99。

r——倒角量，即螺纹切削退尾处（45°）的 Z 向退刀距离。当导程（螺距）由 S 表示时，可以设定为 0.1～9.9 S，单位为 0.1 S（两位数：00～99）。

α——刀尖角度（螺纹牙型角）。可以在 80°、60°、55°、30°、29°、0°共 6 种中任选一种。该值由两位数规定。

Δd_{min}——最小背吃刀量。该值用不带小数点的半径量表示。

d——精加工余量。该值用带小数点的半径量表示。

X(U)_ Z(W)_——螺纹切削终点处的坐标。

i——螺纹半径差。如果 $i=0$，则进行圆柱螺纹切削。

k——牙型编程高度。该值用不带小数点的半径量表示。

Δd——第一刀背吃刀量。该值用不带小数点的半径量表示。

F——导程。如果是单线螺纹，则该值为螺距。

例 G76 P011030 Q50 R0.05；

G76 X27.6 Z−30.0 R0 P1 200 Q400 F2.0；

（2）指令的运动轨迹及工艺说明

螺纹切削复合循环 G76 指令的运动轨迹如图 2—29a 所示。以车削圆柱外螺纹（i 值为零）为例，刀具从循环起点 A 处，以 G00 方式沿 X 向进给至螺纹牙顶 X 坐标处（B 点，该点的 X 坐标值＝小径＋2k）；然后沿基本牙型一侧平行的方向进给（图 2—29b），X 向背吃刀量为 Δd，再以螺纹切削方式切削至离 Z 向终点距离为 r 处；倒角退刀至 D 点，再沿 X 向退刀至 E 点；最后返回 A 点，准备第二刀切削循环。分多刀循环切削，直至循环结束。

第一刀切削循环时，背吃刀量为 Δd（图 2—29b），第二刀的背吃刀量为（$\sqrt{2}-1$）Δd，第 n 刀的背吃刀量为（$\sqrt{n}-\sqrt{n-1}$）Δd。因此，G76 循环的背吃刀量是逐步递减的。

如图 2—29b 所示，螺纹车刀向深度方向并沿基本牙型一侧的平行方向进刀，从而保证了螺纹粗车过程中始终用一个刀刃进行切削，减小了切削阻力，提高了刀具寿命，为螺纹的精车质量提供了保证。

在 G76 循环指令中，m、r、α 由地址符 P 及后面各两位数字指定，每个两位数中的前置 0 不能省略。这些数字的具体含义及指定方法如下：

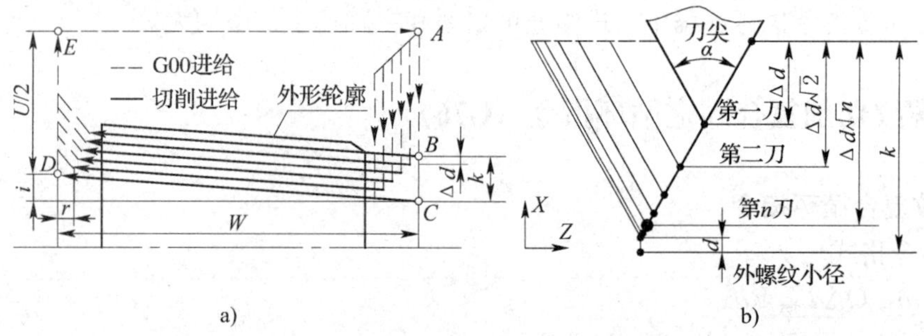

图 2—29 G76 循环的运动轨迹及进刀轨迹

例 P001560

该参数的具体含义为：精加工次数“00”，即 $m=0$；倒角量“15”，即 $r=15\times0.1\ S=1.5\ S$（S 是导程）；螺纹牙型角“60”，即 $\alpha=60°$。

（3）编程实例

例 在前置刀架式数控车床上，用 G76 指令编写图 2—30 所示外螺纹的加工程序（不考虑各直径的尺寸公差）。

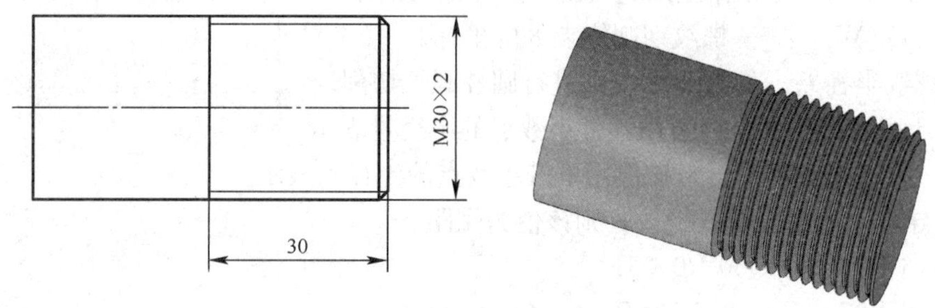

图 2—30 外螺纹加工编程实例

```
O0307;
G99 G40 G21;
⋮
T0202;
M03 S600;
G00 X32.0 Z6.0;
G76 P021060 Q50 R0.1;
G76 X27.6 Z-30.0 P1300 Q500 F2;
⋮
```

例 在前置刀架式数控车床上，用 G76 指令编写图 2—31 所示内螺纹的加工程序（不考虑各直径的尺寸公差）。

```
O0306;
G99 G40 G21;
⋮
```

```
T0404;
M03 S400;
G00 X26.0 Z6.0;                       (螺纹切削循环起点)
G76 P021060 Q50 R－0.08;              (设定精加工两次，精加工余量为 0.08 mm，倒角量等于螺距 S，牙型角为 60°，最小背吃刀量为 0.05 mm)
G76 X30.0 Z－30.0 P1200 Q500 F2.0;    (设定牙型高为 1.2 mm，第一刀背吃刀量为 0.5 mm)
G00 X100.0 Z100.0;
M30;
```

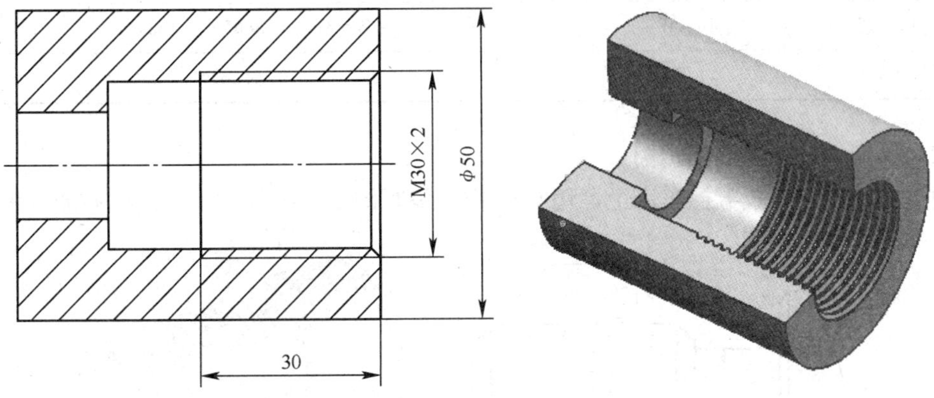

图 2—31 内螺纹加工编程实例

2. G76 指令加工梯形螺纹

(1) 梯形螺纹的尺寸计算

梯形螺纹的代号用字母“Tr”及公称直径×螺距表示，单位均为 mm。左旋螺纹需在其标记的末尾处加注“LH”，右旋则不用标注，如 Tr36×6、Tr44×8LH 等。

国标规定，公制梯形螺纹的牙型角为 30°。梯形螺纹的牙型如图 2—32 所示，其基本尺寸计算公式见表 2—3。

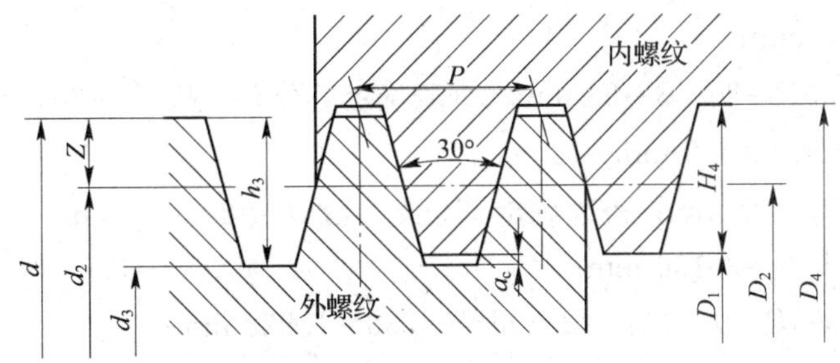

图 2—32 梯形螺纹的牙型

表 2—3　　梯形螺纹各部分名称、代号及计算公式

名称	代号	计算公式			
牙顶间隙	a_c	P	1.5～5	6～12	14～44
		a_c	0.25	0.5	1
大径	d、D_4	d=公称直径，$D_4=d+2a_c$			
中径	d_2、D_2	$d_2=d-0.5P$，$D_2=d_2$			
小径	d_3、D_1	$d_3=d-2h_3$，$D_1=d-P$			
外、内螺纹牙高	h_3、H_4	$h_3=0.5P+a_c$，$H_4=h_3$			
牙顶宽	f、f'	$f=f'=0.366P$			
牙槽底宽	W、W'	$W=W'=0.366P-0.536a_c$			
牙顶高	Z	$Z=0.25P$			

（2）梯形螺纹加工编程实例

例　在前置刀架式数控车床上，用 G76 指令编写图 2—33 所示梯形螺纹的加工程序。

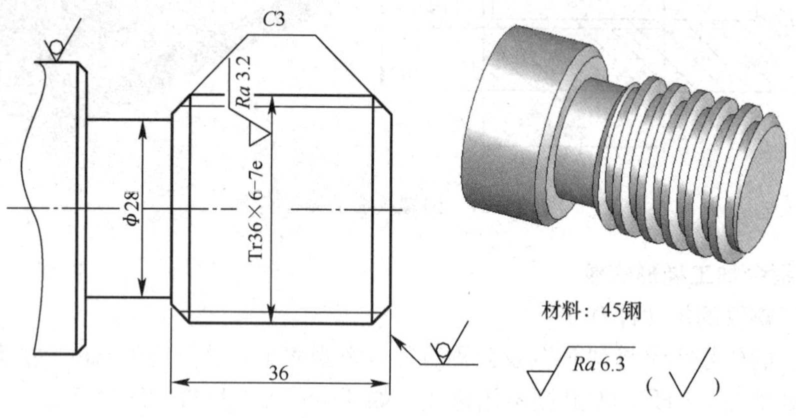

图 2—33　梯形螺纹加工编程实例

1）计算梯形螺纹尺寸并查表确定其公差

大径 $d=36_{-0.375}^{\ 0}$ mm；

中径 $d_2=d-0.5P=36-3=33$ mm，查表确定其公差，故 $d_2=33_{-0.453}^{-0.118}$ mm；

牙高 $h_3=0.5P+a_c=3.5$ mm；

小径 $d_3=d-2h_3=29$ mm；查表确定其公差，故 $d_3=29_{-0.537}^{\ 0}$ mm；

牙顶宽 $f=0.366P=2.196$ mm；

牙底宽 $W=0.366P-0.536a_c=2.196-0.268=1.928$ mm；

用 $\phi3.1$ mm 的量针测量中径，则其测量尺寸 $M=d_2+4.864d_D-1.866P=32.88$ mm，其中 d_D 为测量用量针的直径；根据中径公差带（7e）确定其公差，则 $M=32.88_{-0.453}^{-0.118}$ mm。

2）编写加工程序

```
O0308;
G99 G40 G21;
G28 U0 W0;
T0202;
M03 S400;
G00 X37.0 Z12.0;
G76 P020530 Q50 R0.08;                    （设定精加工两次，精加工余量为 0.08 mm，倒角量等于 0.5 倍螺距，牙型角为 30°，最小背吃刀量为 0.05 mm）
G76 X28.75 Z-40.0 P3500 Q600 F6.0;        （设定螺纹牙型高为 3.5 mm，第一刀切深为 0.6 mm）
G00 X150.0;
M30;
```

在梯形螺纹的实际加工中，由于刀尖宽度并不等于槽底宽，在经过一次 G76 切削循环后，仍无法正确控制螺纹中径等各项尺寸。为此，可经刀具 Z 向偏置后，再次进行 G76 循环加工，即可解决以上问题。

3. 使用螺纹复合循环指令（G76）时的注意事项

（1）G76 可以在 MDI 方式下使用。

（2）在执行 G76 循环时，如果按下循环暂停键，则刀具在螺纹切削后的程序段暂停。

（3）G76 指令为非模态指令，所以必须每次指定。

（4）在执行 G76 时，如果要进行手动操作，刀具应返回到循环操作停止的位置。如果没有返回到循环停止位置就重新启动循环操作，手动操作的位移将叠加在该条程序段停止时的位置上，刀具轨迹就多移动了一个手动操作的位移量。

五、螺纹与外形加工综合实例

例 用外圆加工循环和螺纹加工循环指令编写图 2—34 所示工件（毛坯直径为 ϕ50 mm，内孔已钻直径为 ϕ20 mm、深 23 mm 的预孔）的加工程序。

1. 选择机床与夹具

选择 FANUC 0i 系统、前置刀架式数控车床，夹具采用通用的三爪自定心卡盘。编程原点设在工件左、右端面与主轴轴线的交点上。

2. 加工步骤

（1）用 G71、G70 指令粗、精加工左端外轮廓。

（2）用 G90 指令粗、精加工内孔轮廓。

（3）用 G75 指令加工内沟槽。

（4）用 G92 指令加工内螺纹。

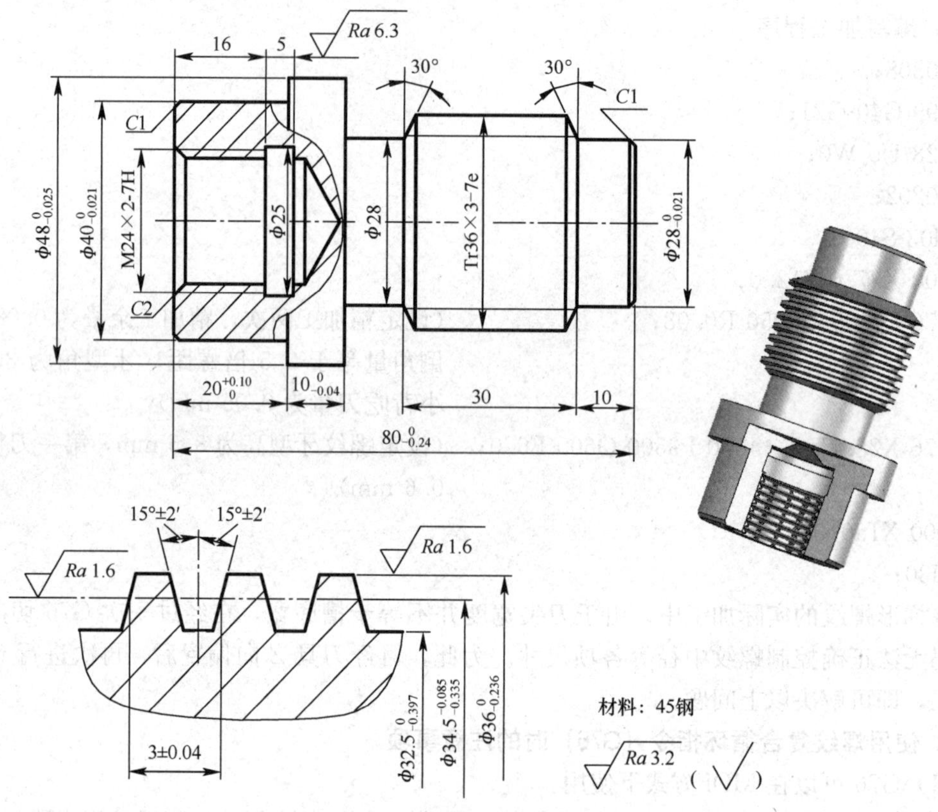

图 2—34　螺纹与外形加工综合实例

(5) 掉头后，用 G71、G70 粗、精加工外轮廓。

(6) 用 G75 指令加工外沟槽，并加工沟槽处倒角。

(7) 用 G76 指令加工梯形螺纹。

3. 基点计算 (略)

4. 选择刀具与切削用量

(1) 加工工件左端轮廓

1) 1 号刀为 90°外圆车刀。切削用量：粗车时，参数为 S600、F0.2、a_p1.5；精车时，参数为 S1200、F0.1、a_p0.15。

2) 2 号刀为内孔车刀。切削用量为 S800、F0.1、a_p0.6。

3) 3 号刀为内切槽刀，刀宽为 3 mm。切削用量为 S400、F0.1。

4) 4 号刀为内螺纹车刀。切削用量为 S500、F2。

(2) 加工工件右端轮廓

1) 1 号刀为 90°外圆车刀。切削用量：粗车时，参数为 S600、F0.2、a_p1.5；精车时，参数为 S1200、F0.1、a_p0.15。

2) 2 号刀为外切槽刀，刀宽为 3 mm。切削用量为 S500、F0.1。

3) 3 号刀为梯形螺纹车刀。切削用量为 S400、F3。

4）换 1 号刀，车右端面及修整 C1 并保证总长尺寸及公差要求（程序省略）。

以上刀具的材料均为硬质合金。

5. 编写加工程序

```
O0309;                        (加工工件左端)
    G99 G40 G21;
    T0101;                    (换外圆车刀)
    M03 S600;
    G00 X52.0 Z2.0;
    G71 U1.5 R0.3;            (粗车外圆)
    G71 P100 Q200 U0.15 W0 F0.2;
N100 G00 X38.0 F0.1 S1200;
    G01 Z0;
        X40.0 Z-1.0;
        Z-20.0;
        X48.0;
        Z-35.0;
N200 G01 X52.0;
    G70 P100 Q200;            (精车外圆)
    G00 X100.0 Z100.0;
    T0202;                    (换内孔车刀)
    M03 S800;
    G00 X19.0 Z2.0;
    G90 X21.7 Z-23.0 F0.1;
        X22.1;                (精车内孔)
    G00 X100.0 Z100.0;
    T0303;                    (换内切槽刀)
    M03 S400;
    G00 X21.0 Z2.0;
        Z-19.0;
    G75 R0.3;
    G75 X25.0 Z-21.0 P1500 Q2000 F0.1;
    G00 Z2.0;
    G00 X100.0 Z100.0;
    T0404;                    (换内螺纹车刀)
    M03 S500;
    G00 X21.0 Z2.0;
    G92 X23.0 Z-18.0 F2.0;
```

```
        X23.6;
        X24.0;
        X24.1;
        X24.18;
    G00 X100.0 Z100.0;
    M30;
O0310;                                        (加工工件右端)
    G99 G40 G21;
    T0101;                                    (换外圆车刀)
    M03 S600;
    G00 X52.0 Z2.0;
    G71 U1.5 R0.3;                            (粗车外圆)
    G71 P100 Q200 U0.15 W0 F0.2;
N100 G00 X26.0 F0.1 S1200;
    G01 Z0;
        X28.0 Z-1.0;
        Z-10.0;
        X35.88 Z-12.275;
        Z-50.0;
N200 G01 X52.0;
    G70 P100 Q200;                            (精车外圆)
    G00 X100.0 Z100.0;
    T0202;                                    (换切槽刀)
    M03 S500;
    G00 X50.0 Z-43.0;
    G75 R0.3;                                 (切槽加工)
    G75 X28.0 Z-50.0 P1500 Q2500 F0.1;
    G00 X36.0 Z-40.0
    G01 X36.0 Z-40.69;                        (倒角并精车槽底)
        X28.0 Z-43.0;
        Z-50.0;
        X50.0;
    G00 X100.0 Z100.0;
    M30;
O0311;                                        (加工梯形螺纹)
    G99 G40 G21;
    T0303;                                    (换梯形螺纹车刀)
```

```
M03 S400;
G00 X37.0 Z-4.0;
G76 P020530 Q50 R0.08;
G76 X32.3 Z-43.5 P1750 Q500 F3.0;
G00 X150.0 Z20.0;                    (有顶尖时的退刀方式)
M30;
```

 **提示**

加工梯形螺纹使用单独的程序较为合适，以便于修改 Z 向刀具偏置后重新进行 G76 加工。

第五节 子 程 序

一、子程序的概念

1. 子程序的定义

机床的加工程序可以分为主程序和子程序两种。主程序是一个完整的零件加工程序，或是零件加工程序的主体部分。它与被加工零件或加工要求一一对应。不同的零件或不同的加工要求，都只有唯一的主程序。

在编制加工程序中，有时会遇到一组程序段在一个程序中多次出现，或者在几个程序中都出现。这个反复出现的加工程序可以做成固定程序，并单独加以命名，这组程序段就称为子程序。

子程序一般都不可以作为独立的加工程序使用。它只有通过主程序进行调用，才能实现加工中的局部动作。子程序执行结束后，能自动返回到调用它的主程序中。

2. 子程序的嵌套

为了进一步简化加工程序，可以允许其子程序再调用另一个子程序，这一功能称为子程序的嵌套。

当主程序调用子程序时，该子程序被认为是一级子程序，FANUC 0i 系统中的子程序允许四级嵌套（图 2—35）。

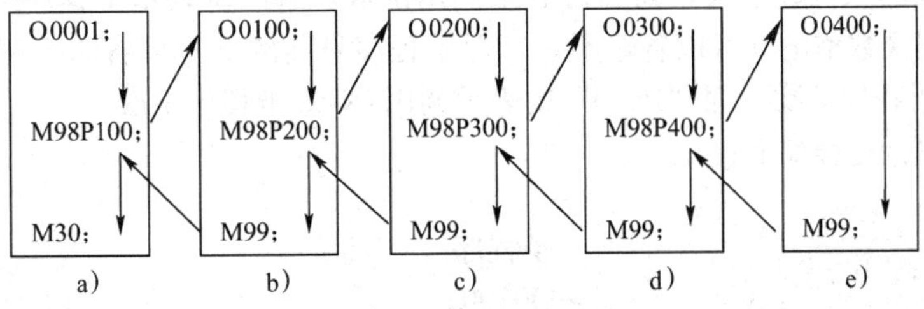

图 2—35 子程序的嵌套

a）主程序 b）一级嵌套 c）二级嵌套 d）三级嵌套 e）四级嵌套

二、子程序的调用

1. 子程序的格式

在大多数数控系统中，子程序和主程序并无本质区别。子程序和主程序在程序号及程序内容方面基本相同，仅结束标记不同。主程序用 M02 或 M30 表示其结束，而子程序在 FANUC 系统中则用 M99 表示子程序结束，并实现自动返回主程序功能。子程序举例如下：

O0401；

G01 U−1.0 W0；

⋮

G28 U0 W0；

M99；

子程序的结束指令 M99 不一定要单独书写一行。例如，上述子程序中最后两段可写成“G28 U0 W0 M99”。

2. 子程序在 FANUC 系统中的调用

在 FANUC 0i 系列的系统中，可通过辅助功能指令 M98 指令调用子程序。同时，在调用格式中子程序的程序号地址改为 P。其常用的子程序调用格式有两种：

格式一 M98 P×××× 　L××××；

例　M98 P100 L5；

例　M98 P100；

其中，地址符 P 后面的四位数字为子程序号，地址 L 后面的数字表示重复调用的次数，子程序号及调用次数前的 0 可省略不写。如果只调用子程序一次，则地址 L 及其后的数字可省略。例如，第一例“L5”表示调用 O100 子程序 5 次，而第二例省略“L1”表示调用子程序 1 次。

格式二 M98 P $\underbrace{\times\times\times\times}_{\text{调用次数}}\underbrace{\times\times\times\times}_{\text{子程序号}}$；

例　M98 P50010；

例　M98 P510；

地址 P 后面的八位数字中，前四位表示调用次数，后四位表示子程序号。采用这种调用格式时，调用次数前的 0 可以省略不写，但子程序号前的 0 不可省略。例如，“P50010”表示调用 O10 子程序 5 次，而“P510”则表示调用 O510 子程序 1 次。

子程序的执行过程如下：

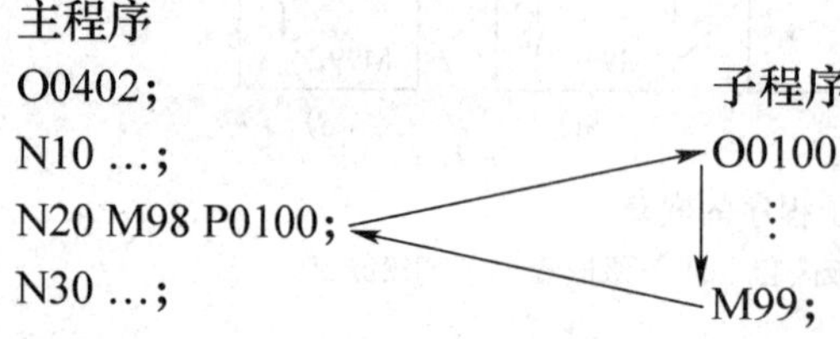

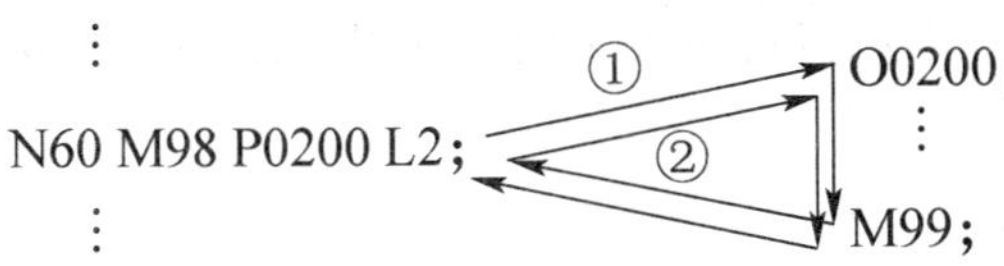

N100 M30;

3. 子程序调用的特殊用法

（1）子程序返回到主程序中的某一程序段

如果在子程序的返回指令中加上 P*n* 指令，则子程序在返回主程序时，将返回到主程序中段号为 *n* 的那个程序段，而不返回主程序中调用子程序的程序段。其程序格式如下：

M99 P*n*;

例 M99 P100;（返回到 N100 程序段）

（2）自动返回到程序开始段

如果在子程序中执行 M99，则程序将返回到主程序的开始程序段，并继续执行主程序。也可以在子程序中插入"M99 P*n*;"，用于返回到指定的程序段。为了能够执行后面的程序，通常在该指令前加"/"，以便在不需要返回执行时，跳过该程序段。

（3）强制改变子程序重复执行的次数

用 M99 L×× 指令可强制改变子程序重复执行的次数，其中 L×× 表示子程序调用的次数。例如，如果主程序用 M98 P×× L99，而子程序采用 M99 L2 返回，则子程序重复执行的次数为 2 次。

三、子程序调用编程实例

例 用子程序方式编写图 2—36 所示软管接头工件右端楔槽的加工程序。

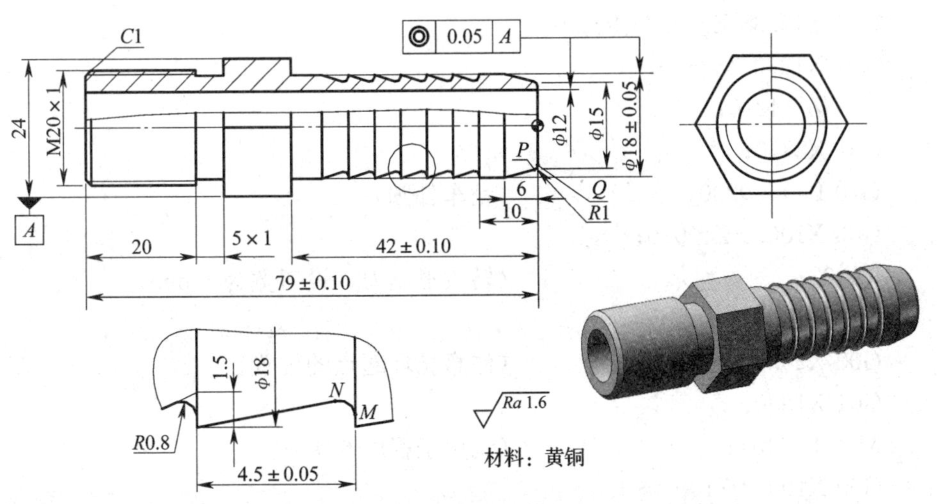

图 2—36 子程序调用编程实例一

1. 选择刀具

粗加工右端轮廓时，采用 60° V 形刀片右偏刀（图 2—37a）；加工右端内凹接头轮廓时，采用 55°菱形刀片左偏刀（图 2—37b）。此外，当进行批量加工时，还可采用特制的成形刀具（图 2—37c）加工。

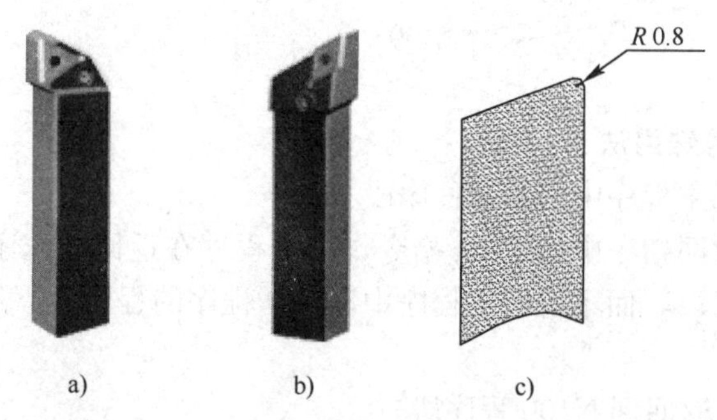

图 2—37　选择刀具

2. 编写加工程序

本例工件的加工程序如下：

```
O0403;
      G99 G40 G21;
      T0101;                        （转外圆车刀）
      M03 S800;
      G00 X28.0 Z2.0;
      G71 U1.5 R0.3;                （粗车外圆表面）
      G71 P100 Q200 U0.3 W0.0 F0.2;
N100 G00 X13.44 F0.05 S1600;
      G01 Z0;
      G03 X15.38 Z−0.76 R1.0;
      G01 X18.0 Z−6.0;
          Z−42.0;
N200 G01 X28.0;
      G70 P100 Q200;                （精车外圆）
      G00 X100.0 Z100.0;
      T0202;                        （转尖形车刀，设刀宽为 3 mm）
      M03 S1600;
      G00 X20.0 Z−37.0;             （注意循环起点的位置）
      G01 X18.0;
      M98 P60404;                   （调用子程序 6 次）
      G00 X100.0 Z100.0;
      M30;
O0404;                              （子程序）
      G01 U−2.94 W3.67;;            （尖形车刀到达车削右端第一槽的起点位置）
```

```
    G03 U1.60 W0.83 R0.8;
    G01 U1.34;                 （注意切点的计算）
    M99;
```

例　用子程序方式编写图 2—38 所示活塞杆外轮廓的加工程序。

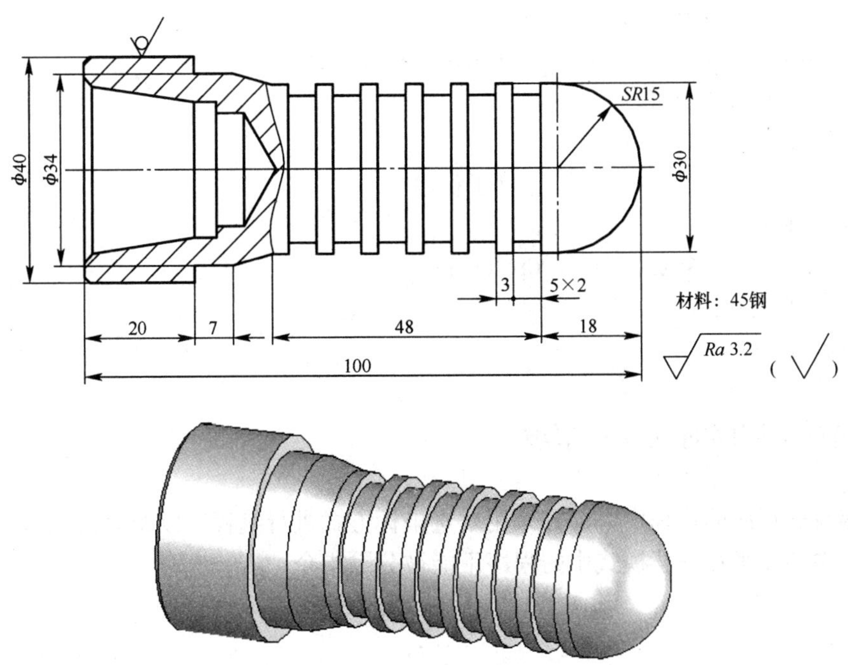

图 2—38　子程序调用编程实例二

本例的主要目的是让学生掌握切槽等固定循环在子程序中的运用。其加工程序如下：

```
O0405;
     G99 G40 G21;
     T0101;                    （转外圆车刀）
     M03 S800;
     G00 X41.0 Z2.0;
     G71 U1.5 R0.3;            （粗车外圆表面）
     G71 P100 Q200 U0.3 W0 F0.2;
N100 G00 X0 F0.05 S1600;
     G01 Z0;
     G03 X30.0 Z−15.0 R15.0;
     G01 Z−66.0;
         X34.0 Z−73.0;
         Z−80.0;
N200 G01 X41.0;
```

```
    G70 P100 Q200;              （精车外圆）
    G00 X100.0 Z100.0;
    T0202;                      （转切槽刀，设刀宽为 3 mm）
    M03 S600;
    G00 X31.0 Z-63.0;
    M98 P60406;                 （调用子程序 6 次）
    G00 X100.0 Z100.0;
    M30;
O0406;                          （子程序）
    G75 R0.3;
    G75 U-5.0 W2.0 P1500 Q2000 F0.1;
    G01 W8.0 F0.1;
    M99;
```

四、编写子程序时的注意事项

1. 在编写子程序的过程中，最好采用增量坐标方式进行编程，以避免错误。

2. 在刀尖圆弧半径补偿模式中的程序不能被分隔指令。

例

```
O1;（主程序）          O2;（子程序）
G91……;               ……;
G41……;               M99;
M98 P2;
G40……;
M30;
```

在以上程序中，刀尖圆弧半径补偿模式在主程序中被“M98 P2”分隔而无法执行，在编程过程中应该避免编写这种形式的程序。在有些系统中如果出现该种刀尖圆弧半径补偿被分隔指令的程序，在程序运行过程中可能出现系统报警。正确的书写格式如下：

例

```
O1;（主程序）          O2;（子程序）
G91……;               G41……;
⋮                     ⋮
M98 P2;               G40……;
M30;                  M99;
```

第六节　FANUC 系统及其车床的操作

在 FANUC 系统中，因其系列、型号、规格各有不同，其使用功能、操作方法和面板设置也不尽相同。本节以 FANUC 0i TA 为例进行介绍。采用 FANUC 0i TA 系统的数控车床总面板如图 2—39 所示。为了便于介绍，本书中将面板上的按钮分成以下三组：

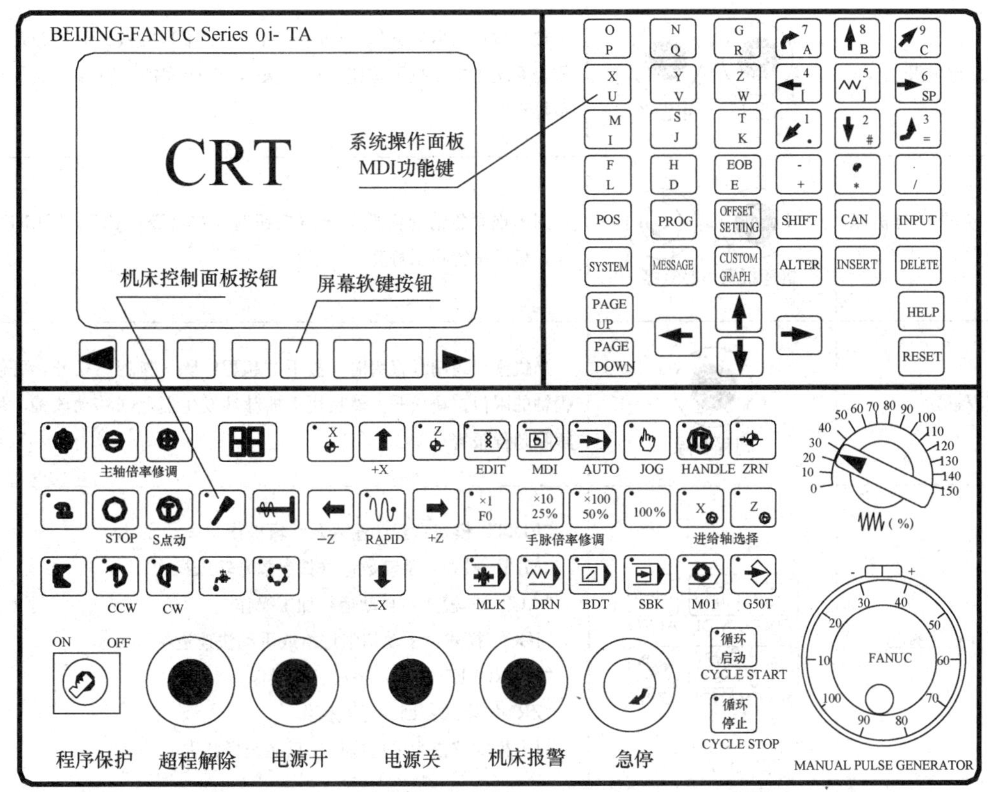

图 2—39 采用 FNAUC 0i TA 系统的数控车床总面板

（1）机床控制面板按钮：用加“ ”的字母或文字表示，如“JOG”等。

（2）系统操作面板上的 MDI 功能键：用加□的字母或文字表示，如POS等。

（3）CRT 屏幕软键按钮：用加“[ ]”的文字或字母表示，如 [N SRH] 等。

一、数控机床总面板按钮及其功能

1. 机床控制面板按钮及其功能（表 2—4）

表 2—4 FANUC 0i TA 机床控制面板按钮及其功能

名 称	图 例	功 能
机床总电源开关	OFF ON	机床总电源开关一般位于机床的背面。置于“ON”时总电源接通，置于“OFF”时总电源断开

续表

名 称	图 例	功 能
系统电源开关	电源开 电源关	按下按钮“电源开”，向机床润滑、冷却等机械相关辅助系统及数控系统供电；按下按钮“电源关”，机床润滑、冷却系统及数控系统断电
紧急停止与机床报警	机床报警 急停	当出现紧急情况而按下急停按钮时，在屏幕上出现“EMG”字样，机床报警指示灯亮
超程解除	超程解除	当机床出现超程报警时，按下“超程解除”按钮不松开，可使超程轴的限位挡块松开，然后用手摇脉冲发生器反向移动该轴，从而解除超程报警
模式选择按钮	EDIT MDI AUTO JOG HANDLE ZRN	“EDIT”模式：程序输入及编辑操作 “MDI”模式：手动数据（如参数）输入操作 “AUTO”模式：自动运行加工操作 “JOG”模式：手动切削进给或手动快速进给 “HANDLE”模式：手摇进给操作 “ZRN”模式：回参考点操作 以上模式按钮为单选按钮，只能选择其中的一个
“AUTO”模式下的按钮	MLK DRN BDT SBK M01	MLK：机床锁住按钮，用于检查程序编制的正确性。在该模式下，刀具在自动运行过程中的移动功能将被限制 DRN：空运行按钮，用于检查刀具运行轨迹的正确性。在该模式下，自动运行过程中的刀具进给始终为快速进给 BDT：程序段跳跃按钮。当该按钮按下时，程序段前加“/”符号的程序段将被跳过执行 SBK：单段运行按钮。在该模式下，每按一次循环启动按钮，机床将执行一段程序后暂停 OPT STOP：选择停止按钮。在该模式下，指令 M01 的功能与指令 M00 的功能相同
“JOG”进给及其进给方向	+X –Z RAPID +Z –X	“JOG”模式下，按下指定轴的方向键不松开，即可指定刀具沿指定的方向进行手动连续慢速进给。进给速率可通过进给速度倍率旋钮进行调节 按下指定轴的方向键不松开，同时按下中间的“RAPID”（快速移动）按钮，即可实现自动快速进给

续表

名　称	图　例	功　能
“HANDLE”（手轮）操作进给方向及其手脉倍率修调	X　Z	选择手轮操作的进给轴
	×1 F0　×10 25%　×100 50%　100%	手脉倍率修调：“×1”“×10”和“×100”为手轮操作模式下的三种不同增量步长，而“F0”“25％”“50％”和“100％”为四种不同的快速进给倍率
回参考点指示灯	X　Z	当相应轴返回参考点后，对应轴的返回参考点指示灯变亮
冷却润滑		按下“间歇润滑”按钮，机床立即进行间歇性润滑
		按下“手动冷却”按钮，机床立即执行切削液“开”功能
主轴功能	CCW　CW　STOP S点动　主轴倍率修调	CCW：主轴反转按钮 CW：主轴正转按钮 STOP：主轴停转按钮 以上按钮仅在“JOG”或“HANDLE”模式有效 按下“S点动”按钮，主轴旋转；松开，则主轴停止旋转 按主轴倍率修调“＋”按钮，使主轴增速；反之，则减速
液压按钮		依次为液压启动、液压尾座和液压卡盘启闭按钮
其他按钮	刀架转位　REPOS　G50T ON　OFF 刀号显示　程序保护	每按一次“刀架转位”按钮，刀架将转过一个刀位
		“REPOS”按钮用于实现程序中断后的返回中断点操作
		“G50T”按钮可为每一把刀具设定一个工件坐标系
		“刀号显示”按钮用于显示当前机床转速挡位数及刀具号
		当“程序保护”开关处于“ON”位置时，即使在“EDIT”状态下也不能对NC程序进行编辑操作
加工控制	循环启动　循环停止	“循环启动”按钮用于启动自动运行 “循环停止”按钮用于使自动运行加工暂时停止

2. 数控系统 MDI 功能键及其功能（表 2—5）

表 2—5　　数控系统 MDI 功能键及其功能

名　称	图　例	功　能
数字键	3 = 、T K、· /、EOB E	数字键和运算键用于数字 1～9 及“+”“−”“*”“/”等运算符号的输入
运算键		
字母键		用于 A、B、C、X、Y、Z、I、J、K 等字母的输入
程序段结束		EOB 键用于程序段结束符“*”或“;”的输入
位置显示	POS、PROG、OFFSET SETTING	POS 键用于显示刀具的坐标位置
程序显示		PROG 键用于显示“EDIT”方式下存储器里的程序；在“MDI”方式下输入及显示 MDI 数据；在“AUTO”方式下显示程序指令值
刀具设定		OFFSET SETTING 键用于设定并显示刀具补偿值、工件坐标系、宏程序变量
系统	SYSTEM、MESSAGE、CUSTOM GRAPH	SYSTEM 键用于参数的设定、显示，自诊断功能数据的显示等
报警信号键		MESSAGE 键用于显示 NC 报警信号信息、报警记录等
图形显示		CUSTOM GRAPH 键用于显示刀具轨迹等图形
上档键	SHIFT、CAN、INPUT、ALTER、INSERT、DELETE	SHIFT 键用于输入上档功能键
字符取消键		CAN 键用于取消最后一个输入的字符或符号
参数输入键		INPUT 键用于参数或补偿值的输入
替代键		ALTER 键用于程序编辑过程中程序字的替代
插入键		INSERT 键用于程序编辑过程中程序字的插入
删除键		DELETE 键用于删除程序字、程序段及整个程序
帮助键	HELP、PAGE UP	HELP 键为帮助功能键
复位键	RESET、PAGE DOWN	RESET 键用于使所有操作停止，返回初始状态
向前翻页键	↑	PAGE UP 键用于向程序开始的方向翻页
向后翻页键	←　→	PAGE DOWN 键用于向程序结束的方向翻页
光标移动键	↓	光标键共四个，用于使光标上下或前后移动

3. CRT 屏幕软键按钮及其功能

在 CRT 显示器的下方有一排按钮。这排按钮与 CRT 显示器屏幕中显示的软键对应，其功能是根据 CRT 中软键的对应提示来指定的。

二、机床操作

1. 机床电源的开、关

(1) 电源开

机床电源开的操作流程如图 2—40a 所示。

1) 检查数控机床外观是否正常。

2) 接通机床电气柜电源，再按下“电源开”按钮。

3) 检查 CRT 画面显示内容（图 2—40b）。

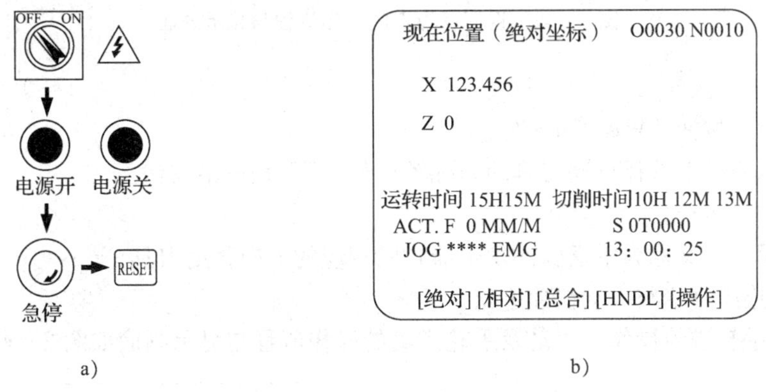

图 2—40 开机流程与开机后的画面

4) 如果 CRT 画面显示“EMG”报警画面，可松开“急停”按钮，并按下 RESET 键，数秒后系统将复位。

5) 检查散热风机等是否运转正常。

(2) 电源关

1) 检查操作面板上的循环启动灯是否关闭。

2) 检查数控机床的移动部件是否都已经停止移动。

3) 如果有外部输入/输出设备接到机床上，先关闭外部设备的电源。

4) 按下“急停”按钮后，按下“电源关”按钮，关闭机床总电源。

2. 手动操作

(1) 返回参考点操作

机床返回参考点的操作流程如图 2—41a 所示。

1) 选择模式按钮“ZRN”。

2) 按下“+*X*”轴方向选择按钮不松开，直到 *X* 轴的返回参考点指示灯亮。

3) 按下“+*Z*”轴方向选择按钮不松开，直到 *Z* 轴的返回参考点指示灯亮。

在返回参考点过程中，为了刀具及机床的安全，数控车床的返回参考点操作一般应按“先 *X* 轴，后 *Z* 轴”的顺序进行。

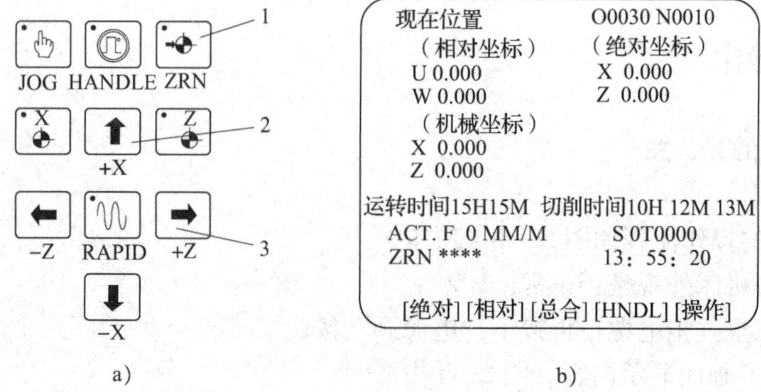

图 2—41 返回参考点的操作流程与显示画面

（2）手轮进给操作

1）选择模式按钮“HANDLE”。

2）在机床面板上选择移动刀具的坐标轴，如“Z”轴进给按钮。

3）选择增量步长。

4）旋转手轮（又称为手摇脉冲发生器）向相应的方向移动刀具。

（3）手动连续进给与手动快速进给

该操作同手轮进给操作。手动及手轮进给的操作流程与显示画面如图 2—42 所示。

图 2—42
手轮

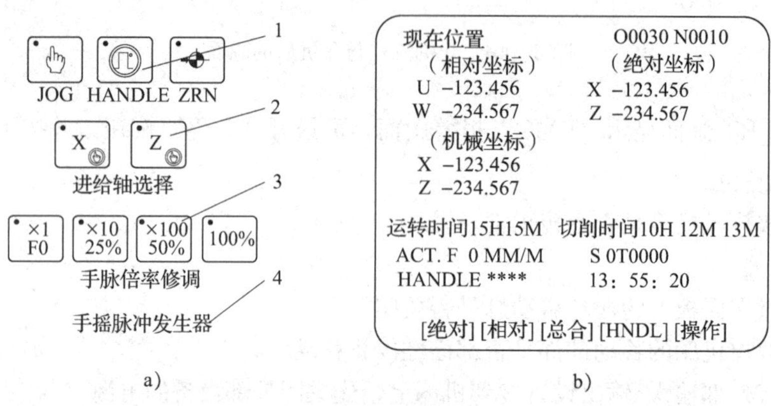

图 2—42
手动

图 2—42 手轮/手动进给的操作流程与显示画面

3. 程序的编辑操作

（1）程序的操作

1）建立一个新程序 建立新程序的流程如图 2—43 所示。

选择模式按钮“EDIT”，按下 MDI 功能键 PROG，输入地址符“O”，输入程序号（如 O0030），按下 EOB 键，再按下 INSERT 键，即完成新程序“O0030”的建立，如图 2—43 所示。

建立新程序时，要注意建立的程序号应为内存储器中所没有的新程序号。

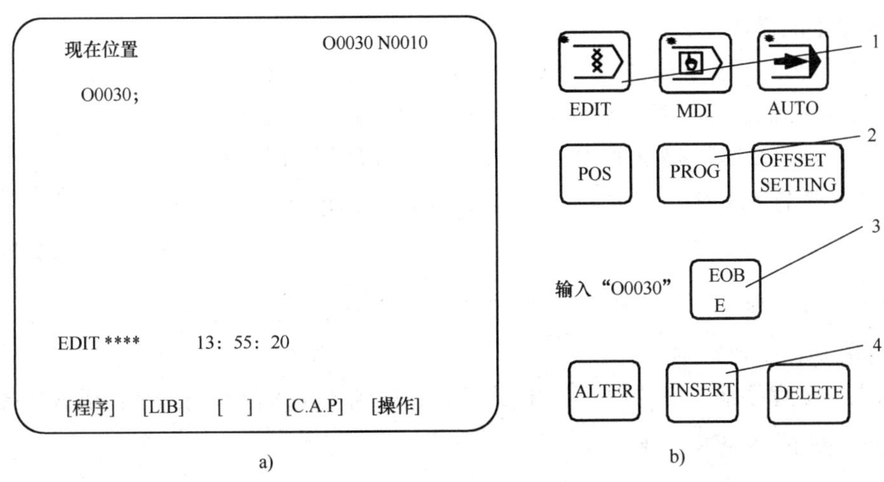

图 2—43　建立新程序流程

2）调用内存中储存的程序　按下模式选择按钮“EDIT”，按下 MDI 功能键PROG，输入地址符“O”，输入程序号（如 O123），按下 CURSOR 向下移动键，即完成程序“O123”的调用。

在调用程序时，一定要调用内存储器中已存入的程序。

3）删除程序　按下模式选择按钮“EDIT”，按下 MDI 功能键PROG，输入地址符“O”，输入程序号（如 O123），按下DELETE键即可完成单个程序“O123”的删除。

如果要删除内存储器中的所有程序，只要在输入“0－9999”后按下DELETE键，即可完成。

如果要删除指定范围内的程序，只要在输入“O*XXXX*，O*YYYY*”后按下DELETE键，即可将内存储器中“O*XXXX*～O*YYYY*”范围内的所有程序删除。

（2）程序段的操作

1）删除程序段　按下模式选择按钮“EDIT”，用CURSOR键检索或扫描到将要删除的程序段 N××××处，按下EOB键，再按下DELETE键，即可将当前光标所在的程序段删除。

如果要删除多个程序段，则用CURSOR键检索或扫描到将要删除的程序段开始的地址（如 N0010），键入地址符 N 和最后一个程序段号（如 N1000），按下DELETE键，即可将 N0010～N1000 内的所有程序段删除。

2）程序段的检索　程序段的检索功能主要用于自动运行模式中。其检索过程如下：按下模式选择按钮AUTO，按下PROG键显示程序屏幕，输入地址 N 及要检索的程序段号，按下 CRT 下的软键［N SRH］，即可找到所要检索的程序段。

（3）程序字的操作

1）扫描程序字　按下模式选择按钮“EDIT”，按下光标向左或向右移动键（图 2—44），光标将在屏幕上向左或向右移动一个地址字。按下光标向上或向下移动键，光标将移动到上一个或下一个程序段的开始段。按下 PAGE UP 键或 PAGE DOWN 键，光标将向前或向后翻页显示。

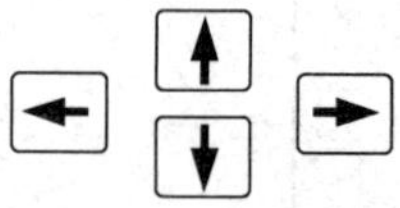

图 2—44　光标移动键

2）跳到程序开始段　在“EDIT”模式下，按下 RESET 键，即可使光标跳到程序开始段。

3）插入一个程序字　在“EDIT”模式下，扫描到要插入位置前的字，键入要插入的地址字和数据，按下 INSERT 键。

4）字的替换　在“EDIT”模式下，扫描到将要替换的字，键入要替换的地址字和数据，按下 ALTER 键。

5）字的删除　在“EDIT”模式下，扫描到将要删除的字，按下 DELETE 键。

6）输入过程中字的取消　在程序字符的输入过程中，如果发现当前字符输入错误，按下一次 CAN 键，则删除一个当前输入的字符。

（4）程序输入与编辑实例

例　将下列加工程序输入到 CNC 系统中。

```
O0030;
G40 G21 G99;
T0101;
S600 M03;
G00 X52.0 Z52.0;
G01 X30.0 F0.1;
    Z-20.0;
    X40.0 Z-30.0;
    X52.0;
G28 U0 W0;
M30;
```

程序的输入过程如下：

按下“EDIT”按钮，再按 PROG 键，将“程序保护”置于“OFF”位置。

O0030 EOB　INSERT；

G40 G20 EOB　INSERT；

T0101 EOB　INSERT；

S600 M03 M04 EOB INSERT；

G00 X52.0 Z52.0 EOB INSERT；

G01 X30.0 F0.1 EOB INSERT；

Z－20.0 EOB INSERT；

X40.0 Z－30.0 EOB INSERT；

X52.0 EOB INSERT；

G28 U0 W0 EOB INSERT；

M30 EOB INSERT；

RESET

输入后，系统将会自动生成程序段号。另外，检查输入的程序，发现第二行中G20应改成G21，并且少输了G99；第四行中多输了M04。应做如下修改：

将光标移动到G20上，输入G21，按下ALTER键；将光标移动到G21上，输入G99，按下INSERT键；将光标移动到M04上，按下DELETE键。

4. 工件的装夹

根据加工要求，完成工件的正确装夹，并用百分表进行找正。

5. 设置刀具偏移值（设定工件坐标系）

（1）在MDI方式下，输入主轴功能指令

1）选择“MDI”模式按钮，按下PROG键。

2）S600 M03 EOB INSERT。

3）按下CYCLE START键，按下RESET键。

（2）在MDI方式下，将1号刀转到当前位置

1）按下模式选择按钮“MDI”，再按下PROG键。

2）T01 EOB INSERT。

3）按下CYCLE START键，1号刀转到当前加工位置。

（3）设置*X*、*Z*向的刀具偏移值（设定工件坐标系）

1）按下模式选择按钮“HANDLE”，选择相应的刀具。

2）按下主轴正转按钮“CW”，主轴将以前面设定的600 r/min的转速正转。

3）按下POS键，再按下软键［总合］。这时，机床CRT出现如图2—45a所示画面。

4）选择相应的坐标轴，摇动手摇脉冲发生器（简称“手轮”）或直接采用JOG方式；试切工件端面（图2—45b）后，沿*X*向退刀，记录下*Z*向机械坐标值“Z”。

5）按MDI键盘中的OFFSET/SETTING键，再按软键［补正］及［形状］，然后

CRT 显示如图 2—46 所示的刀具偏置参数设置画面。移动光标键选择与刀具号相对应的刀补参数（如 1 号刀，则将光标移至 G001 行），输入“Z0”，按软键［测量］，Z 向刀具偏移参数即自动存入（其值等于记录的 Z 值）。

现在位置　　　　O0030 N0010
（相对坐标）　　（绝对坐标）
X −123.456　　X −123.456
Z −234.567　　Z −234.567
（机械坐标）
X −123.456
Z −234.567
JOG F1000 ACT.F 1000MM/分S 0 T
HANDL *** *** ***
[偏移] [设定] [工作] [ ] [操作]

a)

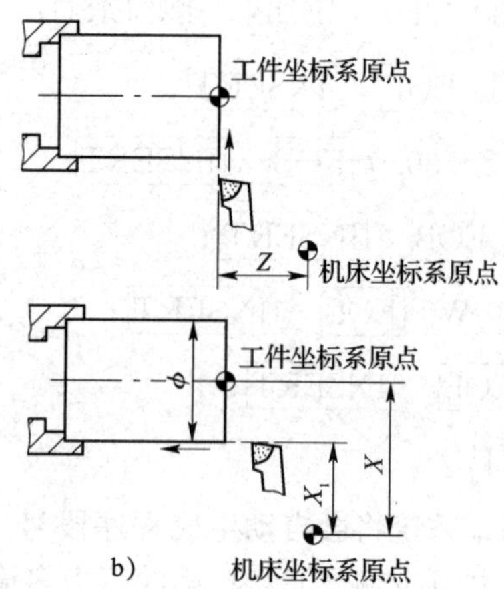

b)

图 2—45　机床对刀操作

6）试切外圆后，刀具沿 Z 向退离工件，记录下 X 向机械坐标值 X_1。停机实测外圆直径（假设测量出直径为 ϕ50.123 mm）。

7）在画面的 G001 行中输入“X50.123”后，按软键［测量］，X 向的刀具偏移参数即自动存入。1 号刀具偏置设定完成。其他刀具按同样方法进行设定。

8）校验刀具偏置参数：在“MDI”方式下选刀，并调用刀具偏置补偿；在 POS 画面下，手动移动刀具靠近工件，观察刀具与工件间的实际相对位置；对照屏幕显示的绝对坐标，判断刀具偏置参数设定是否正确。

刀具补正/形状　　O0001 N0000

番号	X	Z	R	T
G001	−173.579	−234.567	2.000	3
G002	−166.399	−227.433	0.500	8
G003	0.000	0.000	0.000	0
G004	0.000	0.000	0.000	0
G005	0.000	0.000	0.000	0
G006	0.000	0.000	0.000	0
G007	0.000	0.000	0.000	0
G008	0.000	0.000	0.000	0

现在位置（相对坐标）
U0.000　　W0.000
X50.123
MEN ******　　14：20：30
[磨耗][形状][SETING][坐标系][操作]

图 2—46　刀具偏置参数设置画面

在设定刀具偏移值时，也可直接将 Z 值及 X 值（$X=X_1-d$）输入到刀具偏移补偿存储器中。

如果刀具使用一段时间后，产生了磨耗，则可直接将磨耗值输入到对应的位置，对刀具进行磨耗补偿。

6. 设置刀具刀尖圆弧半径补偿参数

刀尖圆弧半径值与刀沿号也在如图 2—46 所示画面中进行设定。例如，1 号刀为外圆车刀，刀尖圆弧半径为 2 mm；2 号刀为普通外螺纹车刀，刀尖圆弧半径为 0.5 mm，则其设定方法如下：

（1）移动光标键选择与刀具号相对应的刀具半径参数。例如，设定 1 号刀时，将光标移至“G001”行的 R 参数，键入“2.0”，然后按下 INPUT 键。

(2) 移动光标键选择与刀具号相对应的刀沿号参数。例如，设定 1 号刀时，将光标移至“G001”行的 T 参数，键入刀沿号“3”，然后按下 INPUT 键。

(3) 用同样的方法设定第二把刀具的刀尖圆弧半径补偿参数，其刀尖圆弧半径值为 0.5 mm，车刀在刀架上的刀沿号为“8”。

7. 自动加工

当上述工作完成后，即可进入自动加工操作。

(1) 机床试运行

1) 按下模式选择按钮“AUTO”。

2) 按下按钮 PROG，再按下软键［检视］，使屏幕显示正在执行的程序及坐标。

3) 按下机床锁住按钮“MLK”，再按下单步执行按钮“SBK”。

4) 按下循环启动按钮中的单步循环启动按钮。每按一下，机床执行一段程序。这时，可检查编辑与输入的程序是否正确。

机床的试运行检查还可以在空运行状态下进行。两者虽然都被用于程序自动运行前的检查，但检查的内容却有区别。机床锁住运行主要用于检查程序编制是否正确，程序有无编写格式错误等；而机床空运行主要用于检查刀具轨迹是否与要求相符。

(2) 机床的自动运行

1) 调出需要执行的程序，确认程序正确。

2) 按下模式选择按钮“AUTO”。

3) 按下按钮 PROG，再按下软键［检视］，使屏幕显示正准备执行的程序及坐标。

4) 按下“循环启动”(CYCLE START) 按钮，自动循环执行加工程序。

5) 根据实际需要调整主轴转速和刀具进给速度。在机床运行过程中，可以旋动主轴倍率按钮进行主轴转速的调整。但应注意不能进行高、低挡转速的切换。旋动进给倍率旋钮 (FEEDRATE OVERRIDE) 可进行刀具进给速度的调整。

机床自动运行检视操作的流程与显示画面如图 2—47 所示。

(3) 手动干预与返回功能

在自动运行期间用“循环暂停”按钮使移动的刀具停止，进行手动干预操作（如手动退刀、转刀），当按下“循环启动”按钮使自动运行恢复时，手动干预与返回功能可将刀具返回到手动干预前的开始处。该功能的操作过程如下：

1) 在程序自动运行过程中按下“循环暂停”按钮。

2) 在手动或手轮方式下移动刀具。

3) 按下“REPOS”(返回中断点) 按钮，刀具以空运行速度返回中断点。

4) 在“AUTO”模式下，按下“循环启动”按钮，恢复自动运行。

(4) 图形显示功能

图形显示功能可以显示自动运行或手动运行期间的刀具移动轨迹，操作人员可通过观察屏幕显示出的轨迹来检查加工过程。显示的图形可以进行放大及复原。图形显示的操作过程如下：

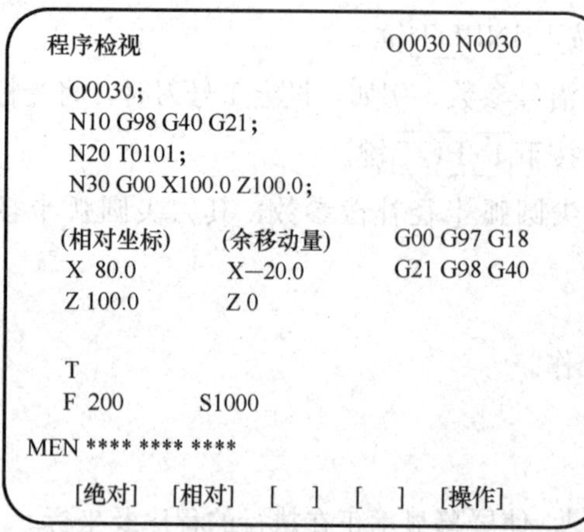

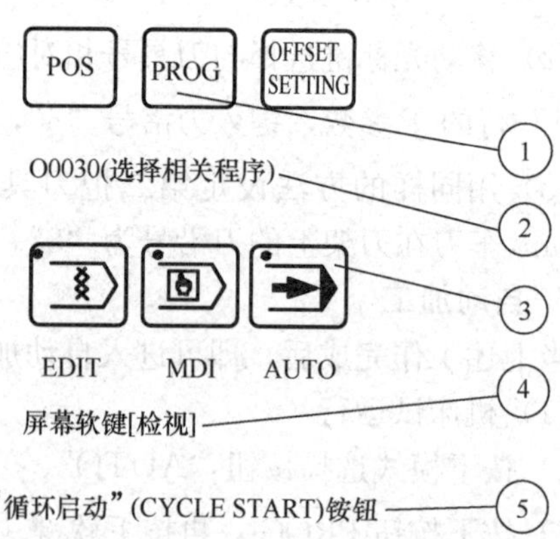

图 2—47　自动运行检视操作的流程与显示画面

1）按下模式选择按钮“AUTO”。

2）在 MDI 面板上按下 CUSTOM GRAPH 键，再按下屏幕显示软键［G. PRM］，显示如图 2—48 所示画面。

3）通过光标移动键将光标移动至所需设定的参数处，输入数据后按下 INPUT 键，依次完成各项参数的设定。

4）再次按下屏幕显示软键［GRAPH］。

5）按下“循环启动”按钮，机床开始移动，并在屏幕上绘出刀具的运动轨迹。

```
GRAPHIC PARAMETER              O0030 N0030
  WORK LENGTH        W=      130000
  WORK DIAMETER      D=      130000
  PROGRAM STOP       N=           0
  AUTO ERASE         A=           1
  LIMIT              L=           0
  GRAPHIC  CENTER    X=       61655
                     Z=       90711
  SCALE              S=          32
  GRAPHIC MODE       M=           0
                  T0000          F    S
 MEN **** **** ****
  [G.PRM] [ ] [GRAPH] [ZOOM] [OPRT]
```

图 2—48　图形显示参数设置画面

6）在图形显示过程中，按下屏幕软键［ZOOM］/［NORMAL］可进行放大/恢复图形的操作。

8. 工件的加工与检测

当确认各项准备工作及加工程序准确无误后，即可在自动运行模式下启动加工程序，进行首件试切。然后，卸下工件，并按图样要求对工件逐项进行检测。

9. 机床保养

加工完毕，要按规定对机床和工作环境进行清理、维护和保养。

思考与练习

1. 写出内、外圆加工时所用单一固定循环的指令格式，并说明该循环中 R 值的确定方法。

2. 写出内、外圆复合粗加工循环（G71）的指令格式，并说明指令中各参数的含义。

3. 写出多重复合循环（G73）的指令格式，并说明指令中各参数的含义。

4. 采用内、外圆复合固定循环（G71、G72、G73、G70）时的注意事项有哪些？

5. 写出切槽循环指令 G75 的指令格式，并说明指令中各参数的含义。

6. 采用切槽循环指令（G74、G75）时的注意事项有哪些？

7. 如何分配螺距为 3 mm 的普通外螺纹在其加工过程中的背吃刀量？

8. 计算 M27×2－7h 及 M30×1.5－6H 的普通螺纹的底径。

9. 在数控车削过程中，双线螺纹、左旋螺纹是如何编程及加工的？

10. 写出螺纹切削复合固定循环（G76）的指令格式，并说明指令中各参数的含义。

11. 在使用螺纹切削单一固定循环（G92）过程中的注意事项有哪些？

12. 什么叫子程序？FANUC 系统是如何进行子程序调用的？

13. 如何进行机床电源的开、关操作？

14. MDI 面板上的 INSERT 键与 INPUT 键有何区别？各使用在何种场合？

15. MDI 面板上的 DELETE 键与 CAN 键有何区别？各使用在何种场合？

16. 如何进行程序的检索？如何进行程序段的检索？

17. 如何进行机床的手动回参考点操作？如何编写程序中的回参考点程序段？

18. 叙述刀具偏移值设定的操作过程。

19. 如何进行机床空运行操作？如何进行机床锁住试运行操作？两种试运行操作有什么不同？

20. 如图 2—49 所示工件，毛坯为 ϕ80 mm×38 mm 的 45 钢，编写该零件的数控车加工程序。

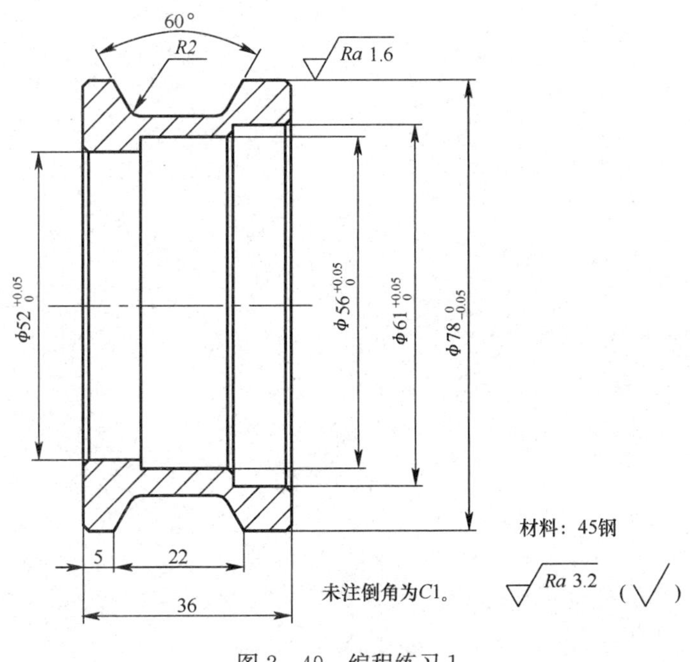

图 2—49 编程练习 1

21. 如图 2—50 所示工件，毛坯为 $\phi80$ mm×56 mm 的 45 钢，编写该零件的数控车加工程序。

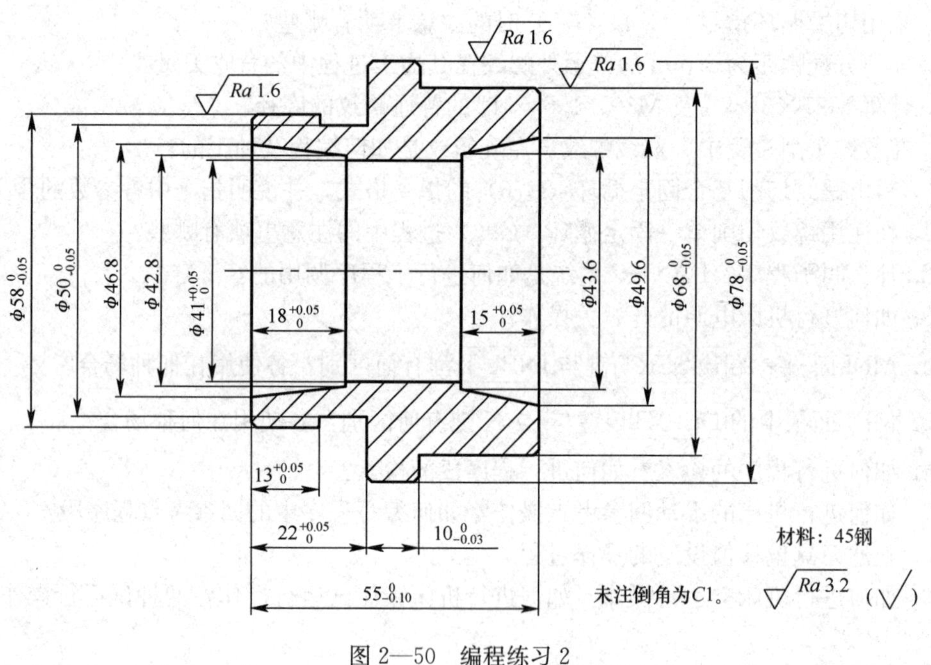

图 2—50　编程练习 2

第三章

广数系统的编程与操作

第一节　广数系统的系统功能

一、广数系统简介

广数系统是由广州数控机床有限公司研发和生产的数控系统。用于数控铣床的系统主要有GSK928M、GSK980M、GSK218M、GSK990MA、SDS9等多种系列。用于数控车床的系统主要有GSK928T、GSK218T、GSK980T、GSK983T等多种系列。数控车床系统介绍如下：

1. GSK928T 系列

GSK928T 系列是广数系统的早期产品，主要有GSK928TA、GSK928TB和GSK928TC三种型号。该系列的数控车床通常采用变频电动机进行控制，属于经济型的数控车床系统。

2. GSK218T 系列

GSK218T 产品为广州数控研制的普及型车床数控系统，采用32位高性能的CPU和超大规模可编程器件，运用实时多任务控制技术和硬件插补技术，可实现微米级精度的运动控制。

3. GSK980T 系列

GSK980T 系列有GSK980TC、GSK980TD和GSK980TD1等多种型号。该系列数控系统采用18.8 cm（7.4 in）LCD显示器，具备PLC梯形图显示、实时监控功能，提供操作面板I/O接口，可由用户设计、选配独立的操作面板。GSK980T系列数控系统具有卓越的性价比，是中、低档数控车床的最佳选择。

4. GSK983T 系列

GSK983T 系列产品采用10.4in、800×600高分辨率、高亮度彩色LCD显示屏；采用超大规模高集成电路，全贴片工艺，能极大地提高性能；可实现60 000 mm/min的快速定位速度，30 000 mm/min的切削进给速度。

本书主要介绍广数GSK980T系列数控系统。

二、广数系统常用准备功能指令

广数980T系统常用准备功能指令见表3—1。

表 3—1 广数 980T 系统常用准备功能指令

G 指令	组别	功能	程序格式及说明
G00 ▲	01	快速点定位	G00 X _ Z _；
G01		直线插补	G01 X _ Z _ F _；
G02		顺时针方向圆弧插补	G02 X _ Z _ R _ F _；
G03		逆时针方向圆弧插补	G02 X _ Z _ I _ K _ F _；
G04	00	暂停	G04 X1.5；或 G04 U1.5； 或 G04 P1500；
G28		返回参考点	G28 X _ Z _；
G17	16	选择 *XY* 平面	G17；
G18 ▲		选择 *ZX* 平面	G18；
G19		选择 *YZ* 平面	G19；
G32	01	螺纹切削	G32 X _ Z _ F _；（F 为导程）
G40 ▲	07	刀尖半径补偿取消	G40；
G41		刀尖半径左补偿	G41 G01 X _ Z _；
G42		刀尖半径右补偿	G42 G01 X _ Z _；
G50 ▲	00	坐标系设定	G50 X _ Z _；
G52	14	局部坐标系设定	G52 X _ Z _；
G53		选择机床坐标系	G53 X _ Z _；
G54 ▲		选择工件坐标系 1	G54；
G55		选择工件坐标系 2	G55；
G56		选择工件坐标系 3	G56；
G57		选择工件坐标系 4	G57；
G58		选择工件坐标系 5	G58；
G59		选择工件坐标系 6	G59；
G65	00	宏程序非模态调用	G65 P _ L _ <自变量指定>；
G70		精车循环	G70 P _ Q _；
G71		粗车循环	G71 U _ R _； G71 P _ Q _ U _ W _ F _；
G72		平端面粗车循环	G72 W _ R _； G72 P _ Q _ U _ W _ F _；
G73		多重复合循环	G73 U _ W _ R _； G73 P _ Q _ U _ W _ F _；
G74		端面切槽循环	G74 R _； G74 X (U) _ Z (W) _ P _ Q _ R _ F _；
G75		径向切槽循环	G75 R _； G75 X (U) _ Z (W) _ P _ Q _ R _ F _；

续表

G 指令	组别	功能	程序格式及说明
G76	00	螺纹复合循环	G76 P$\underline{m}\underline{r}\underline{\alpha}$ Q__ R__； G76 X（U）__ Z（W）__ R__ P__ Q__ F__；
G90	01	内、外圆切削循环	G90 X__ Z__ F__； G90 X__ Z__ R__ F__；
G92		螺纹切削循环	G92 X__ Z__ F__； G92 X__ Z__ R__ F__；
G94		端面切削循环	G94 X__ Z__ F__； G94 X__ Z__ R__ F__；
G96	02	恒定线速度	G96 S200；（200 m/min）
G97 ▲		每分钟转数	G97 S800；（800 r/min）
G98	05	每分钟进给	G98 F100；（100 mm/min）
G99 ▲		每转进给	G99 F0.1；（0.1 mm/r）

三、辅助功能指令及其他功能指令

辅助功能指令及其他功能指令参阅本书第一章。

第二节　广数 980T 系统编程实例

广数 980T 系统基本编程指令与 FANUC 系统的编程指令类似。这些指令的说明参阅本书的第一章和第二章。

例　加工如图 3—1 所示工件（毛坯 ϕ50 mm×37 mm，已钻出 ϕ20 mm 内孔），编写其数控车加工程序。

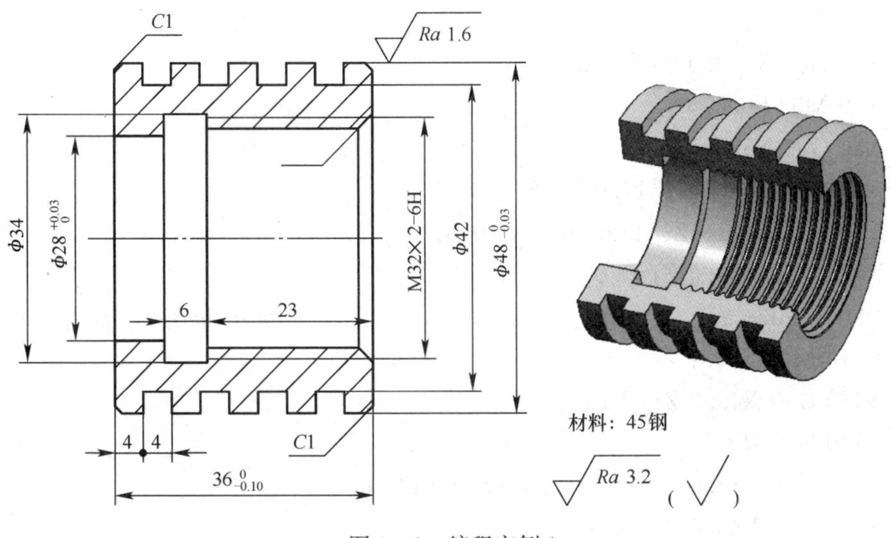

图 3—1　编程实例 1

（1）选择机床

选择 GSK980TD 系统的 CKA6140 数控车床，刀架为四工位前置式刀架。

（2）确定加工步骤

加工步骤见表 3—2。

表 3—2　　数控加工工艺卡

工步号	工步内容（加工面）	刀具号	刀具规格	主轴转速（r/min）	进给量（mm/r）	背吃刀量（mm）
1	手动加工右端面	T01	外圆车刀	600	0.2	0.5
2	粗加工右端外圆轮廓			600	0.2	0.75
3	精加工右端外圆轮廓			1 000	0.1	0.25
4	加工外圆槽	T02	外切槽车刀	500	0.1	3
5	粗加工右端内轮廓	T01	通孔车刀	600	0.2	1.0
6	精加工右端内轮廓			1 000	0.1	0.25
7	加工内圆槽	T02	内切槽刀	500	0.1	3
8	加工内螺纹	T03	内螺纹车刀	600	2	分层
9	掉头手动加工右端面	T01	外圆车刀	600	0.2	0.5
10	粗加工左端外圆轮廓			600	0.2	0.75
11	精加工左端外圆轮廓			1 000	0.1	0.25
12	加工外圆槽	T02	外切槽车刀	500	0.1	3
13	工件精度检测					
编制	审核		批准		共__页　第__页	

（3）编制加工程序

本例工件左侧外圆可参考第二章第二节的外圆车削进行编程，这里仅列出右侧外圆及内轮廓的加工程序，具体如下：

```
O0001;                                  (右侧外圆加工程序)
N10 G99 G40 G21;
N20 T0101;                              (外圆粗车刀)
N30 G00 X150.0 Z150.0;
N40 M03 S600;
N50 G00 X52.0 Z2.0;
N60 G90 X48.5 Z−17.0 F0.2;
N70     X48.0 Z−17.0 F0.1 S1000;
N80 G00 X150.0 Z150.0;
N90 T0202;                              (换外切槽刀，刀宽 3 mm)
N110 M03 S500;
N130 G00 X49.0 Z−7.0;
N140 G75 R0.5;
N150 G75 X42.0 Z−8.0 P1000 Q1000 F0.1;
N160 G00 X49.0 Z−15.0;
```

```
N170 G75 R0.5;
N180 G75 X42.0 Z-16.0 P1000 Q1000 F0.1;
N190 G00 X150.0 Z150.0;
N200 M05;
N210 M30;

O0002;                                  (内轮廓加工程序)
N10 G99 G40 G21;
N20 T0101;                              (换通孔车刀)
N30 G00 X150.0 Z150.0;
N40     X18.0 Z2.0;
N50 M03 S600;
N60 G71 U1.0 R0.5;
N70 G71 P80 Q140 U-0.5 W0 F0.2;
N80 G01 X34.0 F0.1 S1000;
N90     Z0;
N100    X30.0 Z-2.0;
N110    Z-29.0;
N120    X28.0;
N130    Z-37.0;
N140    X18.0;
N150 G70 P80 Q140;
N160 G00 X150.0 Z150.0;
N170 T0202;                             (换内切槽刀，刀宽 3 mm)
N180 M03 S500;
N190 G00 X27.5;
N200     Z-26.0;
N210 G75 R0.5;
N224 G75 X34.0 Z-29.0 P1000 Q1000 F0.1;
N230 G00 Z2.0;
N240 G00 X150.0 Z150.0;
N250 T0303;                             (换内螺纹刀)
N252 M03 S600;
N254 G00 X29.0 Z2.0;
N260 G92 X30.7 Z-25.0 F2.0;
N270     X31.2;
N280     X31.6;
```

```
N290        X31.85;
N300        X32.0;
N310 G00 X150.0 Z150.0;
N320 M05;
N330 M30;
```

提示

加工本例工件的内圆槽时，应特别注意合理选择退刀方式。应先进行 Z 向退刀，再进行其他坐标轴向的退刀，以避免刀具在退刀过程中的干涉现象。

例　加工如图 3—2 所示工件（毛坯 ϕ60 mm×43 mm，已钻出 ϕ24 mm 内孔），编写其数控车加工程序。

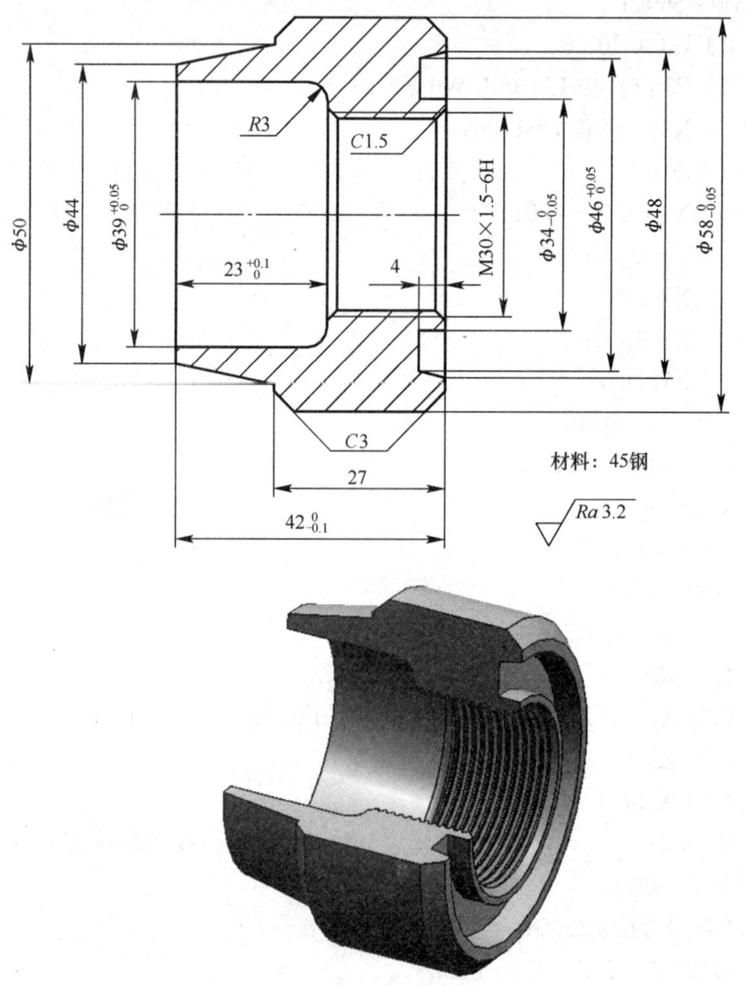

图 3—2　编程实例 2

加工本例工件时，先加工右侧外形，再加工左侧外形和内轮廓。其加工程序如下：

```
O0001;                                  (右侧外圆加工程序)
    G99 G40 G21;
    T0101;                              (换外圆粗车刀)
    G00 X150.0 Z150.0;
    M03 S600;
    G00 X62.0 Z2.0;
    G71 U1.0 R0.5;
    G71 P80 Q140 U0.5 W0 F0.2;
N80 G01 X52.0 F0.1 S1200;
        Z0;
        X58.0 Z—3.0;
        Z—25.0;
N140 G01 X62.0;
    G70 P80 Q140;
    G00 X150.0 Z150.0;
    T0202;                              (换端面槽刀，刀宽 3 mm)
    M03 S500;
    G00 X34.0 Z2.0;
    G74 R0.5;
    G74 X40.0 Z—4.0 P1000 Q1000 F0.1;
    G01 X42.0 Z0;
        X40.0 Z—4.0;
        Z2.0;
    G00 X150.0 Z150.0;
    M05;
    M30;

O0002;                                  (内轮廓加工程序)
    G99 G40 G21;
    T0101;                              (换外圆粗车刀)
    G00 X150.0 Z150.0;
    M03 S600;
    G00 X62.0 Z2.0;
    G71 U1.0 R0.5;
    G71 P200 Q300 U0.5 W0 F0.2;
N200 G01 X44.0 F0.1 S1200;
```

```
            Z0；
            X50.0 Z-15.0；
            X52.0
            X58.0 Z-18.0；
N300 G01 X62.0；
     G70 P200 Q300；
     G00 X150.0 Z150.0；
     T0202；                                        （换内孔车刀）
     G00 X23.0 Z2.0；
     G71 U1.0 R0.5；
     G71 P400 Q500 U-0.5 W0 F0.2；
N400 G01 X39.0 F0.1 S1200；
          Z-20.0；
     G03 X33.0 Z-23.0 R3.0；
     G01 X31.5；
          X28.5 Z-24.5；
          Z-43.0；
N500 G01 X23.0；
     G70 P400 Q500；
     G00 X150.0 Z150.0；
     T0404；                                        （换内螺纹车刀）
     M03 S600；
     G00 X27.0 Z2.0；
          Z-21.0；
     G92 X29.2 Z-43.0 F1.5；
          X29.7；
          X29.9；
          X30.0；
     G00 Z2.0；
          X150.0 Z150.0；
     M05；
     M30；
```

第三节　广数 980T 系统及其车床的操作

一、机床总面板按钮及功能介绍

广数 980T 数控车床总面板如图 3—3 所示。

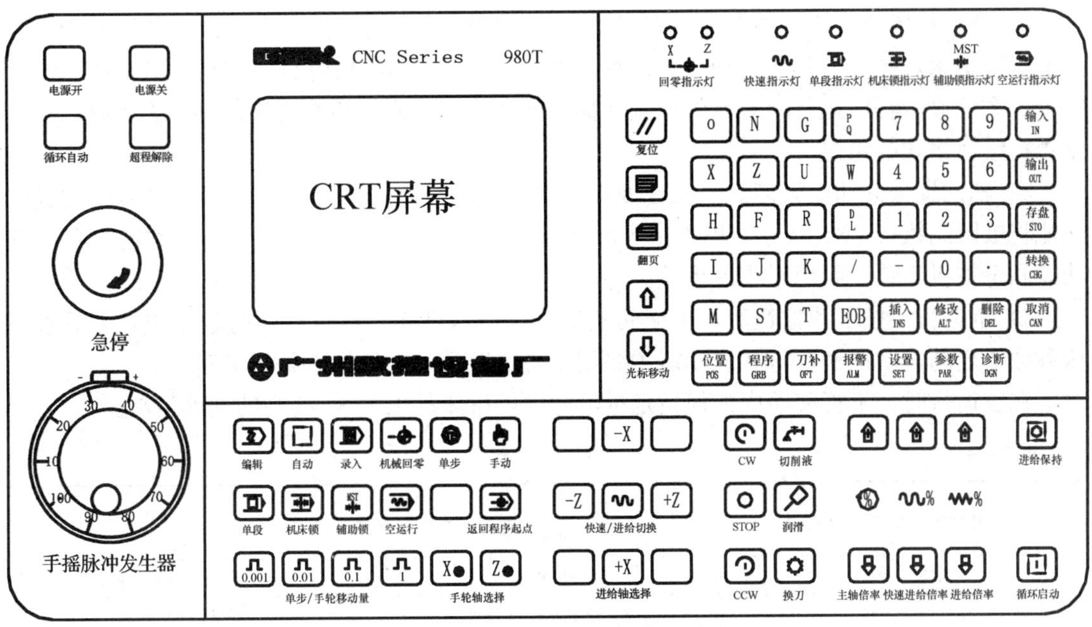

图 3—3　广数 980T 数控车床总面板

1. 模式选择按钮

如图 3—4 所示，6 个模式选择按钮为单选按钮，在操作时只能按下其中的一个。

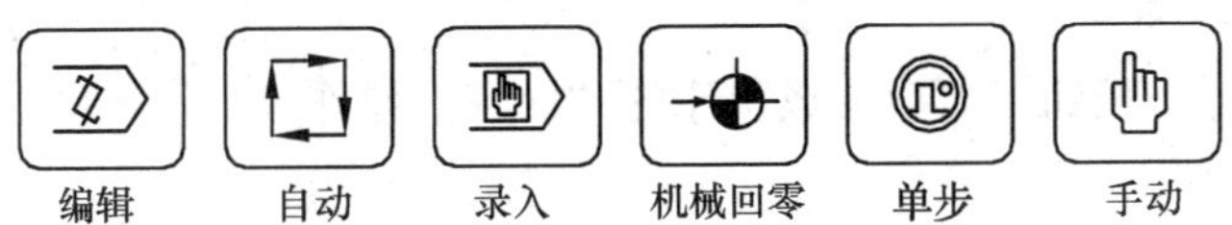

图 3—4　模式选择按钮

(1) “编辑” 按钮

按下此按钮，可以对储存在内存中的程序数据进行编辑操作。

(2) “自动” 按钮

按下此按钮后，可自动执行程序。按下如图 3—5 所示前面的四个按键之一后，其自动运行又有以下四种不同的运行形式。

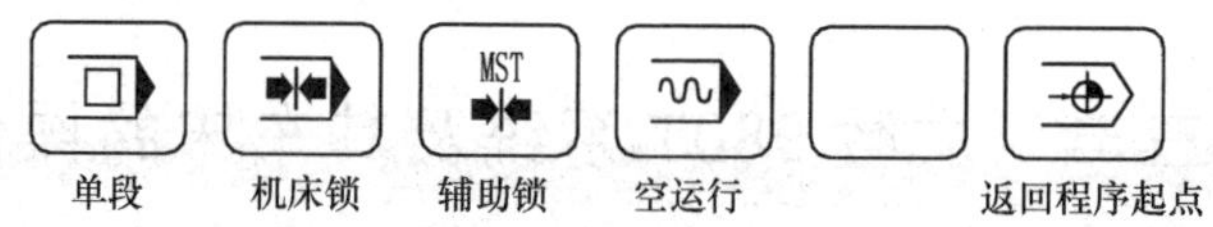

图 3—5 自动运行的四种运行方式

1）单段运行 按下此按钮后，机床面板上对应指示灯亮每按下一次“循环启动”按钮，机床将执行完一个程序段后暂停；再次按下循环启动，则机床再执行一个程序段后暂停。采用此种方法可对程序及操作进行检查。

2）全轴机床锁 用于控制刀具在自动运行过程中的移动功能。启动该功能后，机床面板上对应指示灯亮。刀具在自动运行过程中的移动功能将被限制执行，但能执行 M、S、T 指令。系统显示程序运行时刀具的位置坐标。该功能主要用于检查程序编制是否正确，程序是否有编写格式的错误。

3）辅助锁 此功能开启后，机床面板上对应指示灯亮。刀具在自动运行过程中的移动功能将被限制执行，M、S、T 代码指令不执行（M00、M30、M98、M99 按常规执行）。该功能和全轴机床锁一起用于程序校验。

4）空运行 按下此按钮后，机床面板上对应指示灯亮。在自动运行过程中，刀具按机床参数指定的速度快速运行。该功能主要用于检查刀具的运行轨迹是否正确。

在空运行时，不管程序中如何指定进给速度，机床都以表 3—3 中的速度运动。

表 3—3 空运行速度

手动快速进给按钮状态	程序指令	
	快速进给	切削进给
ON（开）	快速进给	JOG 进给最高速度
OFF（关）	JOG 进给速度或快速进给	JOG 进给速度

（3）“录入”按钮

在该状态下，可以在输入了单一的指令或几条程序段后，立即按下“循环启动”按钮使机床动作，以满足工作需要。例如，机床启动后指定转速“S1000 M03;”。

（4）“机械回零”按钮

按下“机械回零”按钮，可以完成机床的“回零”操作。

（5）“单步”按钮

在单步/手轮进给操作状态下，选择恰当的增量步长，然后选择所要驱动的进给轴，可控制机床的进给运动。增量步长有“0.001”“0.01”“0.1”“1” 4 种，如图 3—6 所示。“0.001”表示单位增量为 0.001 mm。

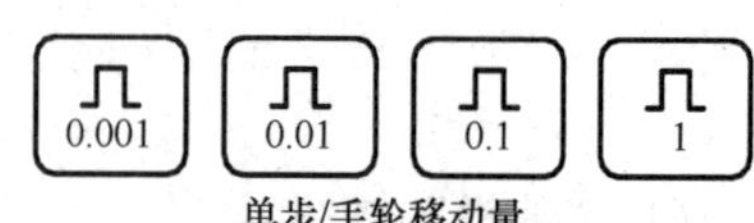

图 3—6 增量步长选择按钮

（6）手动连续进给的倍率按钮

1）手动连续慢速进给 可通过进给速度倍率来控制机床的进给速度。手动进给速度倍率有 0%～150%共 16 挡可供选择，每挡对应移动速度见表 3—4。另外，对于自动执行的程序中指定的速率 F，也可用进给速度倍率进行调节。

在手动进给方式中进给倍率的选择：

每按下一次进给倍率增量按钮“+”（图 3—7），则进给速度倍率增加一挡，到 150%时不再增加。

同样，每按下一次进给倍率递减按钮“—”（图 3—7），则进给速度倍率减小一挡，到 0%时不再减小。

进给倍率 %

图 3—7　进给倍率调节按钮

表 3—4　进给倍率

进给倍率（%）	进给速度（mm/min）	进给倍率（%）	进给速度（mm/min）
0	0	80	50
10	2.0	90	79
20	3.2	100	126
30	5.0	110	200
40	7.9	120	320
50	12.6	130	500
60	20	140	790
70	32	150	1 260

注：此表约有 3%的误差。

2）手动连续快速进给　可实现某一轴的自动快速进给。机床的进给速度可由“快速进给倍率”增、减按钮来选择。

快速倍率有 F0、25%、50%、100%四挡，可通过快速进给倍率增减按钮“+”“—”来选择。另外，该快速倍率对 G00 快速进给、固定循环中的快速进给、G28 时的快速进给、手动返回参考点的快速进给都有效。

2. 循环执行的按钮

（1）“循环启动”按钮

在自动运行状态下，按下该按钮，机床自动运行程序。

（2）“进给保持”按钮

在机床循环启动状态下，按下该按钮，程序运行及刀具运动将处于暂停状态，其他功能（如主轴转速、冷却等）保持不变。再次按下“循环启动”按钮，机床重新进入自动运行状态。

3. 主轴功能按钮

主轴正转（CW）、主轴反转（CCW）、主轴停转（STOP）的功能与 FANUC 系统基本相同，参阅本书第二章第六节。

在主轴旋转过程中，通过主轴倍率调整按钮，可实现主轴转速在 50%～120%范围内无级调速。每按一下主轴倍率修调增量按钮“+”，使主轴转速增加 10%；同样，每按一下主轴倍率修调递减按钮“—”，使主轴转速减少 10%。

增加：50%→60%→70%→80%→90%→100%→110%→120%。

减少：120%→110%→100%→90%→80%→70%→60%→50%。

4. 用户自定义键

（1）“切削液”按钮

按下“切削液”按钮，机床即执行切削液打开功能；再次按下该按钮，则切削液关闭，机床冷却功能停止。

（2）“润滑”按钮

按下“润滑”按钮，机床自动进行间歇性润滑，间歇时间由系统参数设定。再次按下该按钮，则润滑功能停止。

（3）“换刀”按钮

每按一次“换刀”按钮，刀架将依次转过一个刀位。

5. MDI 和 CRT 面板

（1）MDI 功能键功能

本书中 MDI 功能键用符号“□”表示，如程序。MDI 功能键及其功能见表 3—5。

表 3—5　　MDI 功能键及其功能

名称		功能
数字/地址键		输入字母、数字等字符，“EOB”为段结束符
双功能定义键		每个键有两个定义。按第一次为第一定义值，连续第二次按同一个键，系统将第一次的输入改为第二定义值
页面显示键	位置（POS）键	显示坐标位置，共有四页：[相对][绝对][综合][位置/程序]，可通过翻页键转换
	程序（GRB）键	程序的显示、编辑等，共有三页：[MDI/模][程序][目录/存储量]
	刀补（OFT）键	设定、显示补偿量和宏变量
	报警（ALM）键	NC 报警信号显示，报警记录显示
	设置（SET）键	设置显示及加工轨迹图形的显示
	参数（PAR）键	设定显示参数
	诊断（DGN）键	诊断信息及软键盘机床面板显示
程序编辑键	插入（INS）键	程序字的插入
	修改（ALT）键	程序字的替代
	删除（DEL）键	删除程序字、程序段及整个程序
取消（CAN）键		消除输入到缓冲寄存器中的字符或符号
输入（IN）键		从 RS232 接口输入文件的启动，用于参数、补偿量的输入，用于 MDI 方式下程序段指令的输入
输出（OUT）键		从 RS232 接口输出文件启动
存盘（STO）键		
转换（CHG）键		位参数内容提示方式切换：逐位提示或字节提示
PAGE UP 键		翻页键，向前翻页
PAGE DOWN 键		翻页键，向后翻页
CURSOR 键		光标移动键
RESET 键		解除报警，CNC 复位，使所有操作停止

（2）CRT 面板

显示屏幕主要用于菜单操作、系统状态和故障报警等功能的显示，还可用于加工轨迹的图形仿真等。

二、机床操作

1. 手动操作

（1）机械回零操作（图 3—8b）

1）按模式选择按钮“机械回零”，选择“机械回零”方式，屏幕右下角显示“机械回零”。

2）按功能键[位置]，利用翻页键找到如图 3—8a 所示页面。

3）按选择快速进给倍率按钮，选择快速进给倍率。

4）选择移动轴：按下“＋X”轴向按钮不松开，直到 X 轴的回零指示灯亮。

按下“＋Z”轴向按钮不松开，直到 Z 轴的回零指示灯亮。

在返回参考点过程中，为了刀具及机床安全，数控车床的回零操作（返回参考点操作）一般应按“先 X 轴，后 Z 轴”的顺序进行。

机床沿着选择的轴方向快速移动时，快速进给倍率有效，碰到减速开关后，以 FL（参数 032 号）的速度慢速移动到参考点。

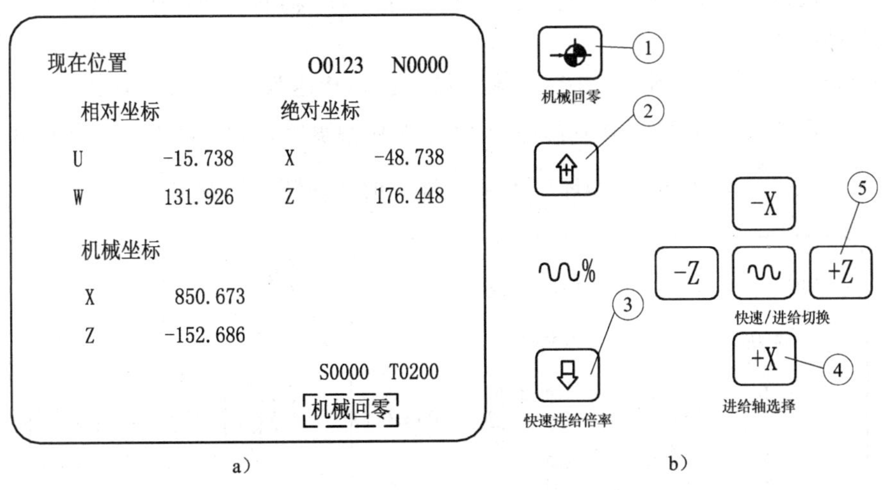

图 3—8　机械回零操作

（2）手动返回程序起点操作

按下“返回程序起点”按钮，选择“返回程序起点”方式，屏幕右下角显示“返回程序起点”。

其余操作与机械回零操作相同。

（3）单步进给操作

1）按下模式选择按钮“单步”，屏幕右下角显示“单步”。

2）按下功能键[位置]，利用[翻页]键找到相应页面。

3）按“单步移动量”按钮，选择增量步长。

4）选择所要驱动的进给轴及其方向，如$+X$或$-Z$等。

5）按一次进给轴选择按钮，则在此轴方向上移动量为所选择的增量步长；再次按下，则该轴在选择方向上再移动一次。这是进给轴以增量形式单步手动进给。

（4）手轮进给操作

1）按下模式选择按钮“手轮”方式，屏幕右下角显示“手轮”。

2）按下功能键[位置]，利用翻页键找到如图 3—8a 所示页面。

3）按“手轮移动量”按钮，选择增量步长。

4）按下手轮轴选择按钮，选择刀具要移动的轴方向。

（5）手动连续进给操作

1）按下模式选择按钮“手动”，屏幕右下角显示“手动”。

2）按下功能键[位置]，利用翻页键找到相应页面。

3）按进给倍率按钮，选择所需的进给倍率。

4）按进给轴选择按钮，选择所要驱动的进给轴，驱动机床向相应的方向移动。

5）快速进给：按“快速/进给切换”按钮，选中手动快速进给方式，机床面板上的快速指示灯亮，按快速进给倍率按钮进行选择，即可实现某一轴的自动快速进给。

（6）主轴运动

1）主轴转速的设定（图 3—9b）　假设设定主轴转速为 500 r/min，按“录入”按钮，屏幕右下角显示“录入方式”，按功能键[程序]，利用翻页键找到如图 3—9a 所示页面；输入“S500”，按下[输入]键，再按下[循环启动]键，即完成主轴转速的设定。

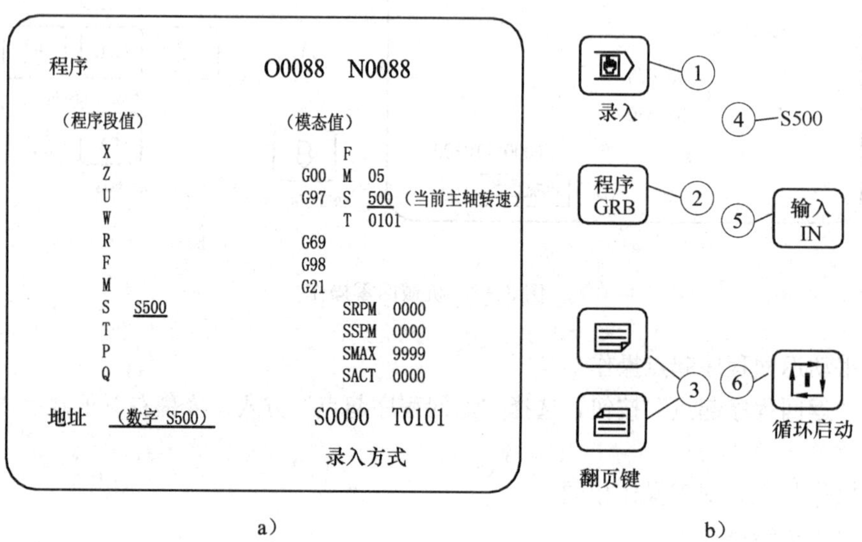

图 3—9　主轴转速的设定

2）主轴的旋转运动　按下相应的按钮，选择“单步”方式、“手轮”方式或“手动”方式中的一种；再按下“CW”（主轴正转）按钮，完成主轴的启动；在主轴旋转时按下“STOP”（主轴停止）按钮，则主轴停止。

 提示

主轴的实际输出转速为参数设定值乘以主轴倍率后的数值。

（7）刀架的旋转运动

1）按下模式选择按钮“录入”，屏幕右下角显示“录入方式”，按下功能键[程序]，利用翻页键找到如图 3—9a 所示页面；输入“T0202”，按下[输入]键，再按下[循环启动]键，即完成当前刀位（2 号刀位）的选定。

2）也可以按下相应按钮，选择“单步”方式、“手轮”方式或“手动”方式中的一种，按“换刀”按钮旋转刀架，每按一次，刀架顺时针旋转一个刀位，如从 1 号刀位转至 2 号、3 号、4 号刀位。

（8）切削液的启动

1）按下模式选择按钮“录入”，屏幕右下角显示“录入方式”，按下功能键[程序]，利用翻页键找到如图 3—9a 所示页面；输入“M08”或“M09”，按下[输入]键，再按下[循环启动]键，即完成切削液的开启或关闭。

2）也可以按下相应按钮，选择“单步”方式、“手轮”方式或“手动”方式中的一种，再按下“切削液”按钮，直接进行切削液的开启与关闭。

2. 程序的输入与编辑

下面主要介绍利用 MDI 键盘进行程序的输入与编辑。

（1）程序号操作

1）建立一个新程序（图 3—10b）　建立新程序画面如图 3—10a 所示。操作步骤如下：

①按下模式选择按钮“编辑”，屏幕右下角显示“编辑方式”。

②按下 MDI 功能键[程序]，利用翻页键找到如图 3—10a 所示页面。

③输入地址字“O”，输入程序序号“12”。

④按[EOB]键，即可完成新程序“O12”的建立。

注意“新建立程序的程序号应为内存储器没有的新程序号。可通过下列操作（图 3—11b）查看程序目录：

①按下模式选择按钮“录入”（只要非”编辑“方式即可）。

②按下 MDI 功能键[程序]。

③利用翻页键找到如图 3—11a 所示程序目录页面。

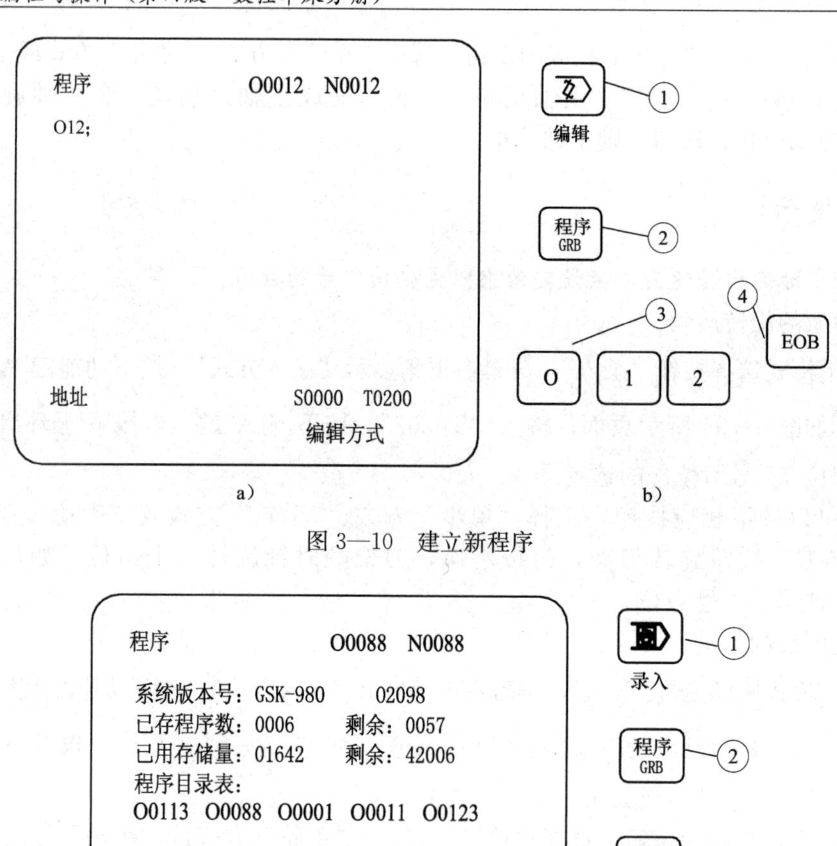

图 3—10　建立新程序

图 3—11　查看程序目录

2）调用内存中储存的程序　按下模式选择按钮“编辑”，按下 MDI 功能键[程序]，输入程序号（如 O12），按[光标移动]（向下）键，即可进入程序“O12”的编辑状态。

注意：程序调用时，一定要调用内存储器中已存在的程序。

3）删除程序　按下模式选择按钮“编辑”，按下 MDI 功能键[程序]，输入程序号（如 O12），按[删除]键，即可完成单个程序“O12”的删除。如果需要删除全部程序，只需输入“0—9999”，并按[删除]键，即可完成。

（2）程序字、程序段的操作

1）插入一个程序字　扫描到要插入位置前的字，键入要插入的地址字和数据，按插入键。

2）字的替换　扫描到将要替换的字，键入要替换的地址字和数据，按修改键。

3）字的删除　扫描到将要删除的字，按删除键。

4）输入过程中字的取消　在程序字符的输入过程中，如发现当前字符输入错误，则按一次取消键，则删除一个当前输入的字符。

5）程序段结束符“;”的插入　将光标置于程序段的最后一个字上，按下EOB键，直接完成程序段结束符“;”的插入；或者直接利用EOB键，完成程序段最后一个程序字与程序段结束符的插入。

6）多个程序段的删除　将光标置于所要删除区域的起始程序字上，键入所要删除的最终程序段号，按删除键，即可完成。

（3）程序字的检索

1）扫描程序字　按下光标移动（向上或向下）键，光标将在屏幕上向左或向右移动一个地址字。

按翻页键，光标将向前或向后翻页显示。

2）跳到程序开头　按下复位键，即可使光标跳到程序开头。

3）程序段的检索　输入要检索的地址或程序字，根据当前光标位置与所要检索的位置间的关系，按光标移动键（向上或向下），可检索到所要检索的程序字。

除使用键盘输入外，还可利用计算机输入程序，也可将机床中的数据参数通过计算机输出。

3. 工件、刀具的装夹

根据加工要求，完成工件、刀具的正确装夹。注意刀具的安装位置应与程序中的刀位号一致。

4. 相对位置清零

这是指复位相对坐标（U、W），使其坐标值为零。按位置键，进入相对坐标页面，按“U”或“W”键，此时所按键的地址闪烁；然后按CAN（取消）键，此时在闪烁地址的相对位置被复位成0。

5. 对刀

对刀一般分为手动对刀和自动对刀两大类。目前，绝大多数的数控机床（特别是车床）采用手动对刀，其基本方法有定位对刀法、光学对刀法、ATC对刀法和试切对刀法。因为前三种对刀法均可能受到手动和目测等多种误差影响，所以它们的对刀精度有限。实际生产中往往通过试切法对刀，以得到更加准确和可靠的结果。

试切法对刀主要利用刀具的偏移功能，将车刀刀尖位置与编程位置存在的差值，通过补偿值设定，对刀具位置在X、Z轴方向加以补偿，保证刀具能严格按照编程设定的轨迹运动。

下面以90°外圆车刀为例介绍试切法对刀（图3—12）的具体操作。

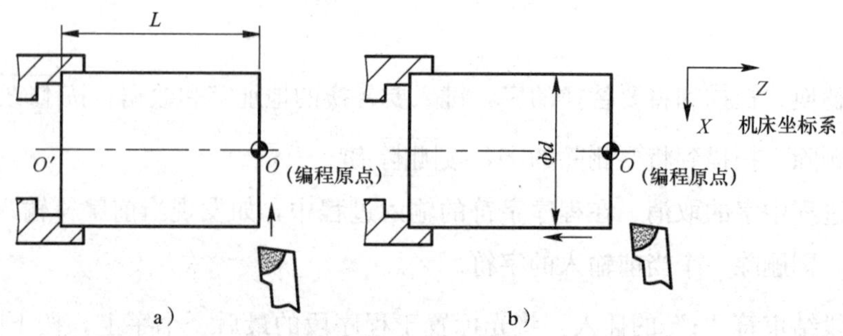

图 3—12　试切法对刀

（1）将工件装夹好后，先用手动方式操纵机床，用已选好的刀具在工件端面车一刀（图 3—12a）；然后保持刀具在 X 向（纵向）尺寸不变，沿 Z 向（横向）退刀。当取工件右端面 O 为工件原点时，将当前的机械坐标 Z 值输入到相应的刀具长度补偿中去；当取工件左端面 O' 为工件原点时，需要测量从内端面到加工面的长度尺寸 L，此时对刀输入值应为当前的机械坐标 Z 值减去 L 值所得到的差。

（2）用同样的方法将工件外圆表面车一刀（图 3—12b），然后保持刀具在 Z 向（横向）上的尺寸不变，沿 X 向（纵向）退刀；停止主轴转动，再量出工件车削后的直径 d，将当前的机械坐标 X 值减去 d 值所得到的差输入到相应的刀具长度补偿中去即可。

注意：在试切法对刀中输入的数据及方法应根据机床说明书来施行。如果车削中只使用一把刀，且在程序中设定 T0101 时，则刀具应安装在 1 号刀位，刀具长度补偿值的输入位置为 101 号（刀具补偿号＋100）刀补。如果在工件加工时用到多把刀具，则一定要清楚对应程序编制中每把刀具的代码、具体安装及长度补偿输入位置间的关系。

6. 刀具补偿量的设定和显示

（1）刀具补偿量的设定

刀具补偿量的设定方法可分为绝对值输入法和增量值输入法两种。

1）绝对值输入的操作（图 3—13b）

①按下 MDI 功能键[刀补]。

②利用翻页键找到如图 3—13a 所示的刀补数据设置页面。

③利用翻页键和光标移动键，把光标移到要变更的补偿号“101”的位置。

④X 向补偿数据输入：输入所需的补偿值（如X－133.0），按下[输入]键，来设定或替换原来的数值。

⑤Z 向补偿数据输入：输入所需的补偿值（如Z－363.0），按下[输入]键。完成输入后的画面如图 3—13c 所示。

2）增量值输入的操作　如果要将 X 向补偿数据增大 0.2，则可键入“U0.2”，按[输入]键即可。如果要将 Z 向补偿数据减小 0.3，则可键入“W－0.3”，按[输入]键即可。数控系统会把当前的补偿量与所键入的增量值相加后的结果作为新的补偿量显示并存储起来。

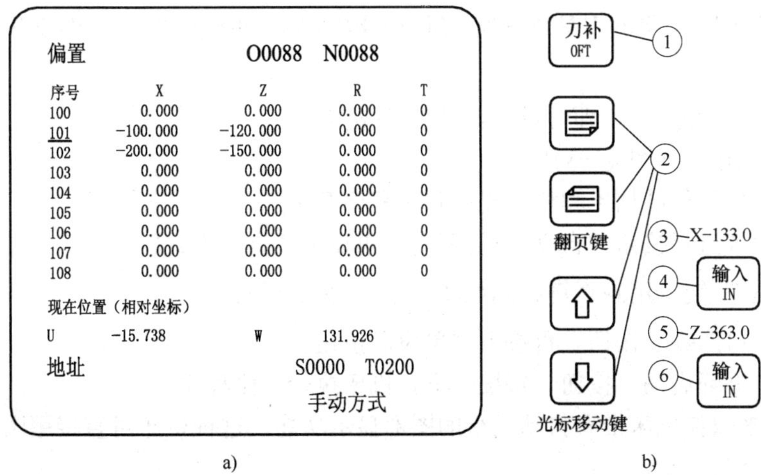

偏置　O0088　N0088

序号	X	Z	R	T
100	0.000	0.000	0.000	0
101	−100.000	−120.000	0.000	0
102	−200.000	−150.000	0.000	0
103	0.000	0.000	0.000	0
104	0.000	0.000	0.000	0
105	0.000	0.000	0.000	0
106	0.000	0.000	0.000	0
107	0.000	0.000	0.000	0
108	0.000	0.000	0.000	0

现在位置（相对坐标）

U　−15.738　W　131.926

地址　S0000　T0200

手动方式

a)

b)

偏置　O0088　N0088

序号	X	Z	R	T
100	0.000	0.000	0.000	0
101	−133.000	−363.000	0.500	3
102	−199.800	−150.300	0.000	0
103	0.000	0.000	0.000	0
104	0.000	0.000	0.000	0
105	0.000	0.000	0.000	0
106	0.000	0.000	0.000	0
107	0.000	0.000	0.000	0
108	0.000	0.000	0.000	0

现在位置（相对坐标）

U　−15.738　W　131.926

地址　S0000　T0200

手动方式

c)

图 3—13　刀具补偿量的设定

a）刀补输入前　b）操作步骤　c）刀补输入后

例　改变已设定的 102 号补偿量：X−200.000，Z−150.000。

假设键盘输入的增量：U 0.2，W−0.3。

则新设定的 102 号补偿量：X−199.800，Z−150.300。

 **提示**

在自动运转中变更补偿量时，新的补偿量不能立即生效，必须在指定其补偿号的 T 代码被执行后，才开始生效。

（2）刀具半径补偿量的设定

把光标移到要变更的刀具半径位置处，进行参数输入，如键入“R 0.5”，再按下 输入 键即可；把光标移到要变更的刀具位置处，进行参数输入，如键入“T3”，再按下输入键即可。

7. **自动加工**

当前面的工作完成后，即可进入自动加工操作。

（1）机床试运行（图 3—14b）

1）调出所要运行的加工程序，光标移至程序开头。

2）按下模式选择按钮“自动”，屏幕右下角显示“自动方式”。

3）按下位置键，用翻页键找到如图 3—14a 所示页面。

4）按下“机床锁”按钮，再按下“单段”按钮。

5）按下“循环启动”按钮，每按一下，机床执行一段程序。

现在，很多数控机床带有自动运行的图形显示功能。这种机床可直接用图形显示功能来进行程序的检查与校正。

（2）机床的自动运行

1）调出所要加工的程序，确定程序正确。

2）按下模式选择按钮“自动”。

3）按下位置键。

4）按下“循环启动”按钮，系统自动执行加工程序，驱动机床自动加工。

在加工过程中可以采用单段加工；可根据实际情况，通过主轴倍率按钮调节主轴转速，通过进给倍率按钮调节进给速度。

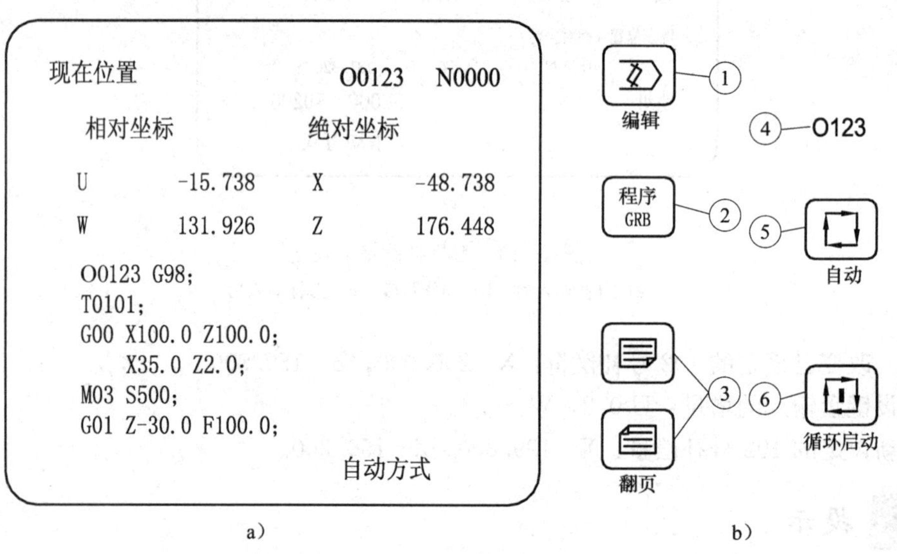

图 3—14　自动运行检视操作画面

8. **工件的检测**

拆卸工件，手动对工件进行检测。

9. **机床保养**

加工完成后，要养成对机床定时保养的良好习惯。

10. 屏幕亮度调整

在“位置”页面的第一页（相对坐标），按“U”或“W”键，使屏幕上U或W闪烁，此时按⇧（光标向上移动）键，每按一次，屏幕逐渐变暗；按⇩（光标向下移动）键，每按一次，屏幕逐渐变亮。

三、机床的安全操作

无论机床在手动或自动运行状态下，一旦机床遇到不正常的情况，需要紧急停止时，可通过下列任意一种操作来实现。

1. 按下紧急停止按钮

按下“EMERG STOP”（机床紧急停止，简称急停）按钮后，除润滑油泵外，机床的动作及各种功能均被立即停止。同时CRT显示屏上出现“NOT READY”（CNC数控装置未准备好）报警信号。

待故障排除后，顺时针旋转急停按钮，被压下的按钮弹起，则急停状态解除。但是，此时要恢复机床的工作，必须进行返回机床参考点的操作。

2. 按下复位键

机床在自动运转过程中，按下[复位]键，则机床全部动作均停止。

3. 断开机床总电源开关

将数控机床总电源开关旋到的“OFF”位，机床停止工作。

4. 按下“进给保持”按钮

机床在自动运转状态下，按下“进给保持”按钮，则滑板停止运动，但是机床的其他功能仍有效。当需要恢复机床运转时，按下“循环启动”按钮，机床从当前位置继续执行下面的程序。

四、机床故障处理

1. 当屏幕显示报警代码时，参照系统的报警代码一览表确定故障原因。如果显示“PS□□□”，是关于程序或者设定数据方面的错误，可修改程序或者修改设定的数据。

2. 在屏幕上没有显示报警代码时，可根据屏幕显示了解到系统运行到何处和处理的内容。

如果发生超程报警，说明由于刀具进入了由参数规定的禁止区域（存储行程极限）。在机床的屏幕显示超程报警的同时，刀具减速后停止。此时，手动把刀具向安全方向移动，按[复位]键，解除超程报警。

思考与练习

1. 写出内、外圆加工时所用单一固定循环的指令格式，并说明该循环中R值的确定方法。

2. 写出内、外圆复合粗加工循环（G71）的指令格式，并说明指令中各参数的含义。

3. 写出多重复合循环（G73）的指令格式，并说明指令中各参数的含义。

4. 写出切槽循环（G75）的指令格式，并说明指令中各参数的含义。

5. 写出螺纹切削复合固定循环（G76）的指令格式，并说明指令中各参数的含义。

6. 机床如何手动机械回零？

7. 如何进行机床空运行操作？如何进行机床锁住试运行操作？两种操作有什么不同？

8. 如图 3—15 所示工件，毛坯为 ϕ72 mm×90 mm 的 45 钢。编写该零件的数控车加工程序。

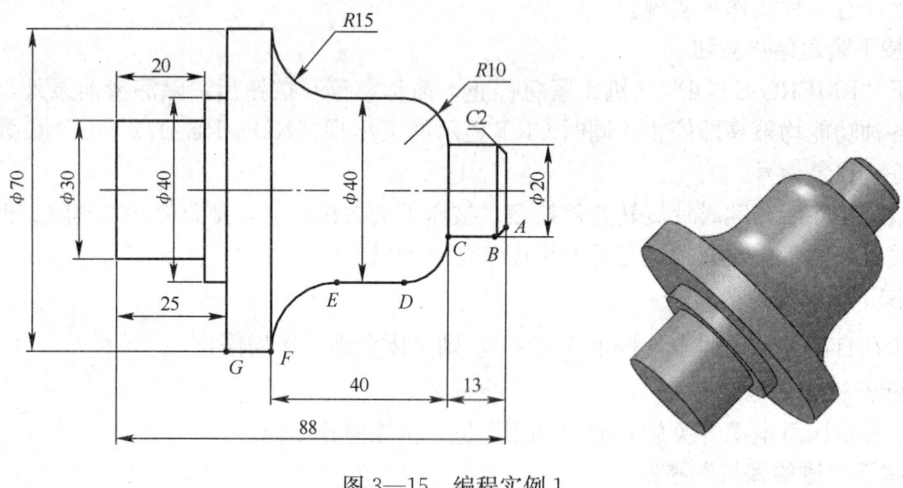

图 3—15　编程实例 1

9. 如图 3—16 所示工件，毛坯为 ϕ50 mm×84 mm 的 45 钢。编写该零件的数控车加工程序。

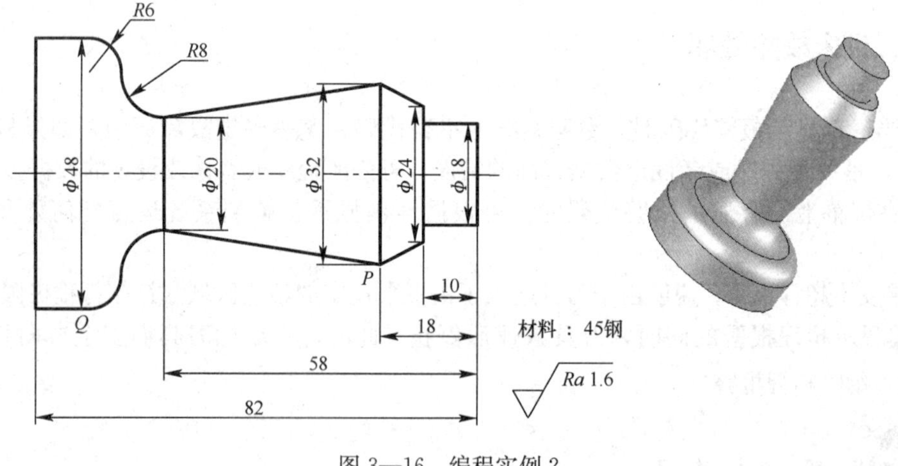

图 3—16　编程实例 2

第四章

SIEMENS SINUMERIK 802D 系统的编程与操作

第一节　SINUMERIK 802D 系统功能简介

一、SINUMERIK 802D 数控系统简介

西门子数控系统由西门子集团旗下自动化与驱动集团研制开发。其中，西门子 SINUMERIK 系列数控系统发展了很多代。目前，SINUMERIK802、810、840 系列数控系统得到了广泛应用。

SINUMERIK 802D 系统在性能上有许多的特点和优势。该系统具备数字控制器、可编程控制器、人机操作界面和输入/输出单元一体化设计的系统结构；通过 DRIVE-CLiQ 接口实现的数字式驱动技术，提供了统一的数字式接口标准。该系统的各种驱动功能按照模块化设计，可以根据性能要求和智能化要求灵活安排；因为各种模块不需要电池及风扇，所以 SINUMERIK 802D 系统具有免维护性能；核心部件 PCU（面板控制单元）将 CNC、PLC、人机界面和通信等功能集于一体，可靠性高，且易于安装。该系统可以方便地使用 DIN 编程技术和 ISO 代码进行编程；各种循环和轮廓编程提供了扩展编程帮助技术。SINUMERIK 802D 系统集成了内置 PLC 系统，对机床进行逻辑控制；采用了标准的 PLC 编程语言 Micro/WIN，进行控制逻辑设计。并且，SINUMERIK 802D 系统随机提供标准的 PLC 子程序库和实例程序，简化了制造厂设计过程，缩短了设计周期。

二、SINUMERIK 802D 数控系统常用功能指令

目前，SINUMERIK 802 系统是在我国数控机床上采用较多的数控系统，主要用于数控车床和数控铣床，具有一定的代表性。该系统常用功能指令主要分为三类，即准备功能指令、辅助功能指令及其他功能指令。

1. 准备功能指令

SINUMERIK 802D 系统常用准备功能指令见表 4—1。

表 4—1　　SINUMERIK 802D 系统常用准备功能指令

G 指令	组别	功能	程序格式及说明
G00	01	快速点定位	G00 X _ Z _；
G01 ▲		直线插补	G01 X _ Z _ F _；
G02		顺时针圆弧插补	G02 X _ Z _ CR= _ F _；
G03		逆时针圆弧插补	G03 X _ Z _ I _ K _ F _；
G04 *	02	暂停	G04 F _；或 G04 S _；
CIP	01	通过中间点的圆弧	CIP X _ Z _ I_1 _ K_1 _ F _；
CT		带切线过渡的圆弧	CT X _ Z _ I_1 _ K_1 _ F _；
G17	06	选择 *XY* 平面	G17；
G18 ▲		选择 *ZX* 平面	G18；
G19		选择 *YZ* 平面	G19；
G25 *	3	主轴转速下限	G25 S _ S1= _ S2= _；
G26 *		主轴高速限制	G26 S _ S1= _ S2= _；
G33	01	恒螺距螺纹切削	G33 Z _ K _ SF _；（圆柱螺纹）
G34		变螺距，螺距增加	G34 Z _ K _ F _；
G35		变螺距，螺距减小	G35 Z _ K _ F _；
G40 ▲	07	刀尖半径补偿取消	G40；
G41		刀尖半径左补偿	G41 G01 X _ Z _；
G42		刀尖半径右补偿	G42 G01 X _ Z _；
G53 *	9	取消零点偏置	G53；
G500	8	取消零点偏置	G500；
G54～G59		零点偏置	G54；或 G55；等
G64	10	连续路径加工	G64；
G70（G700）	13	英制	G70；（G700;）
G71 ▲（G710 ★）		公制	G71；（G710;）

续表

G 指令	组别	功能	程序格式及说明
G74 *	2	返回参考点	G74 X1=0 Z1=0；
G75 *		返回固定点	G75 FP=2 X1=0 Z1=0；
G90 ▲	14	绝对值编程	G90 G01 X_ Z_ F_；
AC			G91 G01 X_ Z=AC_ F_；
G91		增量值编程	G91 G01 X_ Z_ F_；
IC			G90 G01 X=IC_ Z_ F_；
G94		每分钟进给	mm/min
G95 ▲		每转进给	mm/r
G96		恒线速度	G96 S500 LIMS=_；（500 m/min）
G97		取消恒线速度	G97 S800；（800 r/min）
G450 ▲	18	圆角过渡拐角方式	G450；
G451		尖角过渡拐角方式	G451；
DIAMOF	29	半径量方式	DIAMOF；
DIAMON ★▲		直径量方式	DIAMON；
TRANS	框架指令	可编程平移	TRANS X_ Z_；
ATRANS			ATRANS X_ Z_；
CYCLE93	车削循环	切槽切削	CALL CYCLE9_（ ）； LCYC9_；
CYCLE94		退刀槽（E 型和 F 型）切削	
CYCLE95		毛坯切削	
CYCLE97		螺纹切削	

关于准备功能的说明如下：

（1）当电源接通或复位时，CNC 进入清除状态。此时，开机默认指令在表中以符号“▲”表示。但此时，原来的 G71 或 G70 保持有效。

（2）表中的固定循环和固定样式循环及用“*”表示的 G 指令均为非模态指令。其余指令则为 802 系统的通用指令。

（3）不同组的 G 指令在同一程序段中可以指令多个。如果在同一程序段中指令了多个同组的 G 指令，仅执行最后指令的那一个。

2. 辅助功能指令

辅助功能以 M 指令表示。西门子数控系统的辅助功能指令与通用的 M 指令相同，可参阅本书第一章。

3. F、S、T 功能

常用进给功能指令、转速功能指令、刀具功能指令的含义及用途参阅本书第一章。

4. 部分指令的含义及格式

除了在第一章中所介绍的常用功能指令外，SIEMENS SINUMERIK 802S/C/D 数控系统还有一些实用性强或与前面章节中已介绍内容有所不同的功能指令，现介绍如下：

（1）顺、逆圆弧插补指令（G02/G03）

前面已介绍了两种常用的圆弧插补格式，即圆心坐标（I、K）指令格式和圆弧半径（CR）指令格式，现介绍另一种圆弧张角（AR）的指令格式。

圆弧张角即圆弧轮廓所对应的圆心角，单位是度（°），0.00001°～359.99999°。

1）终点和张角的圆弧插补　指令格式为：G02/G03 X__ Z__ AR=__；

例　图 4—1 所示圆弧的编程如下：

N30 G00 X40 Z10；　　　　　（用于指定 N40 段的圆弧起点）

N40 G02 Z30 AR=105；　　　（终点和张角）

说明：N40 程序段中不需指令其圆弧半径和圆心坐标，由系统在插补过程中自动生成。

2）圆心和张角的圆弧插补　指令格式为：G02/G03 I__ K__ AR=__；

例　图 4—2 所示圆弧的编程如下：

N30 G00 X40 Z10；　　　　　（用于指定 N40 段的圆弧起点）

N40 G02 I-10 K10 AR=105；　（圆心和张角）

说明：N40 程序段中不需指令其圆弧半径和圆心坐标，由系统在插补过程中自动生成。

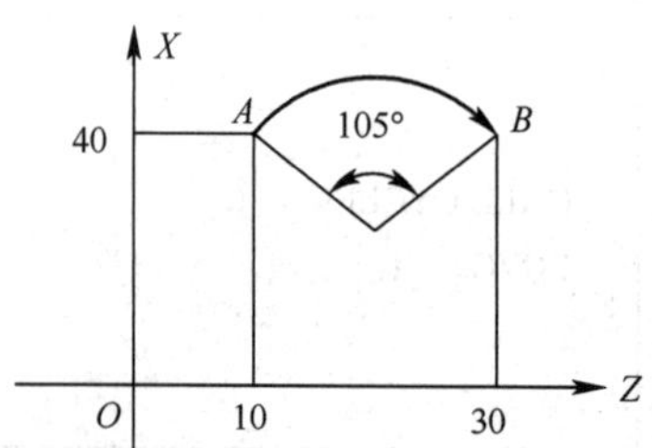

图 4—1　终点和张角编程实例

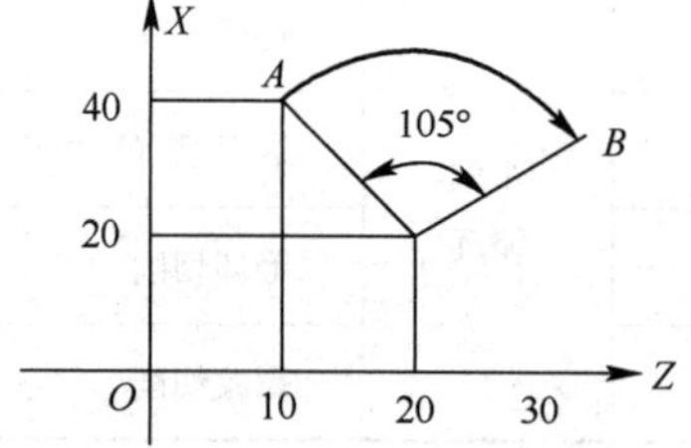

图 4—2　圆心和张角编程实例

提示

编程时应特别注意在各种圆弧程序段中 I 的值均为圆心相对于其起点在 *X* 坐标轴方向上的半径量。

（2）中间点圆弧插补指令（G05）

指令格式为：G05 X__ Z__ IX=__ KZ=__；

IX=__——圆弧上任一中间点在 X 坐标轴上的半径量。

KZ=__——圆弧上任一中间点的 Z 向坐标值。

例 图 4—3 所示圆弧的编程如下：

N30 G00 X30 Z10；　　　　（用于指定 N40 段的圆弧起点）

N40 G05 Z30 IX=20 KZ=25；（圆弧终点和中间点）

说明：该指令是根据“不在一条直线上的三个点可确定一个圆”的数学原理，由系统自动计算其圆弧的半径及圆心位置并进行插补运行的。该功能对今后编制非圆等特殊曲线十分有益。该指令属模态指令。

（3）切线过渡圆弧（CT）

指令格式为：CT X__ Z__；

例 图 4—4 所示圆弧的编程如下：

G01 X40 Z10；　　　　（圆弧起点和切点）

CT X36 Z34；　　　　（圆弧终点）

说明：该指令由圆弧终点和切点（圆弧起点）来确定圆弧半径的大小。该指令为 SINUMERIK 802D 系统专有指令。

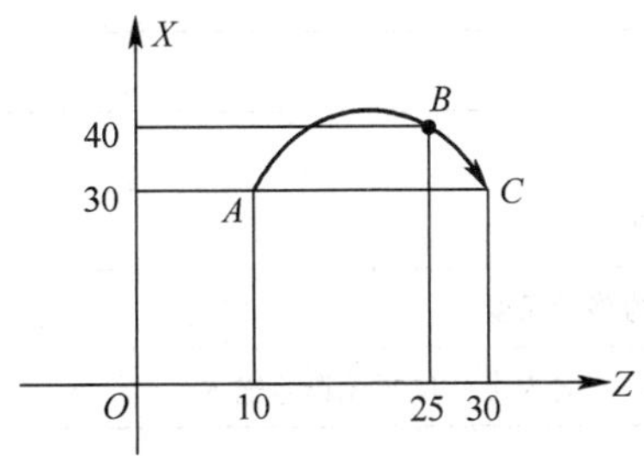

图 4—3　中间点圆弧插补实例

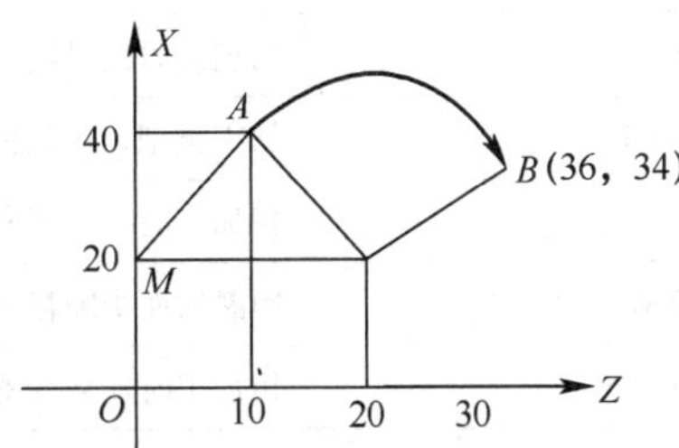

图 4—4　切线过渡圆弧插补实例

（4）返回机床固定点功能指令（G75）

用 G75 指令可使刀架返回到在机床参数中设置的某个固定点（如转刀点等）。G75 的执行速度为 G00 指令的速度。G75 应为独立程序段。

例 N80 G75 X0 Z0；

该程序段中的 X、Z 轴坐标值不被识别。

第二节　内、外圆切削循环

为了达到简化编程的目的，和 FANUC 系统一样，在 SIEMENS 系统中同样配备了许多固定循环功能。这些循环功能主要用于对零件进行内、外圆的粗、精加工，螺纹加工，外沟槽及端面槽加工等。本节主要介绍 SINUMERIK 802D 系统中的内、外圆切削循环。

一、毛坯切削循环指令（CYCLE95）

1. 指令格式

CYCLE95（NPP，MID，FALZ，FALX，FAL，FF1，FF2，FF3，VARI，DT，DAM，VRT）；

例 CYCLE95（“BB511”，1.5，0.05，0.2，，200，100，100，9，1，，0.5）；

CYCLE95 参数及其含义见表 4—2。

表 4—2　　802D 系统 CYCLE95 参数及其含义

参数	含义
NPP	轮廓子程序名称
MID	最大粗加工背吃刀量，无符号输入
FALZ	*Z* 向的精加工余量，无符号输入
FALX	*X* 向的精加工余量，无符号输入，半径量
FAL	沿轮廓方向的精加工余量
FF1	非退刀槽加工的进给速度
FF2	进入凹、凸切削时的进给速度
FF3	精加工时的进给速度
VARI	加工类型，用数值 1～12 表示
DT	粗加工时，用于断屑的停顿时间
DAM	因断屑而中断粗加工时所经过的路径长度
VRT	粗加工时，从轮廓退刀的距离，*X* 向为半径量，无符号输入

2. 加工方式与切削动作

毛坯切削循环指令的加工方式用参数 VARI 表示，按其形式分成三类 12 种：第一类为纵向加工与横向加工，第二类为内部加工与外部加工，第三类为粗加工、精加工与综合加工。这 12 种形式见表 4—3。

表 4—3　　毛坯切削循环加工方式

数值（VARI）	纵向/横向	外部/内部	粗加工/精加工/综合加工
1	纵向	外部	粗加工
2	横向	外部	粗加工
3	纵向	内部	粗加工
4	横向	内部	粗加工
5	纵向	外部	精加工
6	横向	外部	精加工

续表

数值（VARI）	纵向/横向	外部/内部	粗加工/精加工/综合加工
7	纵向	内部	精加工
8	横向	内部	精加工
9	纵向	外部	综合加工
10	横向	外部	综合加工
11	纵向	内部	综合加工
12	横向	内部	综合加工

（1）纵向与横向

1）纵向加工　纵向加工方式是指沿 X 轴方向切深进给，而沿 Z 轴方向切削进给的一种加工方式。刀具的切削动作如图 4—5 所示。

①刀具定位至循环起点。如图 4—5 所示，刀具以 G00 方式定位到循环起点 C。

②轨迹 11 以 G01 方式沿 X 轴方向根据系统计算出的参数 MID 值进给至 E 点。

③轨迹 12 以 G01 方式按参数 FF1 指定的进给速度进给至交点 J。

④轨迹 13 以 G01/G02/G03 方式按参数 FF1 指定的进给速度沿着“轮廓＋精加工余量”粗加工到最后一点 K。

⑤轨迹 14、轨迹 15 以 G00 方式退刀至循环起点 C，完成第一刀切削加工循环。

⑥重复以上过程，完成切削循环。如图 4—5 所示，第二刀切削加工的轨迹为 21～25。

2）横向加工　横向加工方式是指沿 Z 轴方向切深进给，而沿 X 轴方向切削进给的一种加工方式。

横向加工的切削动作与纵向加工切削动作相似，如图 4—6 所示。不同之处在于纵向加工是沿 X 轴方向进行多刀循环切削的，而横向加工是沿 Z 轴方向进行多刀循环切削的。其进给路线为：进刀（CD，轨迹 11）→X 向切削（轨迹 12）→沿工件轮廓切削（轨迹13）→退刀（轨迹 14 和 15）→重复以上动作（轨迹 21～25）等。

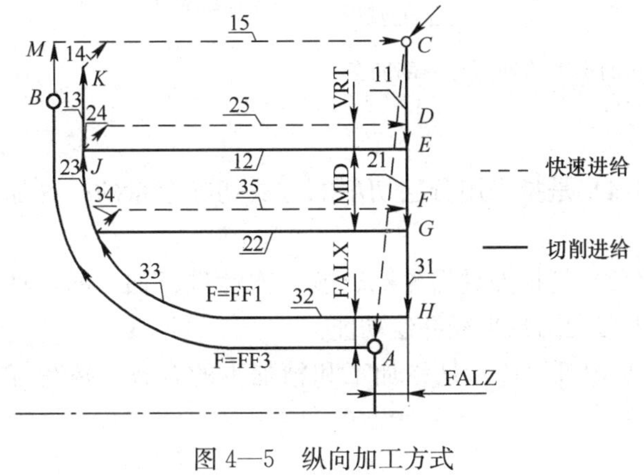

图 4—5　纵向加工方式

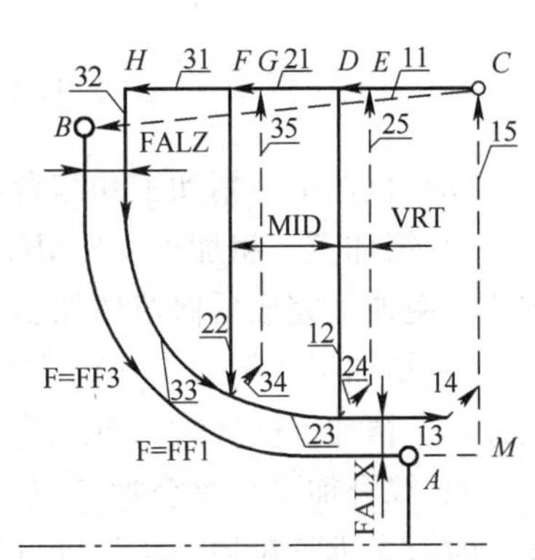

图 4—6　横向加工方式

图 4—5

图 4—6

（2）外部和内部

1）纵向加工方式中的外部与内部加工　纵向加工方式中，当毛坯切削循环刀具的切深方向为－X 向时，则该加工方式为纵向外部加工方式（VARI＝1/5/9），如图 4—7a 所示。反之，当毛坯切削循环刀具的切深方向为＋X 向时，该加工方式为纵向内部加工方式（VARI＝3/7/11），如图 4—7b 所示。

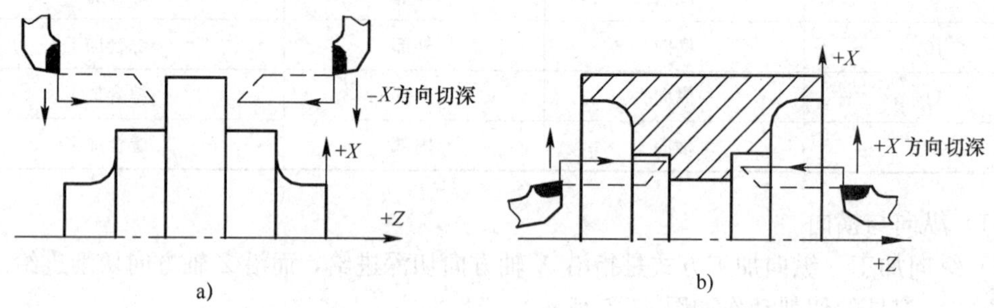

图 4—7　纵向加工中的外部与内部加工

a）外部加工　b）内部加工

2）横向加工方式中的外部与内部加工　横向加工方式中的外部与内部加工如图 4—8 所示。当毛坯切削循环刀具的切深方向为－Z 向时，则该加工方式为横向外部加工方式（VARI＝2/6/10）。反之，当毛坯切削循环刀具的切深方向为＋Z 向时，该加工方式为横向内部加工方式（VARI＝4/8/12）。

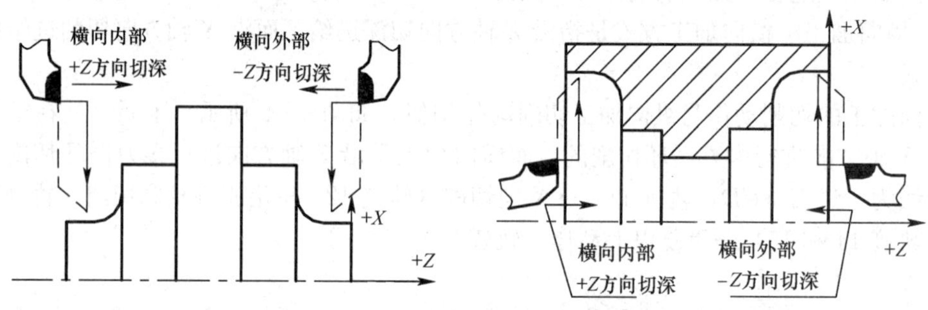

图 4—8　横向加工中的外部与内部加工

（3）粗加工、精加工和综合加工

1）粗加工　粗加工（VARI＝1/2/3/4）是指采用分层切削的方式切除余量的一种加工方式。粗加工完成后保留精加工余量。

2）精加工　精加工（VARI＝5/6/7/8）是指刀具沿轮廓轨迹一次性进行加工的一种加工方式。精加工循环时，系统将自动启用刀尖圆弧半径补偿功能。

3）综合加工　综合加工（VARI＝9/10/11/12）是粗加工和精加工的合成。执行综合加工时，先进行粗加工，再进行精加工。

3. 轮廓的定义与调用

（1）轮廓的定义

轮廓调用的方法有两种。

1）一种是将工件轮廓编写在子程序中，在主程序中通过参数“NPP”对轮廓子程序进行调用。

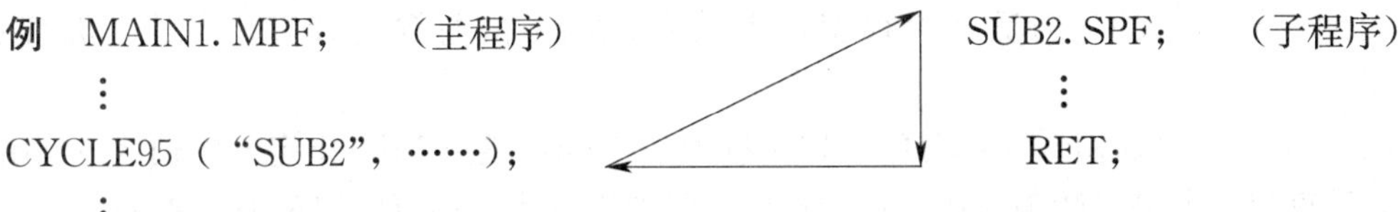

2）另一种是用“ANFANG：ENDE”表示，用“ANFANG：ENDE”表示的轮廓，直接跟在主程序循环调用后。

例 MAIN1. MPF；

⋮

CYCLE95（“ANFANG：ENDE”，……）；

ANFANG：；

⋮ （定义轮廓）

ENDE：；

⋮

（2）轮廓定义的要求

1）轮廓由直线或圆弧组成，并可以在其中使用倒圆（RND）和倒棱（CHA）指令。

2）轮廓必须含有三个具有两个进给轴的加工平面内的运动程序段。

3）定义轮廓的第一个程序段必须含有 G00、G01、G02 和 G03 指令中的一个。

4）轮廓子程序中不能含有刀尖圆弧半径补偿指令。

4. 轮廓的切削过程

（1）轮廓切削次序

802D 系统的毛坯切削循环不仅能加工单调递增或单调递减的轮廓，还可以加工内凹的轮廓及超过 1/4 圆的圆弧。内凹轮廓的切削次序如图 4—9 所示，按 A、B、C 的顺序进行。

（2）循环起点的确定

循环起点的坐标值根据工件加工轮廓、精加工余量、退刀量等因素由系统自动计算，具体计算方法如图 4—10 所示。

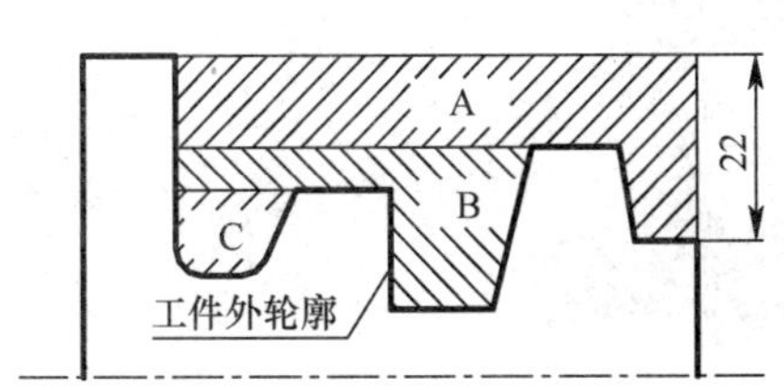

图 4—9 内凹轮廓的切削次序

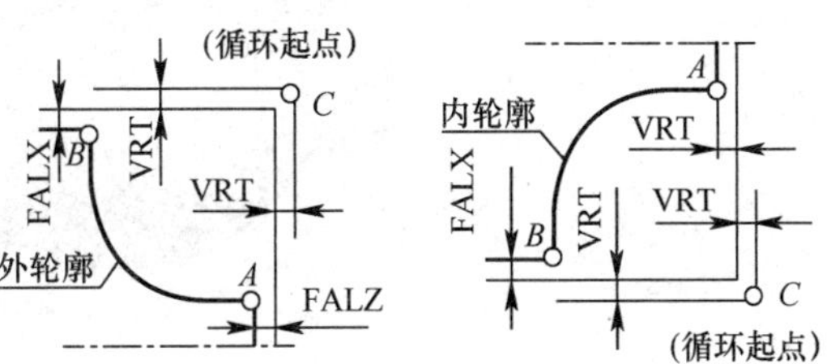

图 4—10 循环起点的计算

刀具定位及退刀至循环起点的方式有两种。粗加工时，刀具两轴同时返回循环起点。精加工时，刀具分别返回循环起点，且先返回刀具切削进刀轴。

（3）粗加工背吃刀量

参数 MID 定义的是粗加工最大可能的背吃刀量，实际切削时的背吃刀量由循环自动计算得出，且每次背吃刀量相等。计算时，系统根据最大可能的背吃刀量和待加工的总深度计算出总的进刀数，再根据进刀数和待加工的总深度计算出每次粗加工的背吃刀量。

例　如图 4—9 所示，A 部分的总切深量为 22 mm，参数 MID 中定义的值为 5 mm，则系统先计算出总的进刀数为 5 次。再计算出实际加工过程中的背吃刀量为 4.4 mm。

（4）精加工余量

在 802D 系统中，分别用参数 FALX、FALZ 和 FAL 定义 X 轴、Z 轴和根据轮廓确定的精加工余量，X 方向的精加工余量以半径值表示。

5. 编程实例

（1）应用纵向外部加工方式（VARI＝1/5/9）的编程实例

例　用纵向外部加工方式并按 SINUMERIK 802D 的规定编写图 4—11 所示工件（外圆已加工至 ϕ48 mm，材料为 45 钢）的加工程序。

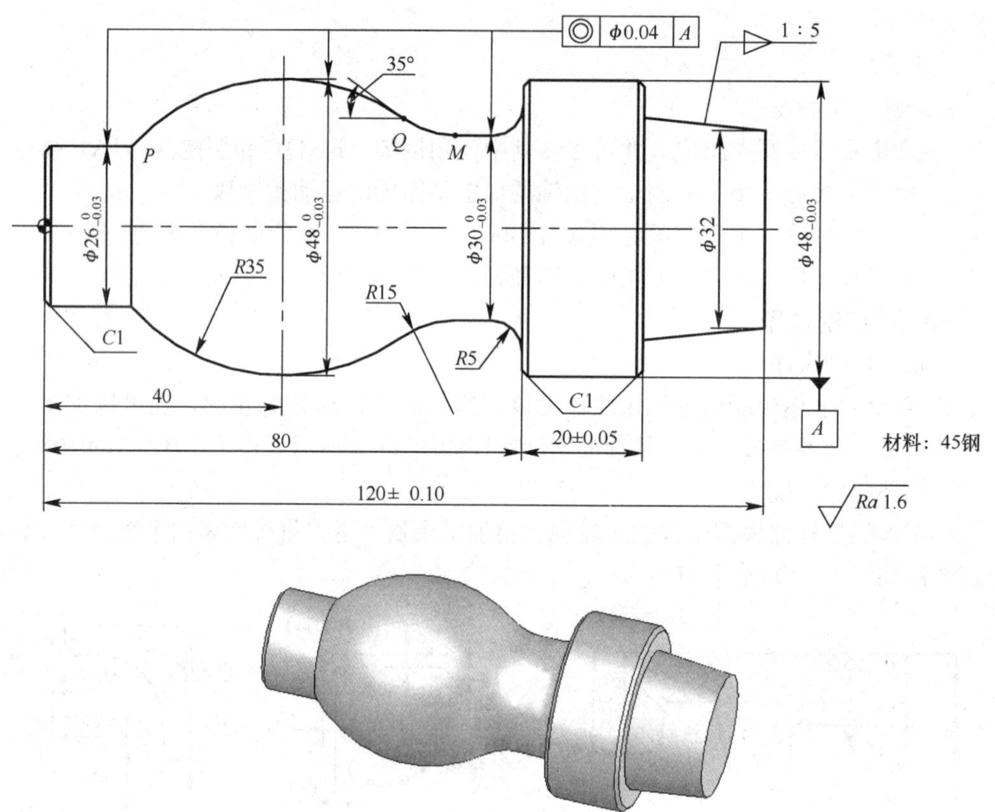

图 4—11　纵向外部加工方式的编程实例

本例工件以纵向外部综合加工方式（VARI＝9）进行加工，轮廓子程序为“BB401”和“BB402”，精加工余量为 0.2 mm，退刀量为 0.5 mm，粗加工进给量为 0.2 mm/r，精加工和内凹轮廓加工时的进给量为 0.1 mm/r。

```
AA401.MPF；
  G90 G95 G40 G71；                （程序初始化）
  T1D1；                           （换 1 号菱形刀片可转位车刀）
  M03 S600 F0.2；
  G00 X50 Z2；                     （刀具定位至循环起点）
  CYCLE95 ( “BB401”，1，0.05，0.2，，0.2，0.1，0.1，9，，，0.5)；
  G74 X0 Z0；                      （刀具返回参考点）
  M30；
BB401.SPF；                        （精加工右侧轮廓子程序）
  G00 X32；
  G01 Z0；
    X36 Z－20；
    X46；
    X48 Z－21；
    Z－45；
  G01 X52；
  RET；
BB402.SPF；                        （精加工左侧轮廓子程序）
  G42 G00 X24；                    （刀尖圆弧半径补偿）
  G01 Z0；
    X26 Z－1；
    Z－14.52；
  G03 X35.40 Z－60.03 CR＝35.0；
  G02 X30.0 Z－68.62 CR＝15.0；
  G01 Z－75.0；
  G02 X40.0 Z－80.0 CR＝5.0；
  G01 X46.0；
    X48.0 Z－81.0；
  G40 G01 X52.0；
  RET；
```

（2）应用纵向、横向内部加工方式（VARI＝3/7/11，VARI＝4/8/12）的编程实例

例 用纵向内部加工方式（VARI＝11）并按 SINUMERIK 802D 的规定编写图 4—12 所示工件（毛坯已钻出 ϕ18 mm 预孔）内轮廓的加工程序。

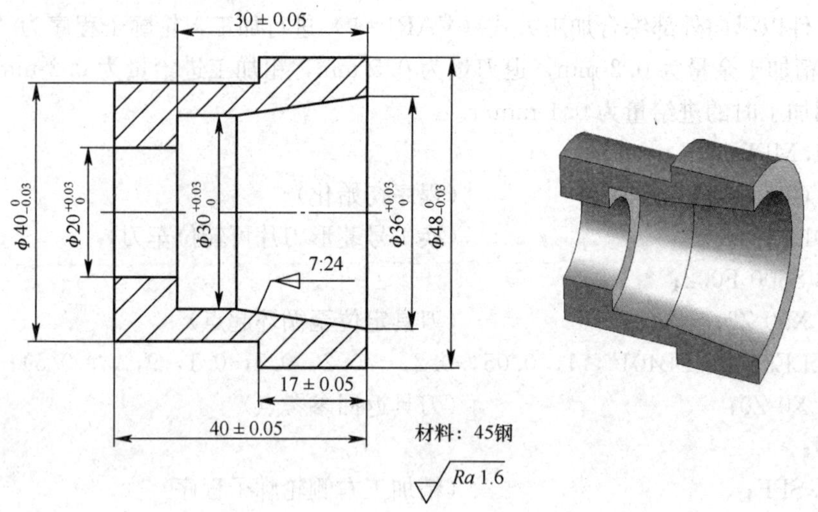

图 4—12 纵向内部加工方式的编程实例

```
AA402. MPF;
  G90 G95 G40 G71;                  (程序初始化)
  T1D1;                             (换 1 号内孔车刀)
  M03 S600 F0. 2;
  G00 X16 Z2;                       (刀具定位至循环起点)
  CYCLE95 ( "BB402", 1, 0.05, 0.2, , 0.2, 0.1, 0.1, 11, , , 0.5);
  G74 X0 Z0;                        (刀具返回参考点)
  M30;
BB402. SPF;                         (精加工轮廓子程序)
  G00 X36;                          (沿 X 向切深)
  G01 Z0;
    X24 Z-20. 57;
    Z-30;
    X20;
    Z-42;
    X18;
RET;
```

（3）应用横向加工方式（VARI=2/6/10，VARI=4/8/12）的编程实例

例 用横向加工方式并按 SINUMERIK 802D 的规定编写图 4—13 所示工件的加工程序。

加工本例工件的右侧轮廓时，采用横向外部加工方式进行加工，轮廓子程序为“BB403”；而加工本例工件的左侧轮廓时，先钻出预孔，再采用横向内部加工方式进行加工，轮廓子程序为“BB404”。

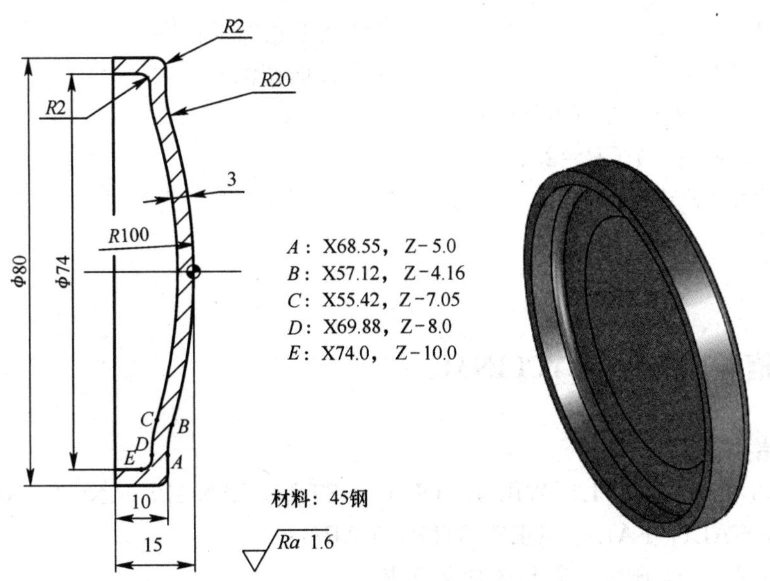

图 4—13　横向加工方式的编程实例

```
AA403. MPF;                                  (加工右侧轮廓)
  ⋮                                          (程序开始部分)
  G00 X82 Z1;                                (刀具定位至循环起点)
  CYCLE95 ("BB403", 1, 0.2, 0.05, , 0.2, 0.1, 0.1, 10, , , 0.5);
  G74 X0 Z0;                                 (刀具返回参考点)
  M30;
BB403. SPF;                                  (精加工轮廓子程序)
  G00 Z-7;                                   (沿 Z 向切深)
  G01 X80;
  G02 X76 Z-5 CR=2;
  G01 X68.55;
  G03 X57.12 Z-4.16 CR=20;
  G02 X0 Z0 CR=100;
  G01 Z1;
  RET;
AA404. MPF;                                  (加工左侧内轮廓)
  ⋮                                          (程序开始部分)
  G00 X0 Z1;                                 (刀具定位至循环起点)
  CYCLE95 ("BB404", 1, 0.2, 0.05, , 0.2, 0.1, 0.1, 12, , , 0.5);
  G74 X0 Z0;                                 (刀具返回参考点)
  M30;
```

```
BB404.SPF;                         （精加工轮廓子程序）
  G01 Z-12;                        （沿 Z 向切深）
  G02 X55.42 Z-7.95 CR=97;
  G03 X69.88 Z-7 CR=23;
  G02 X74.0 Z-5 CR=2;
  G01 Z1;
  RET;
```

二、切槽循环指令（CYCLE93）

1. 指令格式

CYCLE93（SPD，SPL，WIDG，DIAG，STA1，ANG1，ANG2，RCO1，RCO2，RCI1，RCI2，FAL1，FAL2，IDEP，DTB，VARI）;

各参数如图 4—14 所示，其具体含义见表 4—4。

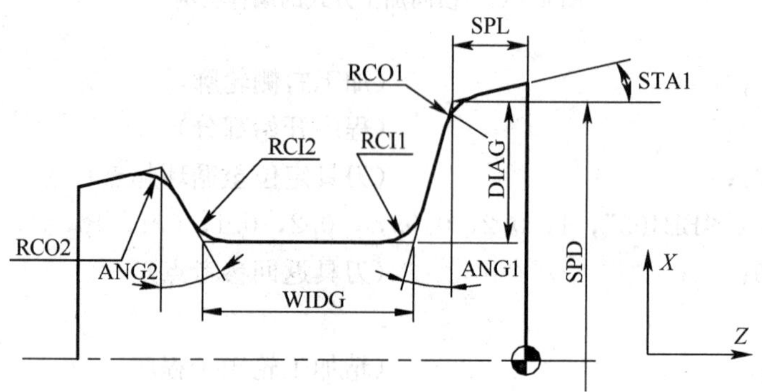

图 4—14 纵向切槽加工的参数

表 4—4 802D 系统 CYCLE93 参数及其含义

参数	含义
SPD	横向坐标轴起始点，直径值
SPL	纵向坐标轴起始点
WIDG	槽宽，无符号输入
DIAG	槽深，无符号输入，X 向为半径值
STA1	轮廓和纵向轴之间的角度，数值 0°～180°
ANG1	侧面角 1，在切槽一边，由起始点决定
ANG2	侧面角 2，在切槽另一边，数值 0°～89.999°
RCO1	半径/倒角 1，外部位于起始点决定的一边
RCO2	半径/倒角 2，外部位于起始点的另一边

续表

RCI1	半径/倒角 1，内部位于起始点决定的一边
RCI2	半径/倒角 2，内部位于起始点的另一边
FAL1	槽底面精加工余量
FAL2	槽侧面精加工余量
IDEP	背吃刀量，无符号输入，X 向为半径值
DTB	槽底停留时间
VARI	加工类型，数值 1～8 和 11～18

例 CYCLE93（50，－10.36，8，5，0，10，10，1，1，1，1，0.3，0.3，3，1，1）；

2. 加工方式与切削动作

切槽循环的加工方式用参数 VARI 表示，分成三类共 8 种：第一类为纵向或横向加工，第二类为内部或外部加工，第三类为起刀点位于槽左侧或右侧。这 8 种方式见表 4—5。

表 4—5　　切槽方式

数值	纵向/横向	外部/内部	起始点位置
1	纵向	外部	左侧
2	横向	外部	左侧
3	纵向	内部	左侧
4	横向	内部	左侧
5	纵向	外部	右侧
6	横向	外部	右侧
7	纵向	内部	右侧
8	横向	内部	右侧

（1）纵向与横向加工

1）纵向加工　纵向加工是指槽的深度方向为 X 方向、槽的宽度方向是 Z 方向的一种加工方式。以纵向外部槽为例，其切槽循环参数如图 4—14 所示，其加工动作如图 4—15 所示。

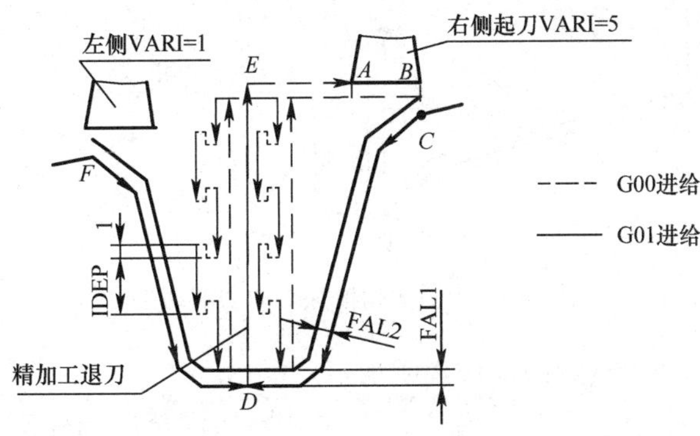

图 4—15　纵向切槽加工切削动作

纵向外部加工方式的刀具切削动作说明如下：

①刀具定位到循环起点后，沿深度方向（X 轴方向）切削，切入每次背吃刀量 IDEP 值后，回退 1 mm，再次切深，如此循环直至切深至距轮廓为 FAL1 值处，X 向快退至循环起点 X 坐标处。

②刀具沿 Z 方向平移，重复以上 X 向切削动作，如此循环直至 Z 方向切出槽宽。

③分别用刀尖（A 点和 B 点）对左、右槽侧各进行一次槽侧的粗切削，槽侧切削后各留 FAL2 值的精加工余量。

④用刀尖（B 点）沿轮廓 CD 进行精加工，并快速退回 E 点，然后用刀尖（A 点）沿轮廓 FD 进行精加工，并快速退回 E 点。

⑤退回循环起点，完成全部切槽动作。

2）横向加工　横向加工是指槽的深度方向为 Z 方向、槽的宽度方向是 X 方向的一种加工方式。以横向右侧槽为例，其切槽循环参数如图 4—16 所示，其加工动作如图 4—17 所示。

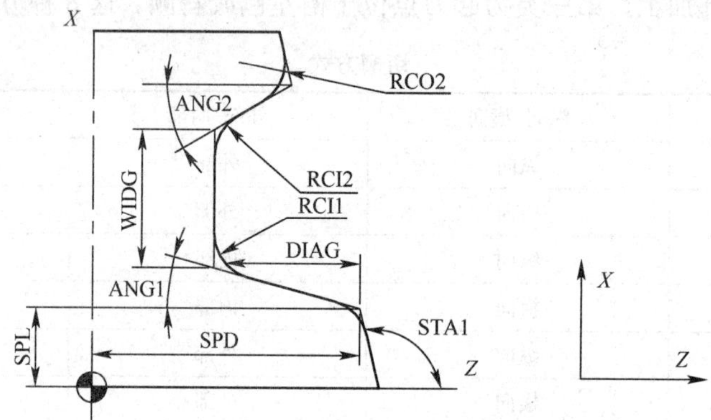

图 4—16　横向切槽加工的参数

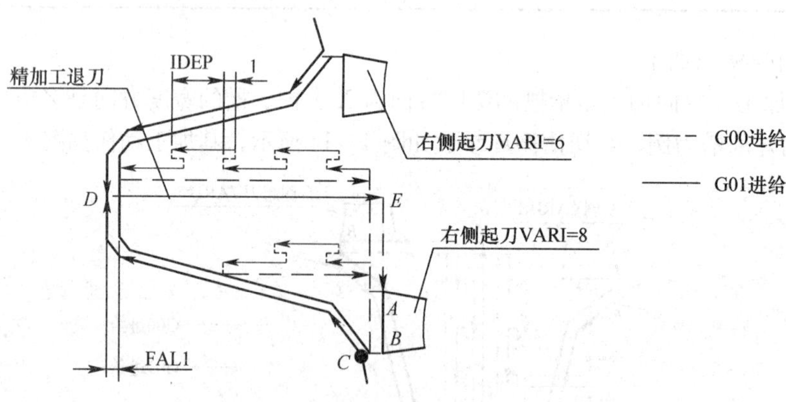

图 4—17　横向切槽加工的切削动作

横向右侧加工方式的刀具切削动作说明如下：

①刀具定位至循环起点，刀具先沿－Z 方向分层切深至距离轮廓 FAL1 指令值处，再沿＋Z 方向快速回退至循环起点 Z 坐标处。

②刀具沿 X 向平移，重复以上 Z 向切削动作，如此循环直至切出槽宽。

③粗切槽两侧，与纵向切槽相似。

④精切槽轮廓，与纵向切槽相似。

⑤退回循环起点，完成全部切槽动作。

（2）左侧与右侧

切槽循环加工类型中关于左侧起刀和右侧起刀的判断方法是：站在操作人员位置观察刀具，无论是纵向切槽还是横向切槽，当循环起点位于槽的右侧时，称为右侧起刀；反之称为左侧起刀。

（3）外部与内部

切槽循环加工类型中关于外部和内部的判断方法是：当刀具在 X 轴方向朝 $-X$ 方向切入时，均称为外部加工（图 4—18a、b、e、f）；反之，则称为内部加工（图 4—18c、d、g、h）。

加工类型的判断如图 4—18 所示。

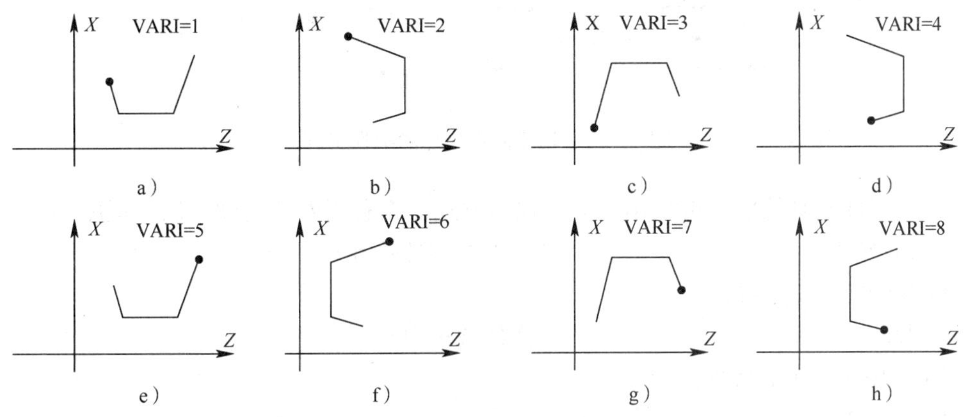

图 4—18　切槽加工类型的判断

• 为起刀点　a)、b)、e)、f) 外部加工　c)、d)、g)、h) 内部加工

3. 刀宽的设定

802D 系统的切槽循环中，没有用于设定刀具宽度的参数。实际所用刀具宽度是由系统通过该切槽刀的两个连续的刀沿号中设定的偏置值自动计算得出的。因此，在加工前，必须对切槽刀的两个刀尖进行对刀，并将对刀值设定在该刀具的连续两个刀沿号中。加工编程时，只需激活第一个刀沿号。

刀宽必须小于槽宽，否则会产生刀具宽度定义错误的报警。

4. 使用切槽循环编程时的注意事项

（1）参数 STA1 用于指定槽的斜线角，取值范围为 0°～180°，且始终用于纵向轴。

（2）参数 RCO 与 RCI 既可以指定倒圆，也可以指定倒角。当指定倒圆时，参数用正值表示；当指定倒角时，参数用负值表示。

（3）切槽加工中的刀具分层切深进给后，刀具回退量为 1 mm。

（4）在切槽加工过程中，经一次切深后刀具在左右方向的平移量是由系统根据刀具宽度和槽宽自行计算的，每次平移量在不大于 95%的刀宽基础上取较大值。

（5）参数 DTB 中设定的槽底停留时间，其最小值至少为主轴旋转一周的时间。

5. 编程实例

例　加工如图 4—19 所示工件，已知毛坯为 ϕ50 mm×52 mm 的圆钢，编写其加工程序。

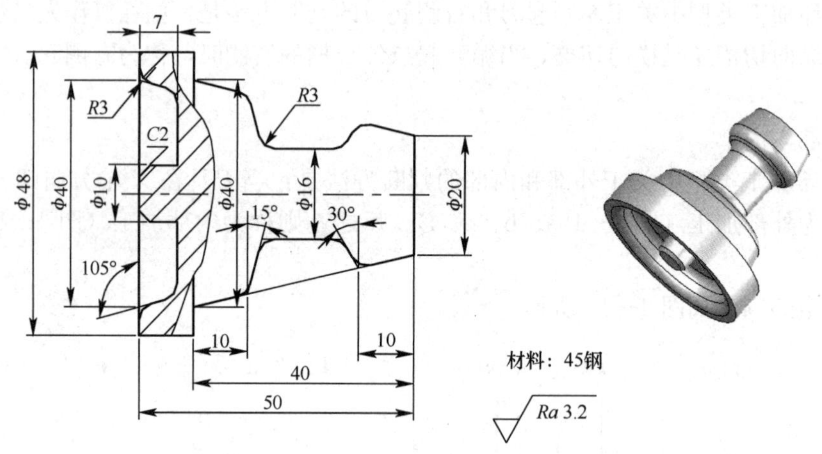

图 4—19　切槽固定循环的编程实例

先加工工件左侧轮廓，再采用一夹一顶的方式加工右侧外圆轮廓。加工程序如下：

```
AA415. MPF；                              (加工左侧外轮廓)
  G90 G95 G40 G71；
  T1D1；                                  (换外圆车刀)
  M03 S800 F0. 1 M08；
  G00 X52 Z2；
  G01 X48；                               (加工左端外圆)
    Z－20；
  G00 X100 Z100；
  T2D1；                                  (换端面切槽刀，刀宽为 3 mm)
  G00 X10 Z2；
  CYCLE93 (10，0，12.12，7，90，0，15，－2，0，3，3，0.2，0.3，3.0，1.0，8)；
  G74 X0 Z0；
  M30；
BB415. MPF；                              (加工右侧外轮廓)
  G90 G95 G40 G71；
  T1D1；                                  (换外圆车刀)
  M03 S800 F0. 1 M08；
  G00 X52 Z2；
```

```
CYCLE95 ("L415", 2, 0, 0.3, , 0.2, 0.2, 0.05, 9, , , 0.5);
G00 X100 Z100;
T3D1;                         (换外圆切槽刀，刀宽为 3 mm)
G00 X27 Z-10;
CYCLE93 (25, -10, 14.86, 4.5, 165.95, 30, 15, 3, 3, 3, 3, 0.2, 0.3, 3, 1, 5);
G74 X0 Z0;
M30;
L415.SPF;                     (加工右侧外轮廓子程序)
G01 X20 Z0;
  X40 Z-40;
  X52;
RET;
```

第三节　螺纹加工及其固定循环

在 SINUMERIK 802D 系统及其数控车床上，螺纹切削指令有 G33、G34、G35、CYCLE97 等。

一、数控车削普通螺纹的加工工艺

数控车削普通螺纹的加工工艺参阅第二章。

二、螺纹切削指令（G33、G34、G35）

1. 等螺距圆柱螺纹

（1）指令格式

G33 Z __ K __ SF __；

Z __——圆柱螺纹的终点坐标。

K __——圆柱螺纹的导程。如果是单线螺纹，则为螺距。

SF __——螺纹起始角。该值为不带小数点的非模态值，其单位为 0.001°。如果是单线螺纹，则该值不用指定并为 0。

例　G33 Z−30 K4；

（2）指令的运动轨迹及工艺说明

G33 等螺距圆柱螺纹指令的运动轨迹如图 4—20 所示。G33 指令的运动轨迹与 G01 指令的相似，刀具从 *B* 点以每转进给 1 个导程/螺距的速度切削至 *C* 点。该指令切削前的进刀和切削后的退刀都要通过其他移动指令来实现，如图中的 *AB*、*CD*、*DA* 三段轨迹。

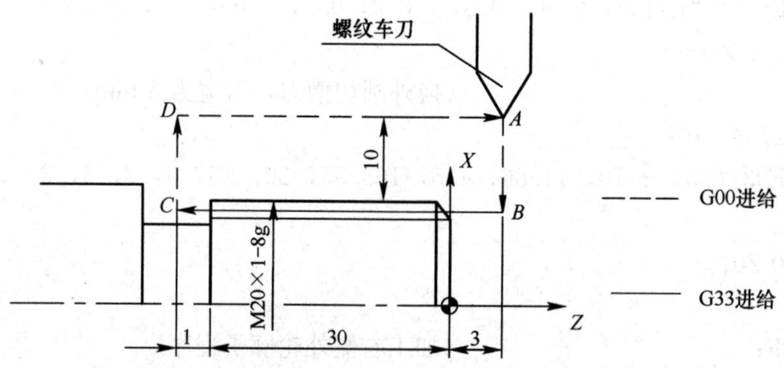

图 4—20　等螺距圆柱螺纹指令（G33）的运动轨迹

（3）编程实例

例　在后置刀架式数控车床上，用 G33 指令编写图 4—20 所示工件螺纹的加工程序。在螺纹加工前，其外圆已车至 ϕ19.85 mm，以保证大径的公差要求（取其中值）。

螺纹切削导入距离 δ_1 取 3 mm，导出距离 δ_2 取 1 mm。螺纹的总切深量为 1.3 mm（即编程小径为 18.7 mm），分三次切削，背吃刀量依次为 0.8 mm、0.4 mm 和 0.1 mm。

其加工程序如下：

```
AA318.MPF
  G90 G95 G40 G71;
  T1D1;              （车刀反装，前刀面向下）
  M03 S600;
  G00 X40 Z3;        （螺纹导入距离 δ1＝3）
  G91 X－20.8;
  G33 Z－34 K1;      （第 1 刀切削，背吃刀量为 0.8 mm）
  G00 X20.8;
    Z34;
    X－21.2;
  G33 Z－34 K1;      （背吃刀量为 0.4 mm）
  G00 X21.2;
    Z34;
    X－21.3;
  G33 Z－34 K1;      （背吃刀量为 0.1 mm）
  G00 X21.3;
    Z34;
  G90 G00 X100 Z100;
  M30;
```

例　在前置刀架式数控车床上，用 G33 指令编写图 4—20 所示双线螺纹（代号改成

M20×P_h2P1－LH）的加工程序。

```
AA319. MPF；
  ⋮
 T1D1；                    （车刀正装，前刀面向上）
 M03 S600；
 G00 X40 Z－33；           （从螺纹左侧起刀，向右走刀，导入距离δ1＝3）
     X19. 2；
 G33 Z1 K2 SF＝0；         （加工第一条螺旋线，螺纹起始角为 0°）
 G00 X40；
     Z－33；
     X18. 9；
 G33 Z1 K2 SF＝0；
 G00 X40；
     ⋮                     （至第一条螺旋线加工完成）
     X19. 2；
 G33 Z1 K2 SF＝180；       （加工第二条螺旋线，螺纹起始角为 180°）
 G00 X40；
     Z－33；
     ⋮                     （多刀重复切削至第二条螺旋线加工完成）
 M30；
```

2. 等螺距圆锥螺纹

（1）指令格式

G33 X＿ Z＿ K＿；或 G33 X＿ Z＿ I＿；

X＿ Z＿ ——圆锥螺纹的终点坐标。

K＿——圆锥螺纹 Z 向导程，其锥角小于 45°，即 Z 轴位移较大。

I＿——圆锥螺纹 X 向导程，其锥角大于 45°，即 X 轴位移较大。

例 G33 X30 Z－30 K4；

G33 X30 Z－30 I4；

（2）指令的运动轨迹及工艺说明

G33 等螺距圆锥螺纹指令的运动轨迹与 G33 等螺距圆柱螺纹指令的运动轨迹相似，如图 4—21 所示。

加工圆锥螺纹时，要特别注意螺纹切削的起点与终点坐标，以保证圆锥螺纹的锥度。

圆锥螺纹在 X 向、Z 向各有不同的导程，指令螺距 K 或 I 的取值以两者中的较大值为准。

（3）编程实例

例 用 G33 指令编写图 4—21 所示工件的螺纹（F_Z＝2. 5 mm）加工程序。

经计算，圆锥螺纹牙顶在 B 点处的坐标为（18. 0，6. 0）；在 C 点处的坐标为（30. 5，－31. 5）。

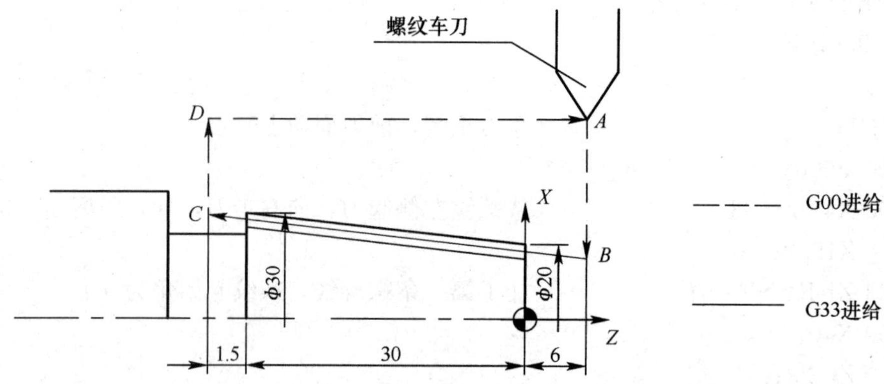

图 4—21　等螺距圆锥螺纹指令（G33）的运动轨迹

其加工程序如下：

```
AA320. MPF；
      ⋮
G00 X16. 7 Z6；            （导入距离δ1＝6 mm）
G33 X29. 2 Z－31. 5 K2. 5；（螺纹第一刀切削，背吃刀量为 1. 3 mm）
G00 X40；
    Z3；
    X16. 0 Z6；
G33 X28. 5 Z－31. 5 K2. 5；（螺纹第二刀切削，背吃刀量为 0. 7 mm）
      ⋮
```

3. G33 指令加工其他螺纹

G33 指令除了可以加工等螺距圆柱螺纹、圆锥螺纹外，还可以加工以下几种螺纹。

（1）多线螺纹

编制多线螺纹的加工程序时，只要用地址“SF＝”指定主轴转一个螺距的信号与螺纹切削起点的偏移角度。

（2）左旋螺纹和右旋螺纹

加工左旋螺纹或右旋螺纹可由主轴旋转方向（M3 和 M4）确定，还可在不改变旋转方向的条件下，通过改变刀具的进给方向确定。具体采用何种方式，应根据图样上的轮廓（如有无退刀槽等）而定。

（3）端面螺纹

端面螺纹的指令格式为：G33 X _ I _；

X _——端面螺纹的终点坐标；

I _——端面螺纹的导程/螺距。

（4）连续螺纹切削

多段连续螺纹之间的过渡可以通过连续路径方式指令“G64”来自动实现。如果多个螺纹连续编程，则起点偏移只有在第一个螺纹段才有效，也只有在这里才能使用此参数。

例 三段不同螺距的等螺距圆柱连续螺纹的编程如下：

G64 G33 Z20 K1 SF0；（第一段为螺距 1 mm 的等螺距圆柱螺纹）

Z50 K1.5；（第二段为螺距 1.5 mm 的等螺距圆柱螺纹）

Z85 K2；（第三段为螺距 2 mm 的等螺距圆柱螺纹）

4. 变螺距螺纹

（1）指令格式

G34 Z＿ K＿ F＿；（增螺距圆柱螺纹）

G35 X＿ I＿ F＿；（减螺距端面螺纹）

G35 X＿ Z＿ K＿ F＿；（减螺距圆锥螺纹）

I＿、K＿——起始处螺距。

F＿——主轴每转螺距的增量或减量。

其余参数与 G33 指令参数相同。

G34 为增螺距螺纹指令，G35 为减螺距螺纹指令。

例 G34 Z−30 K4 F0.1；

（2）指令的运动轨迹及工艺说明

除每转螺距有增量（减量）外，其余动作和轨迹与 G33 指令相同。

5. 使用螺纹切削指令（G33、G34、G35）时的注意事项

（1）在螺纹切削过程中，进给速度倍率功能无效。

（2）在螺纹切削过程中，循环暂停功能无效。如果在螺纹切削过程中按下了循环暂停按钮，刀具将在执行了非螺纹切削的程序段后停止。

（3）在螺纹切削过程中，主轴速度倍率功能无效。

（4）在螺纹切削过程中，不应使用恒线速度控制，而应采用合适的恒转速控制。

三、螺纹切削循环指令（CYCLE97）

螺纹切削循环指令可以方便地车出各种圆柱或圆锥内、外螺纹，并且既能加工单线螺纹也能加工多线螺纹。在切削过程中，其每一刀的背吃刀量可由系统自动设定。

1. 指令格式

CYCLE97（PIT，MPIT，SPL，FPL，DM1，DM2，APP，POP，TDEP，FAL，IANG，NSP，NRC，NID，VARI，NUMT）；

螺纹切削循环的参数如图 4—22 所示，具体含义见表 4—6。

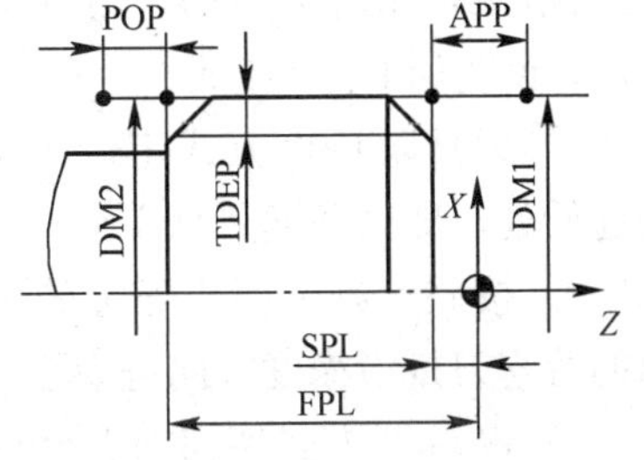

图 4—22 螺纹切削循环的参数

表 4—6　　802D 系统 CYCLE97 参数及其含义

参数	含义
PIT	螺距作为数值，无符号输入
MPIT	螺纹尺寸来表示螺距（如 M10 的螺距为 1.5），M3～M60
SPL	螺纹起始点的纵坐标
FPL	螺纹终点的纵坐标
DM1	起始点的螺纹直径
DM2	终点的螺纹直径
APP	空刀导入量，无符号输入
POP	空刀导出量，无符号输入
TDEP	螺纹深度，无符号输入
FAL	精加工余量，半径量，无符号输入
IANG	切入进给角。“＋”表示沿侧面进给，“－”表示交错进给
NSP	首牙螺纹的起始点偏移，无符号角度值
NRC	粗加工切削数量，无符号输入
NID	停顿时间，无符号输入
VARI	螺纹加工类型，数值 1～4
NUMT	螺纹线数，无符号输入

例　CYCLE97（6，，0，－36，35.7，35.7，6，6，3.5，0.05，－15，0，20，1，3，1）；

在该例中，每个数字表示的意义可与指令格式中的代号一一对应，如果格式中的“，”前无数值，则表示该数值可省略，但是“，”不能省略。

2. 指令的运动轨迹及工艺说明

（1）运动轨迹

执行螺纹切削循环时，刀具切削的运动轨迹如图 4—23 所示，说明如下：

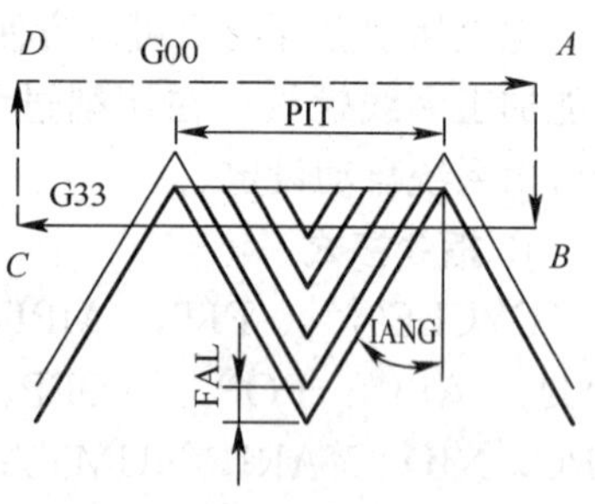

图 4—23　螺纹切削循环指令（CYCLE97）的运动轨迹

1）刀具以 G00 方式定位至第一条螺纹线空刀导入量的起始处，即循环起点（A 点）处。

2）按照参数 VARI 确定的加工方式，根据系统计算出的背吃刀量沿深度方向进刀至 B 点处。

3）以 G33 方式切削加工至空刀退出终点 C 处。

4）退刀（图中轨迹 CD、DA）至循环起点。

5）根据指令的粗切削次数，重复以上动作，分多刀粗车螺纹。

6）以 G33 方式精车螺纹。

（2）加工方式

CYCLE97 的加工方式用参数 VARI 表示，该参数不仅确定了螺纹的加工类型，还确定了螺纹背吃刀量的定义方法。参数 VARI 的值为 1～4，其值的含义见表 4—7。

表 4—7　　802D 系统 CYCLE97 指令参数 VARI 规定的螺纹加工类型

加工类型	外部/内部	进给方式
1	外部	恒定背吃刀量进给
2	内部	恒定背吃刀量进给
3	外部	恒定切削截面积进给
4	内部	恒定切削截面积进给

1）内部与外部方式　内部方式即指内螺纹的加工，外部方式即指外螺纹的加工。

图 4—24a 直进法

2）恒定背吃刀量进给和恒定切削截面积进给方式　恒定背吃刀量进给方式如图 4—24a 所示。此时，螺纹切入角参数 IANG 的值为 0，刀具以直进法进刀。螺纹粗加工时，每次背吃刀量相等，其值由参数 TDEP、FAL 和 NRC 确定，计算式如下：

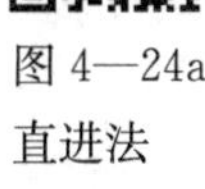
图 4—24b 斜进法

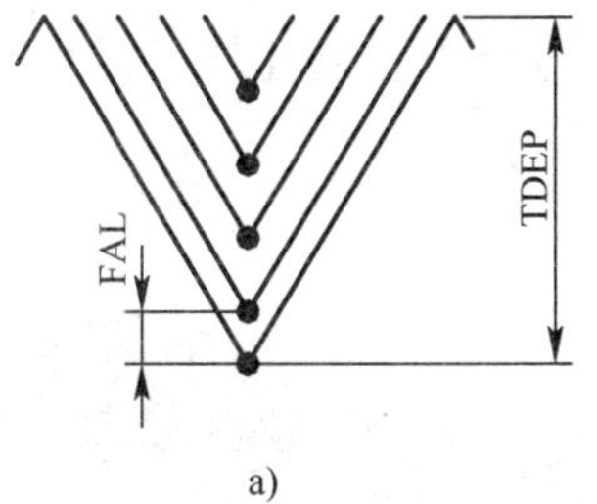

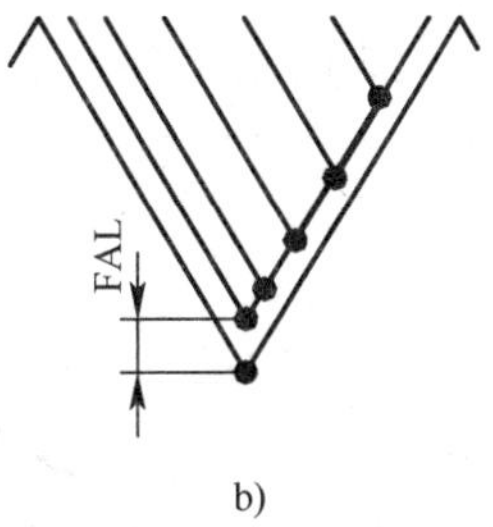

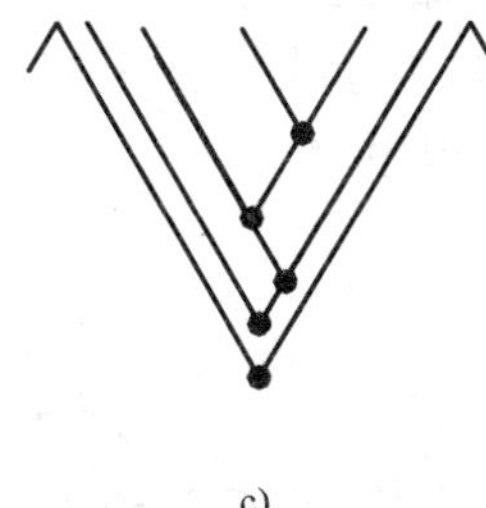

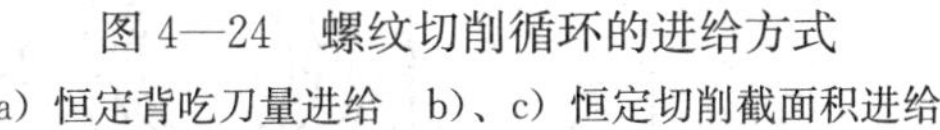
图 4—24　螺纹切削循环的进给方式
a）恒定背吃刀量进给　b）、c）恒定切削截面积进给

图 4—24c 交错

$$a_p = (\text{TDEP} - \text{FAL})/\text{NRC}$$

式中　a_p——粗加工每次背吃刀量。

TDEP——螺纹总切深量。

FAL——螺纹精加工余量。

NRC——螺纹粗切削次数。

恒定切削截面积进给方式如图 4—24b、c 所示，螺纹切入角参数 IANG 的值不为 0。此时，刀具的进刀方式有两种：一种是当参数 IANG 值为正值时，刀具始终沿牙型同一侧面（即斜向）进刀，如图 4—24b 所示；另一种是当参数 IANG 值为负值时，刀具分别沿牙型两侧交错进刀，如图 4—24c 所示。采用恒定切削截面积进给方式进行螺纹粗加工时，背吃刀量按递减规律自动分配，并使每次切除表面的截面积近似相等。

（3）螺纹加工的空刀导入量和空刀导出量

空刀导入量用参数 APP 表示，该值一般取 $2P$～$3P$（螺距）。空刀导出量用参数 POP 表示，该值一般取 P～$2P$。

（4）螺距的确定

螺纹的螺距可用两种方法表示。一种是用参数 PIT 表示实际螺距数值的大小；另一种是用参数 MPIT 表示螺纹公称直径的大小，其螺距的大小则由普通粗牙螺纹的尺寸确定。例如，当 MPIT=10 时，虽在 PIT 中不能输入数据，但其实际值为 1.5。在实际设定时，只能设定其中的一个参数。

3. 使用螺纹切削循环指令（CYCLE97）时的注意事项

（1）螺纹切削循环的进刀方式如果采用直进法，因为在螺纹切削循环中每次的背吃刀量均相等，随着切削深度的增加，切削面积将越来越大，切削力也越来越大，容易产生“扎刀”现象。所以，应根据实际情况选择适当的 VARI 参数。

（2）循环开始时刀具所到达的位置可以是任意位置。但是，应保证刀具在螺纹切削完毕退回到该位置时，不发生任何碰撞。

（3）在使用 G33、G34、G35 时的注意事项在这里仍然有效。

（4）使用 CYCLE97 编程时，应注意 DM 参数与 TDEP 参数是相互关联的。以加工普通外螺纹为例，当 DM 取其基本直径时，则 TDEP 取推荐值 $1.3P$。

4. 编程实例

例 在数控车床上加工如图 4—25 所示工件（毛坯为六方外形且内孔均已成形），编写其加工程序。

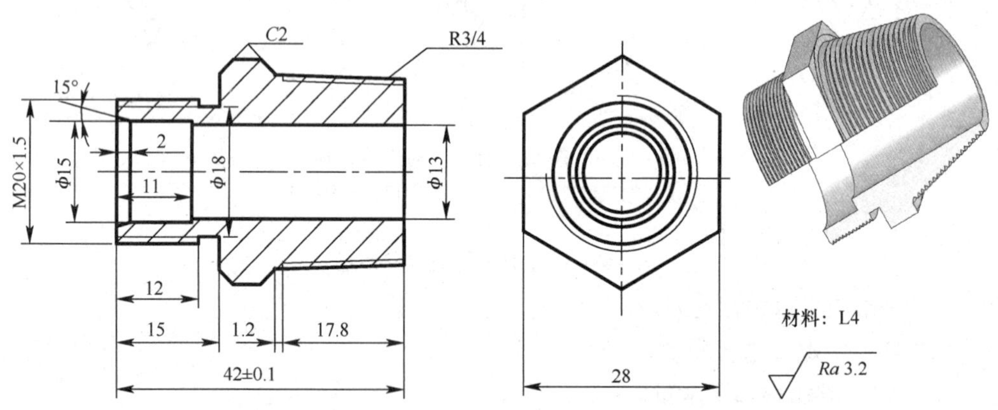

图 4—25 螺纹切削固定循环的编程实例一

右端圆锥螺纹的螺纹牙型角为 55°，牙高为 1.162 mm，圆锥的锥度为 1∶16（3.58°）。经计算，圆锥端面处（圆锥小端）的直径为 25.85 mm，圆锥大端直径为 27.03 mm，螺纹大端处的大径为 26.96 mm，Z 方向的螺距为 1.814 mm。先加工左端内、外轮廓，再以工艺内螺纹装夹后加工右端管螺纹。其加工程序如下：

```
AA419.MPF；                          （加工左端轮廓主程序）
  G90 G95 G40 G71；
  T1D1；                             （换外圆车刀）
  M03 S800 F0.1 M08；
  G00 X34.0 Z2.0；
  ⋮                                  （用 CYCLE95 指令加工左端内、外轮廓）
  G00 X100.0 Z100.0；
  T4D1；                             （换外螺纹车刀）
  G00 X22.0 Z2.0 S600；
  CYCLE97（1.5，，0，－12.0，20.0，20.0，2.0，2.0，0.975，0.05，30.0，，6，
1.0，3，1)；
  G00 X32.0；
  G74 X0 Z0；
  M30；
BB419.MPF；                          （加工右端外轮廓主程序）
  G90 G95 G40 G71；
  T1D1；                             （换外圆车刀）
  M03 S800 F0.1 M08；
  G00 X34.0 Z2.0；
  CYCLE95（“CC419”，2.0，0，0.3，，0.2，0.2，0.05，9，，，0.5)；
  G00 X100.0 Z100.0；
  T4D1；                             （工件掉头时，4 号刀位换上管螺纹车刀）
  G00 X27.0 Z2.0 S600；
  CYCLE97（1.814，，0，－17.8，25.85，26.96，2.0，0，1.162，0.05，27.5，，
10，1.0，3，1)；
  G74 X0 Z0；
  M30；
CC419.SPF；                          （加工右端外轮廓子程序）
  G00 X25.85；
  G01 Z0；
    X27.03 Z－19.0；
    X28.33；
    X32.33 Z－21.0；
    X34.0；
    RET；
```

例 在数控车床上加工如图 4—26 所示工件工件的内孔、外圆已加工完毕。编写工件螺纹的加工程序。

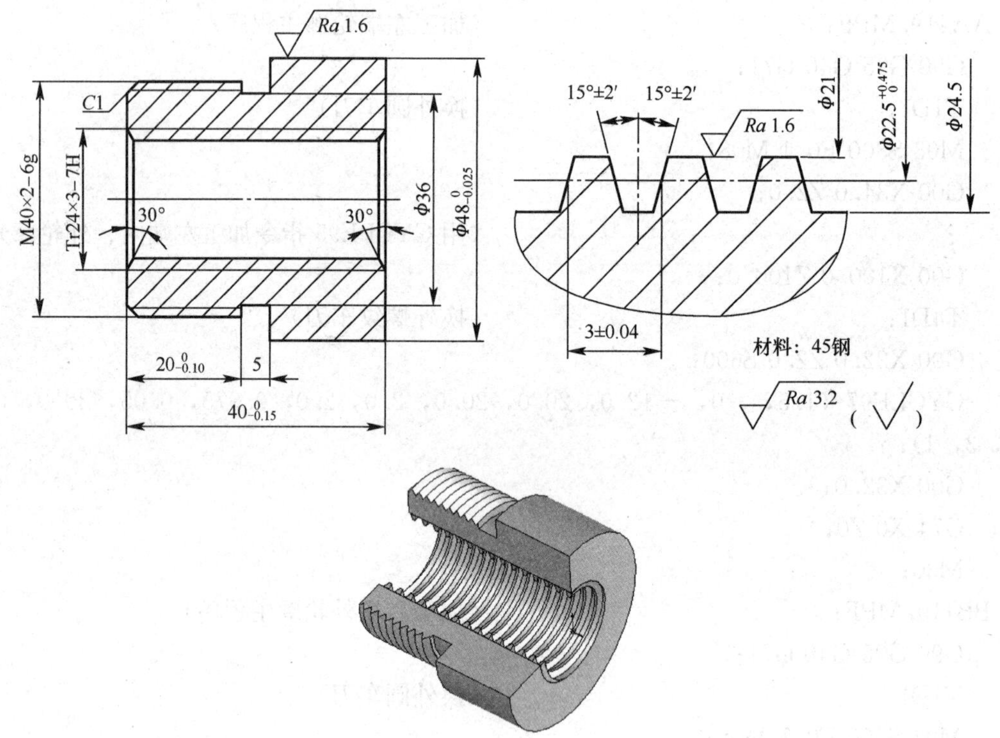

图 4—26 螺纹切削固定循环编程实例二

加工梯形螺纹时，通常编写单独的螺纹加工程序，以便螺纹一次切削后 Z 向偏移一个距离，再进行螺纹二次切削。另外，加工梯形螺纹时，最好选用两侧依次进刀的方式进行切削。本例工件的螺纹加工程序如下：

```
AA420. MPF;                    (外螺纹加工程序)
  G90 G95 G40 G71;
  T3D1;                        (换外螺纹车刀)
  M03 S600 F0.1 M08;
  G00 X42 Z3;
  CYCLE97 (2, , 0, −20, 40, 40, 3, 2, 1.3, 0.05, 30, 0, 6, 1, 3, 1);
  G74 X0 Z0;
  M30;
BB420. MPF;                    (内梯形螺纹加工程序)
  G90 G95 G40 G71;
  T4D1;                        (换内梯形螺纹车刀)
  M03 S400 F0.1 M08;
  G00 X21.0 Z6.0;
  CYCLE97 (3, , 0, −45, 21, 21, 6, 3, 1.75, 0.05, 15, 0, 20, 1, 4, 1);
```

```
G74 X0 Z0;
M30;
```

四、外轮廓加工综合编程实例

例 如图 4—27 所示工件，毛坯为 ϕ32 mm×82 mm 的圆钢，编写其数控车加工程序。

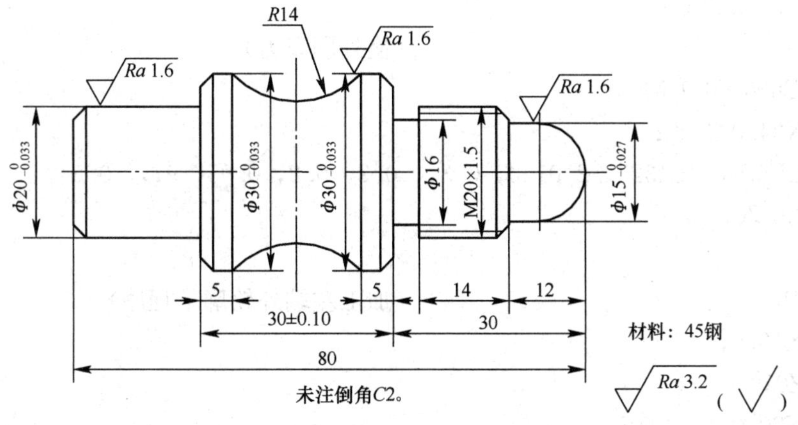

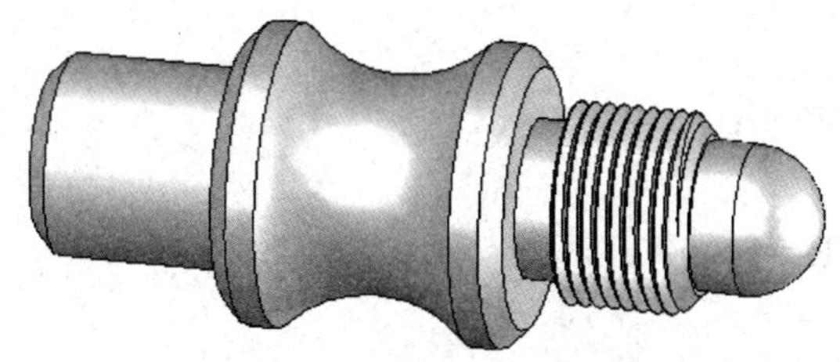

图 4—27 外轮廓加工综合编程实例

1. 选择机床与夹具

选择 SINUMEIRK 802D 系统、前置刀架式数控车床，夹具采用通用夹具三爪自定心卡盘，编程原点分别设在工件左、右端面与主轴轴线相交的交点上。

2. 加工步骤

（1）用 CYCLE95 指令加工左端外形轮廓（包括内凹圆弧）。

（2）掉头后，手动车削端面，以保证总长，并进行对刀。

（3）用 CYCLE95 指令加工右端外形轮廓。

（4）用 CYCLE93 指令加工外螺纹退刀槽。

（5）用 CYCLE97 指令加工外螺纹。

3. 基点计算（略）

4. 选择刀具与切削用量

（1）1 号刀为 90°外圆车刀。切削用量：粗车时，参数为 S800、F0. 2、a_p1. 5 mm；精车时参数为 F0.1、a_p0.5 mm。

（2）2 号刀切槽刀，刀宽为 3 mm。切削用量为 S500、F0.1。

（3）3 号刀为普通外螺纹车刀。切削用量为 S400、F1.5。

以上刀具材料均为硬质合金。

5. 编写加工程序

```
AA432.MPF;                              (加工左端外轮廓主程序)
  G90 G95 G40 G71;
  T1D1;                                 (换外圆车刀)
  M03 S800 F0.1 M08;
  G00 X34.0 Z2.0;
  CYCLE95 ("L432", 2.0, 0, 0.3,, 0.2, 0.2, 0.05, 9,,, 0.5);
  G74 X0 Z0;
  M30;
L432.SPF;                               (加工左端外轮廓子程序)
  G01 X16.0;
      Z0;
      X20.0 Z-2.0;
      Z-20.0;
      X26.0;
      X30.0 Z-22.0;
      Z-25.0;
  G02 Z-45.0 CR=14.0;
  G01 Z-50.0;
      X34.0;
  RET;
  BB432.MPF;                            (加工右端外轮廓主程序)
      G90 G95 G40 G71;
      T1D1;                             (换外圆车刀)
      M03 S800 F0.1 M08;
      G00 X34.0 Z2.0;
      CYCLE95 ("CC432", 2.0, 0, 0.3,, 0.2, 0.2, 0.05, 9,,, 0.5);
      G00 X100.0 Z100.0;
      T2D1 S600;                        (换外切槽刀，刀宽为 3 mm)
      G00 X22.0 Z-29.0;
      CYCLE93 (20.0, -26.0, 4.0, 2.0, 0, 0, 0, 0, 0, 0, 0.2, 0.3, 2.0, 1.0, 5);
      G00 X100.0 Z100.0;
      T3D1;                             (换外螺纹车刀)
```

```
        G00 X22.0 Z－10.0；
        CYCLE97 (1.5,, －12.0, －26.0, 20.0, 20.0, 2.0, 2.0, 0.975, 0.05, 30.0,, 6, 1.0, 3, 1)；
        G74 X0 Z0；
        M30；
CC432.SPF；                          （加工右端外轮廓子程序）
    G01 X0；
        Z0；
    G03 X15.0 Z－7.5 CR=7.5；
    G01 Z－12.0；
        X15.8；
        X19.8 Z－14.0；
        Z－30.0；
        X26.0；
        X30.0 Z－32.0；
        X34.0；
RET；
```

第四节　子　程　序

一、西门子数控系统中的子程序命名规则

西门子数控系统规定，程序名由文件名和文件扩展名组成。

文件名可以由字母或字母＋数字组成。文件扩展名有两种，即“.MPF”和“.SPF”。其中“.MPF”表示主程序，如“AA123.MPF”；“.SPF”表示子程序，如“L123.SPF”。文件名命名规则如下：

1. 以字母、数字或下划线来命名文件名，字符间不能有分隔符，且最多不能超过 8 个字符。另外，程序名开始的两个符号必须是字母，如“SHENG123”“AA12”等。该命名规则同时适用主程序和子程序文件名的命名，如果省略其后缀，则默认为“.MPF”。

2. 以地址“L”加数字来命名程序名，L 后的值可有 7 位，且 L 后的每个零都有具体意义，不能省略，如 L123 不同于 L00123。该命名规则亦同时适用主程序和子程序文件名的命名，如果省略其后缀，则默认为“.SPF”。

二、子程序的嵌套

当主程序调用子程序时，该子程序被认为是一级子程序。在 SINUMERIK 802D 系统中，子程序可有四级程序界面（即三级嵌套），如图 4—28 所示。

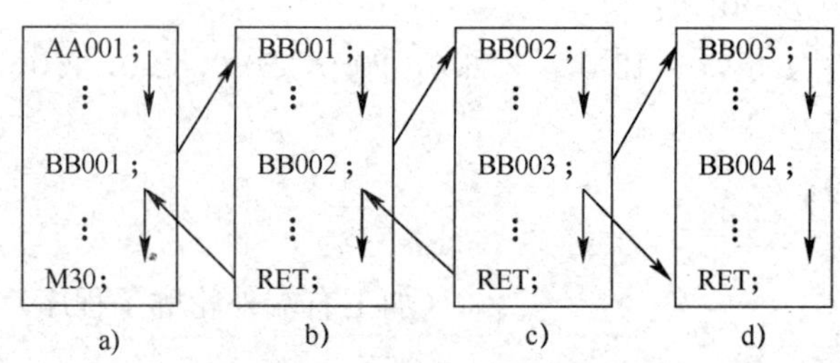

图 4—28 子程序的嵌套

a）主程序 b）一级嵌套 c）二级嵌套 d）三级嵌套

三、子程序的调用

1. 子程序的格式

在 SIEMENS 系统中，子程序除程序后缀名和程序结束指令与主程序不同外，在内容和结构上与主程序并无本质区别。

子程序的结束标记通常使用辅助功能指令 M17 表示。在 SIEMENS 数控系统（如 SINUMERIK 802D/ C/ S 、810D、840D）中，子程序的结束标记除可采用 M17 外，还可以使用 M02、RET 等指令进行表示。子程序的格式如下：

L456；(子程序名)

⋮

RET；(子程序结束并返回主程序)

RET 要求单独占用一个程序段。另外，当使用 RET 指令结束子程序并返回主程序时，不会中断 G64 连续路径运行方式；而用 M02 指令结束子程序时，则会中断 G64 运行方式，并进入停止状态。

2. 子程序的调用指令

L×××× P×××；或×××× P×××；

L——给定子程序名。

P——指定循环次数。

例 N10 L785 P2；(调用子程序“L785”2 次)

例 SS11 P5；(表示调用子程序“SS11”5 次)

子程序的执行过程如下：

AA456. MPF；

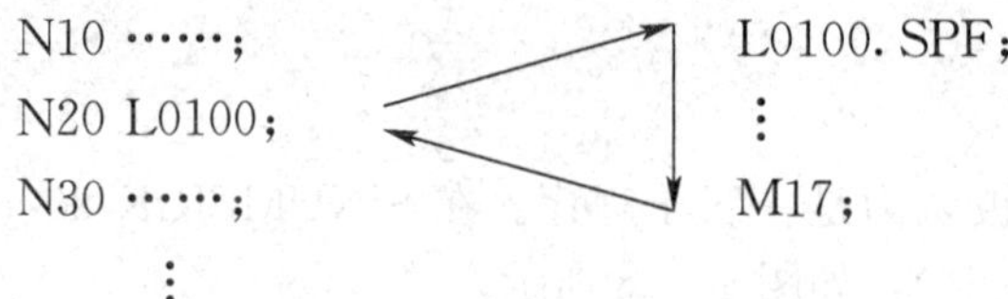

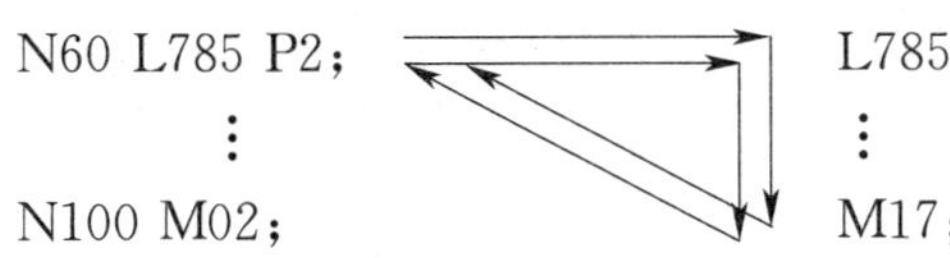

3. 子程序调用时的注意事项

子程序调用时的注意事项参阅第二章第五节。

四、子程序调用编程实例

例　用子程序调用的方式编写图 4—29 所示手柄外沟槽的加工程序。假设切槽刀刀宽为2 mm，左刀尖为刀位点。

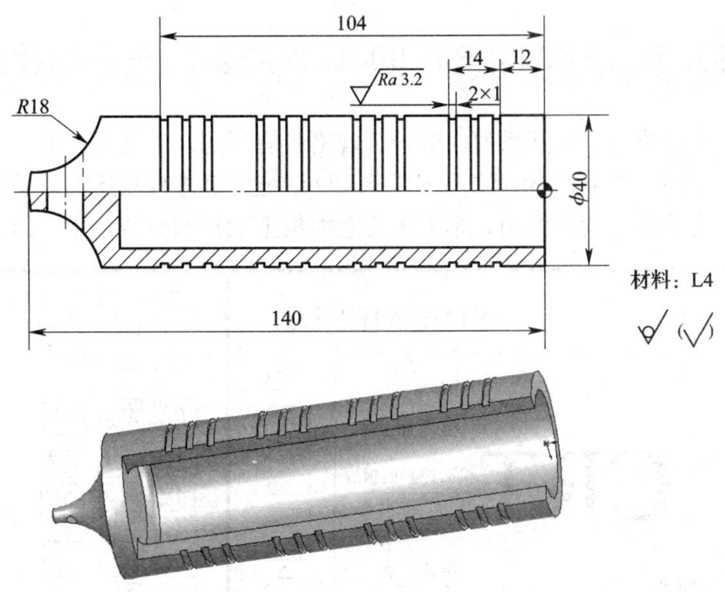

图 4—29　子程序调用编程实例

```
AA301. MPF；                    （主程序）
  G90 G95 G40 G71；
  T1D1；
  M03 S500 F0. 2；
  G00 X41 Z—104；
  BB302 P4；                    （调用子程序 4 次）
  G90 G00 X100 Z100；
  M30；

BB302. SPF；                    （子程序）
BB303 P3；                      （子程序一级嵌套）
```

```
  G01 Z8;
  RET;

BB303.SPF;                    (二级子程序)
  G91 G01 X-3;
          X3;
          Z6;
  RET;
```

子程序的另一种形式就是本章第二节、第三节所述的加工循环，如毛坯切削循环、切槽循环、螺纹切削循环等，这里不再赘述。

第五节　SINUMERIK 802D 系统及其车床的操作

在 SIEMENS 系统中，因其系列、型号、规格各有不同，在使用功能、操作方法和面板设置上，也不尽相同。本节以 SINUMERIK 802D 系统为例进行叙述。该系统机床总面板如图 4—30 所示。为了便于读者使用，本书中将总面板上的按钮分成以下三组。

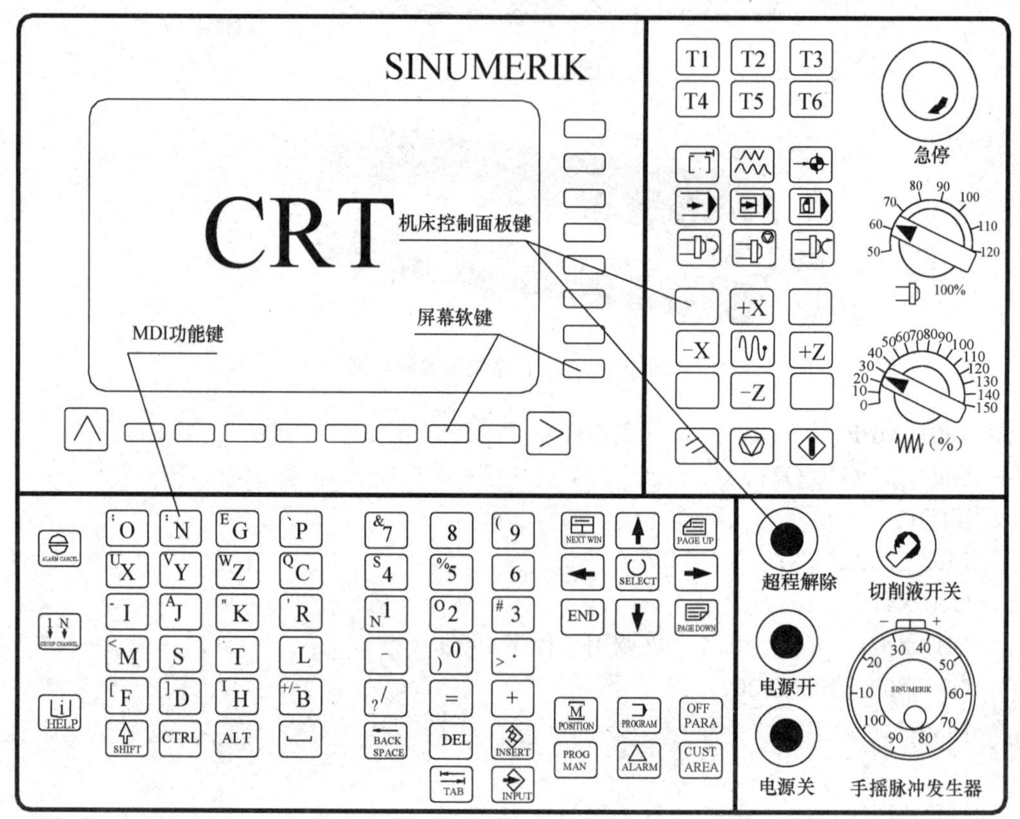

图 4—30　使用 SINUMERIK 802D 系统的数控车床总面板

（1）机床控制面板按钮：用加“ ”的字母或文字表示，如“电源开”等。

（2）系统操作面板上的 MDI 功能键：用加[ ]的字母或文字表示，如[SELECT]等。

（3）CRT 屏幕软键：用加［ ］的文字表示，如［程序］等。

一、数控系统控制面板按钮键及功能介绍

1. 机床控制面板按钮及其功能（表 4—8）

2. 数控系统 MDI 功能键

数控系统 MDI 功能键位于机床面板 CRT 显示器的下方，其功能具体见表 4—9。

表 4—8 SINUMERIK 802D 系统机床控制面板按钮及其功能

名 称	图 例	功 能
机床总电源开关	OFF ON	一般位于机床的电气柜上。置于“ON”位时，总电源接通；置于“OFF”位时，总电源断开
系统电源开关	电源开 电源关	按下“电源开”按钮，向机床润滑系统、冷却系统、电气系统等及数控系统供电；按下“电源关”，机床润滑系统、冷却系统、电气系统及数控系统断电
紧急停止	急停	当出现紧急情况而按下急停按钮时，在屏幕上出现“EMG”字样，机床报警指示灯亮
超程解除	超程解除	当机床出现超程报警时，按下“超程解除”按钮不松开，可使超程轴的限位挡块松开，然后用手摇脉冲发生器反向移动该轴，从而解除超程报警
模式选择按钮	VAR JOG REF AUTO SBK MDI	“VAR”模式：用于点动进给操作。反复按该键，使机床在“手动”与“点动”之间切换 “JOG”模式：在该模式下可进行手动切削进给、手动快速进给、程序编辑、对刀等操作 “REF”模式：该模式下可进行回参考点操作 “AUTO”模式：自动运行加工操作 “SBK”模式：自动运行模式下的单段运行 “MDI”模式：数据（如参数）手动输入的操作 以上模式选择按钮除“SBK”与“AUTO”可复选外，其余按钮均为单选按钮，只能选择其中的一个

续表

名　称	图　例	功　能
主轴倍率旋钮	50 60 70 80 90 100 110 120 100%	在主轴旋转过程中，可以通过主轴倍率旋钮对主轴转速进行 50%～120% 的无级变速。同样，在执行程序过程中，也可对程序中指定的转速 S 进行调节
进给倍率旋钮	0 10 20 30 40 50 60 70 80 90 100 110 120 130 140 150 (%)	在手动连续进给中，可以通过进给倍率旋钮对进给速度进行调节，范围为 0%～150%。同样，在执行程序过程中，也可对程序中指定的进给速度进行调节
主轴功能	CW STOP CCW	CW：主轴正转按钮 CCW：主轴反转按钮 STOP：主轴停转按钮 以上按钮仅在“JOG”或“REF”模式下有效
“JOG”进给及其进给方向	+X –Z +Z –X	“JOG”模式下，按下指定的轴向按钮不松开，即可指令刀具沿指定轴的方向进行手动连续慢速进给。进给速率可通过进给速度倍率旋钮进行调节 按下中间位置的快速移动按钮，再按下指定的轴向按钮不松开，即可实现该方向上的快速进给
自动运行控制按钮	RESET CYCLE STOP CYCLE START	“RESET”按钮用于系统复位，使系统返回初始状态 “CYCLE START”为循环启动按钮 “CYCLE STOP”为循环暂停按钮，又称为进给保持按钮
其他	厂家自定义	除以上列出的按钮外，有些机床还具有“手动转刀”按钮、“切削液开关”按钮、“换挡确认”按钮等

表 4—9　　SINUMERIK 802D 系统的 MDI 按键及其功能

名　称	图　例	功　能
数字键	) 0　=　E G	用于数字 1～9 及运算符“+”“–”“*”“/”“(”等字符的输入
运算键		
字母键		用于 A、B、C、X、Y、Z、I、J、K 等字母的输入
退格键	BACK SPACE　DEL　INSERT　TAB　INPUT	BACK SPACE 键：按下该键，删除光标前的一个字符
删除键		DEL 键：按下该键，删除光标当前位置的一个字符
插入键		INSERT 键：用于程序编辑过程中程序字的插入
制表键		TAB 键：按下该键，当前光标位置前插入五个空格
确认键		INPUT 键：用于确认输入内容；编程时按该键，光标另起一行

续表

名　称	图　例	功　能
上档键	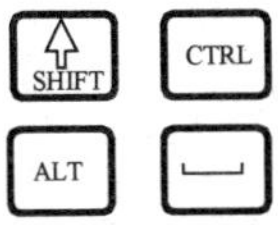 SHIFT　CTRL　ALT　␣	SHIFT 为上档功能键
替代键		ALT 键：用于程序编辑过程中程序字的替代
控制键		CTRL 为控制键
空格键		␣ 键：按下该键，则在光标处插入一个空格
下个窗口键	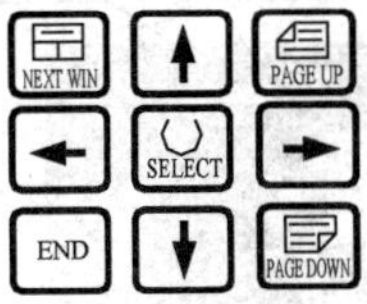 NEXT WIN　↑　PAGE UP　←　SELECT　→　END　↓　PAGE DOWN	NEXT WIN 键：该键未使用
结束键		END 键：按下该键，光标移动至该程序段的结尾处
选择键		SELECT 键：用于机床模式的选择与转换
翻页键		PAGE UP 键：用于向程序开始的方向翻页
		PAGE DOWN 键：用于向程序结束的方向翻页
光标移动键		↑ ↓ ← → 光标移动键共四个，使光标上下或前后移动
位置显示键	 POSITION　PROGRAM　OFF PARA　PROG MAN　ALARM　CUST AREA	POSITION 键：按下该键，显示当前加工位置的机床坐标值/工件坐标值
程序键		PROGRAM 键：按下该键，将显示正在执行或编辑的程序内容
参数设置键		OFF PARA 键：用于设置刀具、刀具偏置、R 等参数
程序管理键		PROG MAN 键：按该键，将显示内存中的所有程序号列表
报警键		ALARM 键：用于显示各种系统报警信息
自定义键		CUST AREA 键：用于厂家自定义
报警取消键	 ALARM CANCEL　GROUP CHANNEL　HELP	ALARM CANCEL 键：用于消除数控系统（包括机床）的一些报警信号
通道转换键		GROUP CHANNEL 为通道转换键，设定机床所用几何轴序号
帮助键		HELP 为帮助功能键，为操作人员提供报警信息与帮助

3. 屏幕划分与屏幕软键

屏幕划分与屏幕软键如图 4—31 所示。屏幕分状态区、应用区、说明和软键区三部分。SINUMERIK 802D 系统的屏幕软键较为复杂，本书将在后续的“机床操作”内容中介绍其软键功能。

二、机床操作

1. 开机和关机操作

（1）开机操作

1）检查机床和CNC系统各部分初始状态是否正常。

2）将机床侧面电气柜上的总电源开关扳到“ON”位置，接通机床总电源。

3）按下机床面板上的绿色“电源开”按钮，数控系统开始启动，系统引导内容完成后，显示如图4—32所示开机画面。

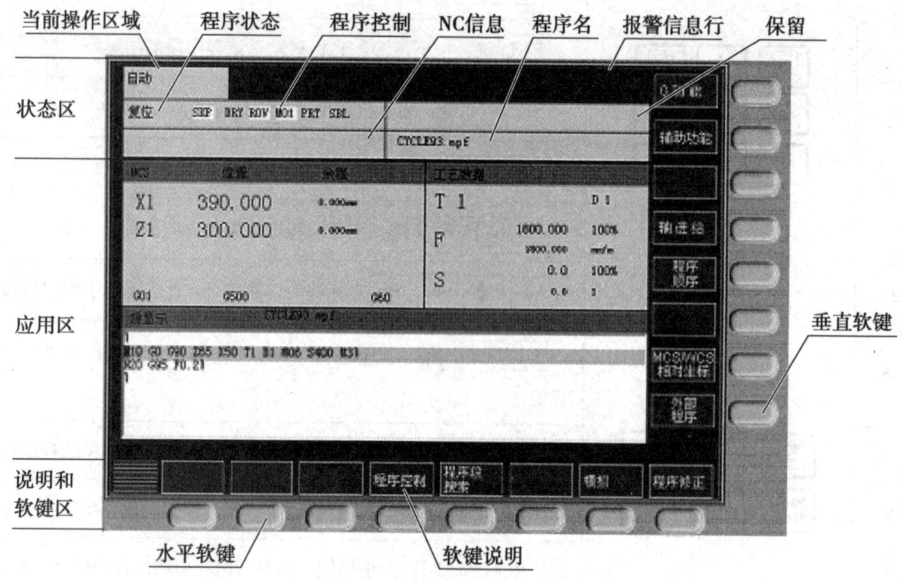

图4—31　SINUMERIK 802D屏幕划分与屏幕软键

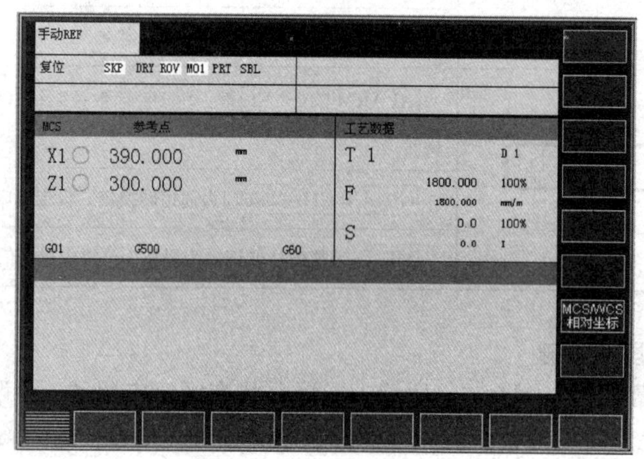

图4—32　机床开机画面

4）如果屏幕右上角闪烁“003000”报警信号，可按下“复位”按钮数秒后，“003000”报警信号取消，系统复位。

提示

按下“复位”按钮如果系统无反应，则应检查“急停”按钮是否被按下。如果“急停”按钮被按下，只需顺时针转动“急停”按钮，使其向上弹起，然后执行4）项操作即可复位。

（2）关机操作

1）按“加工显示”键，回到系统主界面。

2）卸下工件和刀具。

3）在“JOG”运行方式下，将刀架移动到安全位置，然后按下“急停”按钮。

4）按下机床面板上的红色“电源关”按钮，断开系统电源。

5）关机床侧面的机床电气柜电源。

2. 返回参考点（简称“回零”）

（1）回参考点操作步骤

1）先将进给速度修调倍率旋钮上的箭头指向“100%”。

2）按下“回参考点”键，进入“回参考点”窗口（图4—33）。在该窗口中，画面上“○”表示坐标轴未回到参考点，“◕”则表示坐标轴已经返回参考点。

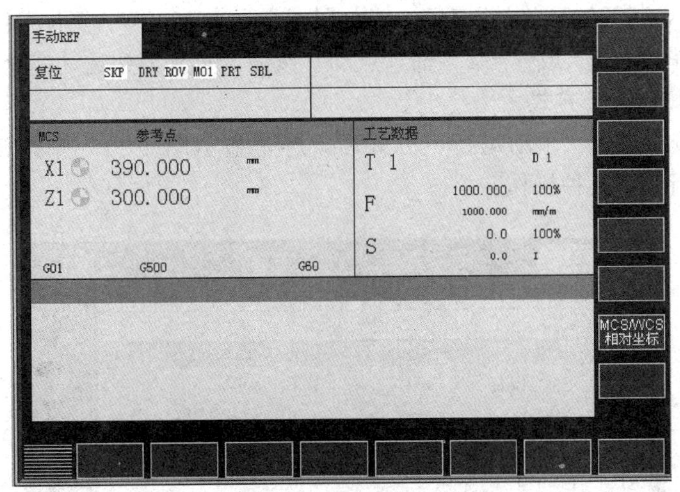

图4—33 机床返回参考点后显示画面

3）一直按住 +X 键，使刀架向 X 轴正向移动，当机床减速开关被压下后，刀架减速并向相反方向运动，直至停止。这时，屏幕上的 X 轴图标由“○”变成“◕”，表示 X 轴已经回到参考点。

4）按照同样的方法，使 Z 轴返回参考点。

5）选择“JOG”（即手动）运行方式，结束回参考点状态，并按住 −X 、 −Z 键，使刀架回移一段距离，以离开机床的极限位置。

X 轴和 Z 轴回参考点后，屏幕显示画面如图 4—33 所示。

有些机床如果要进行 SP 轴（主轴）回参考点，可采用人工方式或手动运行方式转动卡盘，使 SP 轴回参考点（如果机床无角度测量功能，SP 轴可不回参考点）。

（2）回参考点的注意事项

1）数控机床开机后，首先应进行机床回参考点操作，以建立机床坐标系。

2）即使机床已经完成过回参考点操作，一旦出现以下情况，必须重新进行回参考点操作：

机床断电后重新接通电源、机床解除急停状态、机床超程报警解除。

3）在回参考点操作之前，刀架应位于减速开关和负限位开关之间，以使机床在返回参考点过程中找到减速开关。

4）在 X、Z 轴回参考点过程中，如果选择了错误的回参考点方向，则刀架不会移动。

5）在 X、Z 轴回参考点过程中，要避免发生碰撞。

6）在回参考点过程中，如果松开了“+X”或“+Z”（点动）按钮，机床会停止动作。这时，如果改变运行方式（JOG、MDI 或 AUTO），系统将显示“016907”报警信息。按“复位”按钮或“报警取消”按钮⊜，即可消除该报警信号。

7）当刀架已减速并向相反方向运动时，松开“+X”或“+Z”（点动）按钮，则机床停止运动，并显示“020005”报警信息，表示回参考点失败。按“复位”按钮即可消除该报警。然后，再按住“+X”或“+Z”轴（点动）按钮，直到刀架运动完全停止。

3. JOG（手动）运行方式

按“JOG”按钮进入“手动运行”方式后，屏幕显示图 4—34 所示窗口。在这种方式下，主要可以进行以下几种操作：

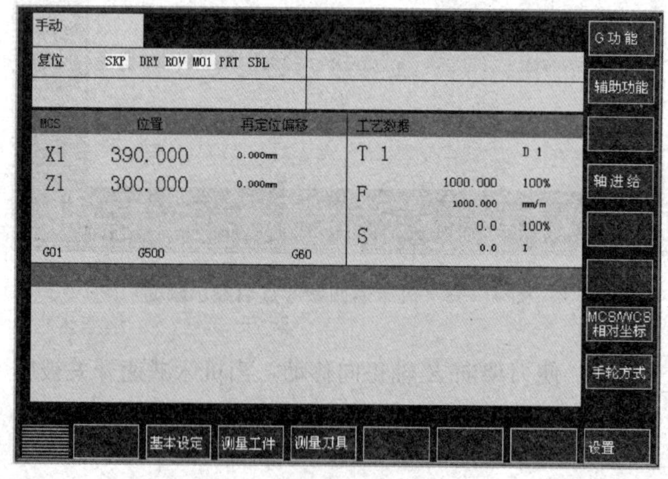

图 4—34　JOG 运动方式显示窗口

（1）慢速工进

按下任一轴向进给方向按钮，使刀架沿相应的轴向慢速移动。刀架的移动速度可以通过进给速度修调倍率旋钮随时调节。

（2）快速进给

按住某轴进给方向按钮不松开，同时按“快速运行”按钮，使刀架沿该轴快速移动。

（3）增量进给

按“增量选择”（VAR）按钮，进入“增量”模式，并选择增量步长（1INC、10INC、100INC、1000INC）；然后，每按一次轴向的点动按钮，刀架向相应方向移动一个步进增量。这种方式对精确调节坐标位置有较大帮助。按“JOG”按钮结束“增量”模式，返回“手动运行”方式。

（4）手轮进给

在 JOG 窗口中，按下垂直软键［手轮方式］进入如图 4—35 所示手轮操作窗口，使用光标/翻页键定位到所选号，然后按［X］或［Z］软键，则在相应位置出现“√”符号。这时，摇动手轮，即可使刀具沿相应轴进给。

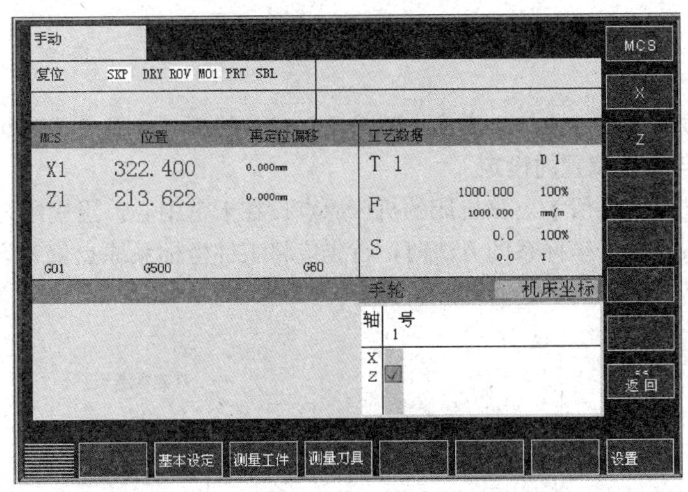

图 4—35 手轮操作窗口

按垂直软键［返回］，即可取消手轮进给，回到点动状态。

4. MDI（手动数据输入）运行方式

在这种方式下，可以输入程序段并执行其内容。先按“MDI”按钮，进入“手动数据输入”运行方式；然后，按“加工显示”进入如图 4—36 所示窗口。

例如，在 MDI 窗口的命令行中，输入“T2；M03 S600；”，并按“循环启动”按钮，刀架将自动转到 2 号刀位，系统同时自动调用相应的刀具参数，屏幕上的刀具显示也改成了 T2D1 及 S600。该程序段执行完毕，命令行中的内容仍然保留，并可重复执行，直至输入新的内容替换它。

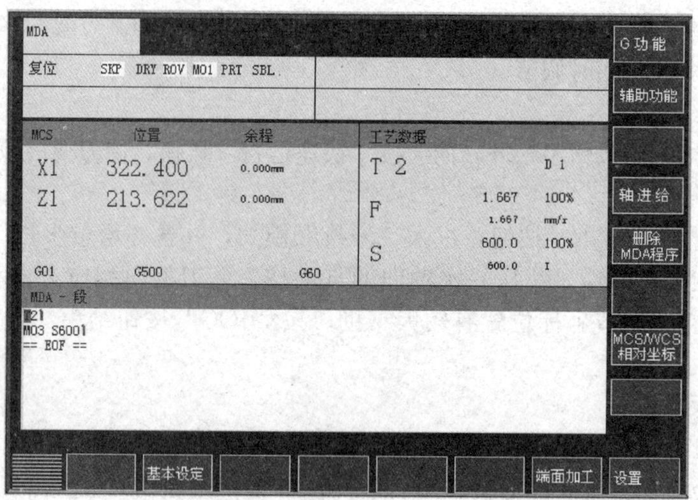

图 4—36　MDI 显示窗口

提示

在“MDI”方式下，不能加工由多个程序段描述的轮廓（如固定循环及倒圆、倒角等）。

5. 对刀操作与零点偏置的设定

对刀操作如图 4—37 所示。该机床的机床原点设在卡盘中心。当使用刀具长度补偿（即刀具偏移）作为设定工件坐标系的方法时，首先应将工件坐标系原点偏置设定为 0（工件原点偏置的设定方法及过程见下述），然后再进行对刀操作。

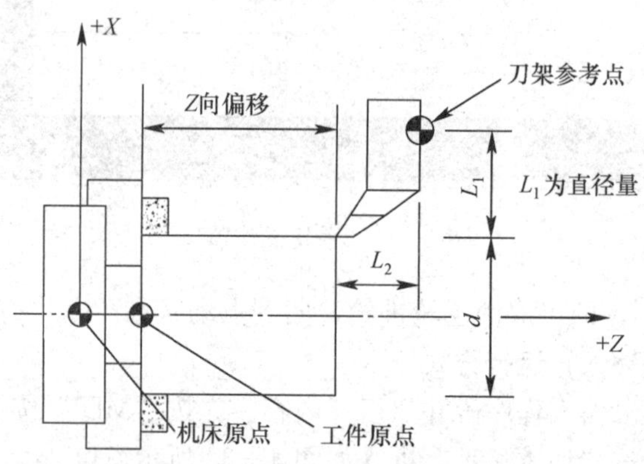

图 4—37　对刀操作

（1）机床原点偏置（即零点偏移）的设定

1）在“JOG”模式下，按下 OFF PARA 键，返回主菜单。

2）按水平软键［参数］功能键，进入 R 参数设置窗口（图 4—38）。

3）按下水平软键［零点偏移］，进入零点偏移窗口（图 4—39）。

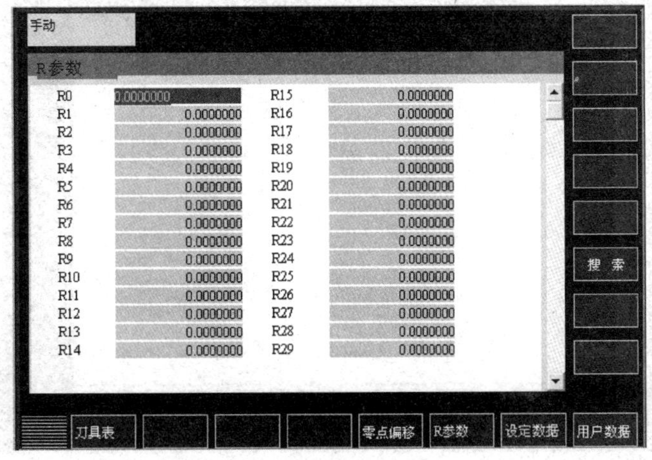

图 4—38　R 参数设置窗口

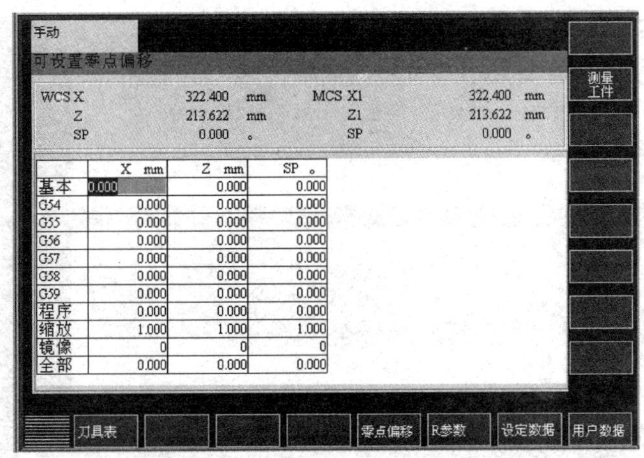

图 4—39　零点偏移窗口

4）把光标移到待修改的输入区。

5）输入数值“0”，按 INPUT 键确认。

6）用同样的方法，在零点偏移窗口将 G56 或 G57 等值设置为零。

（2）建立用于刀具补偿的刀具号、切削沿号、刀沿号

假设刀架上装有 4 把刀，分别是 1 号外圆车刀、2 号螺纹车刀、3 号切断刀和 4 号内孔车刀。

1）在“JOG”模式下，按水平软键［刀具表］，屏幕出现图 4—40 所示窗口。

2）依次按垂直软键［新刀具］［车削刀具］，屏幕出现图 4—41 所示窗口。

3）用 光标移动 键移动至刀具号处，输入“1”。

4）用 光标移动 键移动至刀沿位置处，用 SELECT 键选择 3 号刀沿，按垂直软键［确定］，建立刀具号为 1、切削沿号为 1、刀沿号为 3 的数控车刀。

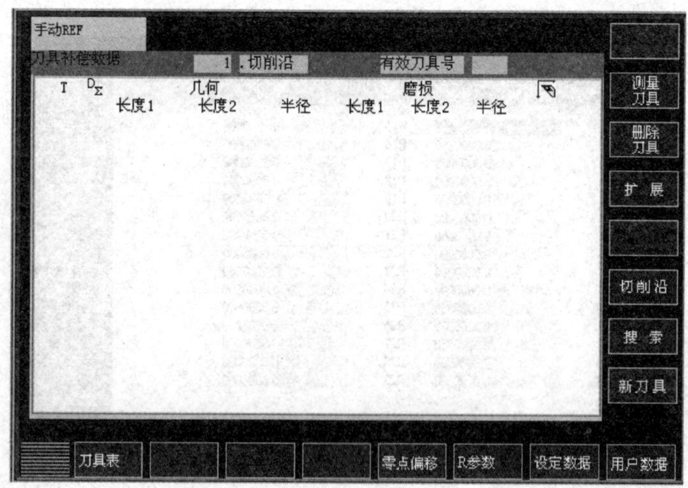

图 4—40　刀具表窗口

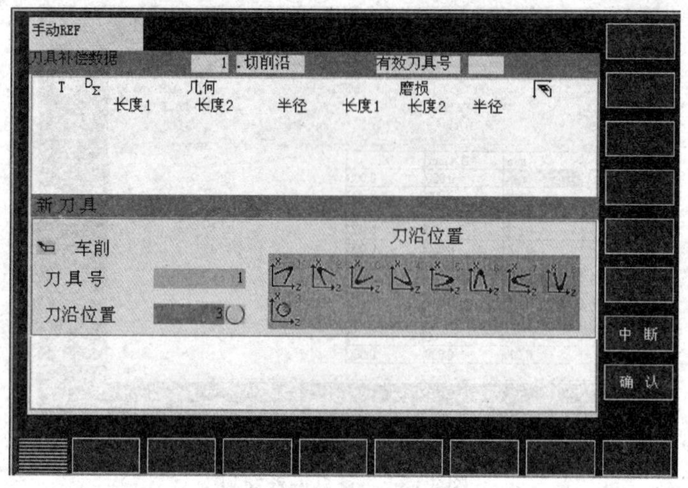

图 4—41　新刀具设定窗口

5）依次建立其他 3 把刀的刀具号、切削沿号和刀沿号。

（3）启动主轴及换 1 号刀

在“MDI”运行方式下，输入“T01；M03 S500;”，接着按“循环启动”键，1 号刀转为当前刀具，主轴正转。

（4）第一把刀的对刀操作

1）*Z* 方向对刀

①在“JOG”运行方式下，车削工件端面，车完端面后保持 *Z* 轴不动，刀架沿＋*X* 方向退出。

②按 OFF PARA 键，按下垂直软键［刀具表］，再按水平软键［测量刀具］，按垂直软键［手动测量］，再按垂直软键［长度 2］，出现图 4—42 所示窗口。

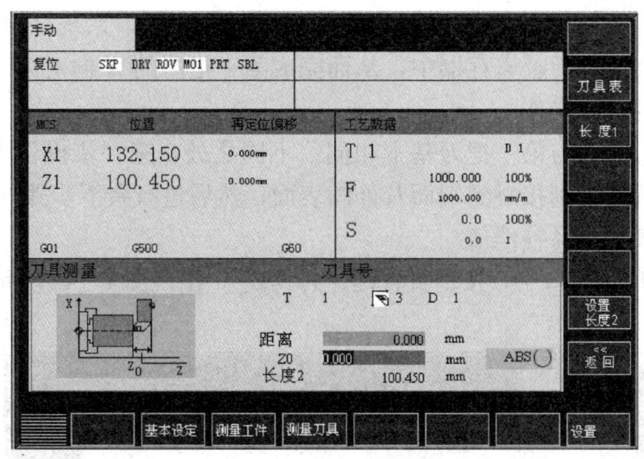

图 4—42　*Z* 向刀具长度补偿设置窗口

③向上或向下移动光标，在距离后的空格中输入“0.000”，在 Z0 后的空格中输入“0.000”。

④按垂直软键［设置长度 2］，系统自动计算出 *Z* 向刀具长度补偿值，并存入相应的刀补寄存器中，从而完成第一把刀的 *Z* 向对刀。

2）*X* 方向对刀

①在“JOG”运行方式下，车削工件外圆，长度为 5～10 mm，然后保持 *X* 轴不动，刀架沿＋*Z* 方向退出。

②主轴停转，测量刚车出的外圆表面的直径。

③按 OFF PARA 键，按下垂直软键［刀具表］，按水平软键［测量刀具］，按垂直软键［手动测量］，按垂直软键［长度 1］，出现图 4—43 所示窗口。

④向上或向下移动光标，在距离后的空格中输入“0.000”，在 ϕ 后的空格中输入刚测量出的直径值。

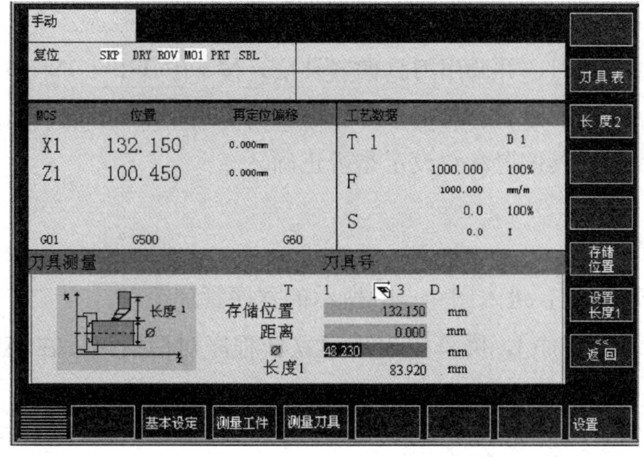

图 4—43　*X* 向刀具长度补偿设置窗口

⑤按垂直软键［存储位置］，再按垂直软键［设置长度1］，系统自动计算出 X 向刀具长度补偿值，并存入相应的刀补寄存器中，从而完成第一把刀的 X 向对刀。

（5）其余刀具的对刀操作

其余刀具的对刀方法与第一把刀基本相同。不同之处：第一步操作不再切削工件表面，而是将刀尖逐渐接近并分别接触到端面及外圆表面，然后进行余下步骤的操作。

（6）设置刀尖圆弧半径补偿值

1）在图4—43所示窗口中，按垂直软键［刀具表］，出现图4—44所示窗口（四把刀均已对刀完成）。

图4—44 刀具补偿参数设定窗口

2）左右或上下移动光标，将光标移动至对应在“几何”下的刀具“半径”处，输入相应的刀具半径，按 INPUT 键确认。

3）同样，在该窗口下，也可进行刀沿号的修改。

（7）对刀的正确性校验

对刀结束后，为保证对刀的正确性，要进行对刀正确性的校验工作，具体步骤如下：

在“MDI”方式下选刀，并调用刀具偏置补偿，按下 POSITION 键后，在机床坐标值/工件坐标值界面下，手动移动刀具靠近工件，观察刀具与工件间的实际相对位置，对照屏幕显示的绝对坐标，判断刀具偏置参数设定是否正确。

6. 程序的操作

（1）建立新程序

1）按 PROG MAN 键，进入图4—45所示的程序管理窗口。

2）按垂直软键［新程序］，屏幕中出现建立新程序对话窗口，在该窗口中输入新程序名，如“LWM01”。

3）按［确认］键，生成新程序名为“LWM01”的主程序文件，自动转入程序输入与编辑窗口，即可进行程序的输入与编辑操作。

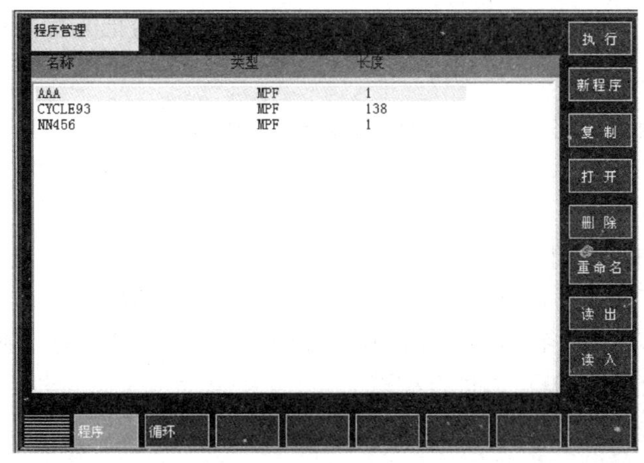

图 4—45 程序管理窗口

(2) 打开或删除程序

1) 按 PROG MAN 键，返回图 4—45 所示的程序管理窗口。

2) 移动光标键，移动到要打开或删除的程序名上。

3) 按垂直软键［打开］或［删除］，即可完成该程序打开或删除操作。

(3) 程序的输入与编辑

程序输入与编辑窗口如图 4—46 所示。程序的输入与编辑操作过程如下。

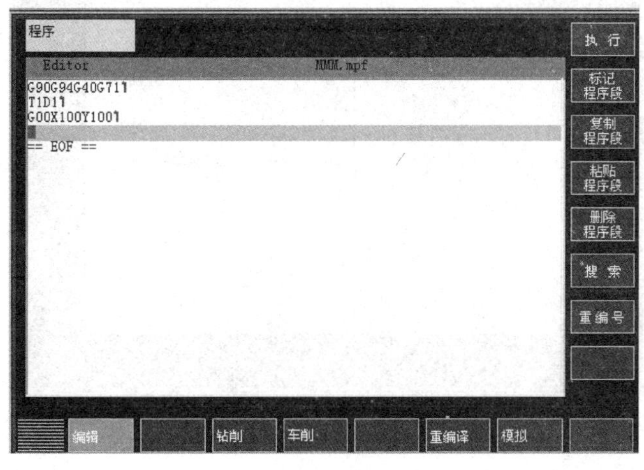

图 4—46 程序输入与编辑窗口

1) 程序的输入

例 G90 G54 G94； 回车

T1D1；

G00 X100 Z100； 回车

⋮

2）程序的编辑　如果发现程序中有个别字符错误，只需把光标定位到该字符的右侧，然后用删除键删除，再重新输入即可。

在［编辑］的垂直软键子菜单中，可以使用程序段的［标记］［复制］［粘贴］和［删除］功能。

在［搜索］子菜单中，可以对指定的文本或行号进行搜索定位。

3）程序编辑时的注意事项

①只有零件程序未处于执行状态时，才可以进行程序的编辑。

②如果要对原有程序进行编辑，可以在“程序管理”窗口用光标选择待编辑的程序，然后选择垂直软键［打开］，就可以进行编辑了。

③零件程序中进行的任何修改均立即被存储。

（4）固定循环的编辑

固定循环可以在程序编辑窗口进行手动输入，但通过对话框式输入更直观、方便，也更容易保证其准确性。

1）在图 4—46 所示的程序输入与编辑窗口，按水平软键［车削］，窗口的垂直软键处出现［切削］［螺纹］［凹槽］和［退刀槽］四个软键。以切削循环为例来介绍固定循环的编辑方法。

2）按垂直软键［切削］，出现图 4—47 所示对话框式窗口。

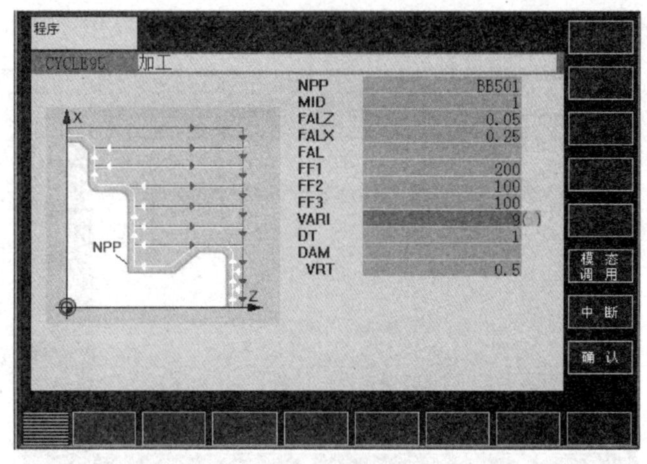

图 4—47　切削循环的对话框式输入

3）在对应的参数表格中输入相应的数值，按［确认］键，返回程序输入与编辑窗口，完成切削循环的输入与编辑。

7. AUTO（自动）运行方式

（1）自动运行前的检查

使用自动运行功能之前，一定要先做好以下各项检查工作：

1）机床刀架必须回参考点。

2）待加工零件的加工程序已经输入，并调试确认无误。

3）加工前的其他准备工作均已就绪，如参数设置、对刀及刀补设置。

4）必要的安全锁定装置已经启动。

（2）自动加工的操作过程

1）打开需要自动运行的程序，在程序输入与编辑窗口中按垂直软键［执行］。

2）按“AUTO”按钮进入自动运行方式，此时屏幕出现图 4—48 所示窗口。

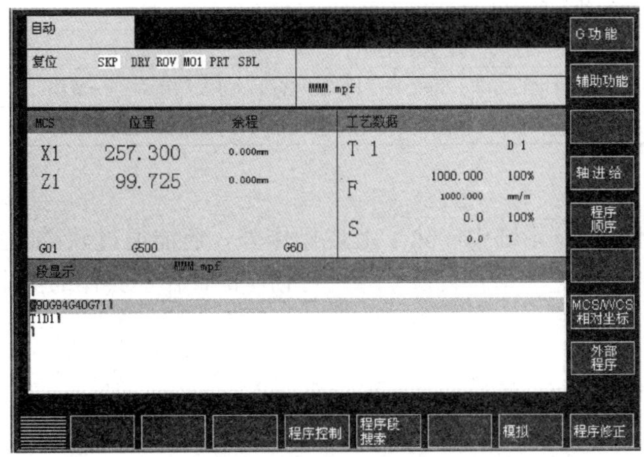

图 4—48　自动运行窗口

3）按“循环启动”按钮，进入自动加工。

在加工过程中，可以通过 AUTO 窗口，观察到当前刀尖的坐标位置（机床/工件）以及剩余行程、当前进给速度、主轴转速和当前刀具，以及正在执行和待执行的程序段。

（3）自动加工过程中的程序控制

1）在图 4—48 所示窗口中，按水平软键［程序控制］，进入图 4—49 所示程序控制窗口。

2）按下该窗口中的不同垂直软键，可实现不同的程序控制。

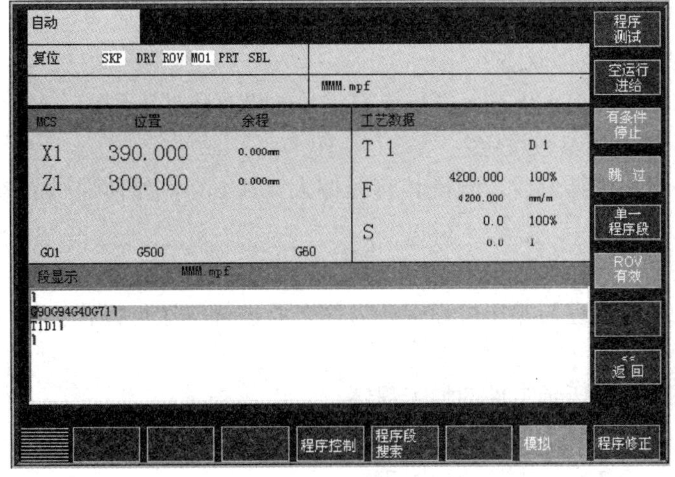

图 4—49　程序控制窗口

程序控制软键及其含义见表4—10。

表4—10　自动运行状态下程序控制软键及其含义

程序控制软键名称	含义
程序测试	程序运行，但刀具不运动，用于测量程序格式的正确性
空运行进给	刀具以空运行速度执行该程序，用于检测刀具轨迹的正确性
有条件停止	执行程序时，M01指令的功能与M00指令功能相同
跳过	执行程序时，跳过段首加“/”符号的程序段
单一程序段	单段运行方式，每个程序段逐段解码，每段结束时有一暂停
ROV有效	按下该软键，“进给速度倍率”旋钮对于快速进给也有效

8. 其他操作

在SINUMERIK 802D系统中，除了上述操作外，还能通过软键［报警］［维修信息］［调试］［机床数据］［口令］［语言转换］等进行相应的操作。具体的操作过程可参阅与机床配套的操作说明书。

思考与练习

1. 写出SINUMERIK 802D的毛坯切削循环指令格式，并用图示方式说明其动作。
2. SINUMERIK 802D数控系统中，毛坯切削循环中的纵向加工和横向加工如何区别？
3. 写出SINUMERIK 802D的螺纹切削循环指令格式，并用图示方式说明其动作。
4. 在SIEMENS系统中，程序名的命名规则是什么？
5. 子程序如何调用？
6. 简要说明模式选择按钮的种类及其作用。
7. 怎样打开、关闭系统电源？
8. 怎样进行机床的手动回参考点操作？在什么情况下刀架必须回参考点？加工程序中的回参考点程序段是如何编写的？
9. 如何消除机床的急停状态？
10. 分别在JOG和MDI状态下进行换刀，其效果有哪些不同？
11. 如何进行G54的参数设定？
12. 假如工件粗加工结束后，测得其直径偏大0.1 mm，如何通过刀补值在精加工时修正该偏差？
13. 刀尖圆弧半径补偿如何输入？
14. 在数控机床的编程与操作过程中，为什么要进行空运行操作？如何进行加工程序的空运行？
15. 编写如图4—50所示工件的加工程序。
16. 编写如图4—51所示工件的加工程序。
17. 编写如图4—52所示工件的加工程序。

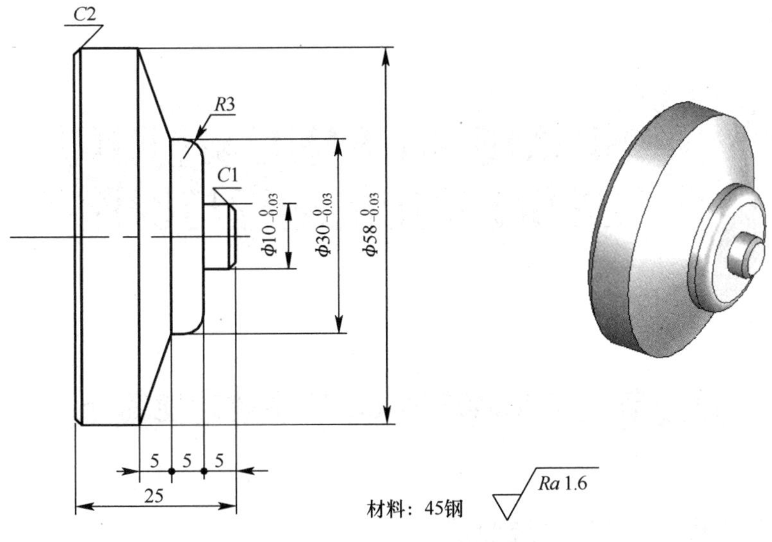

图 4—50　编程实例 1

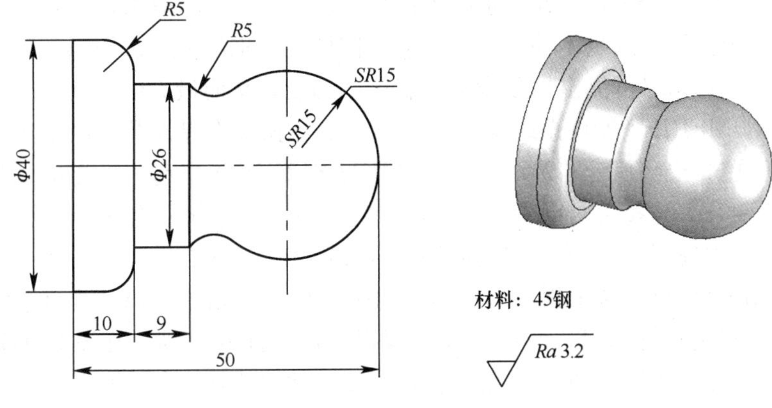

图 4—51　编程实例 2

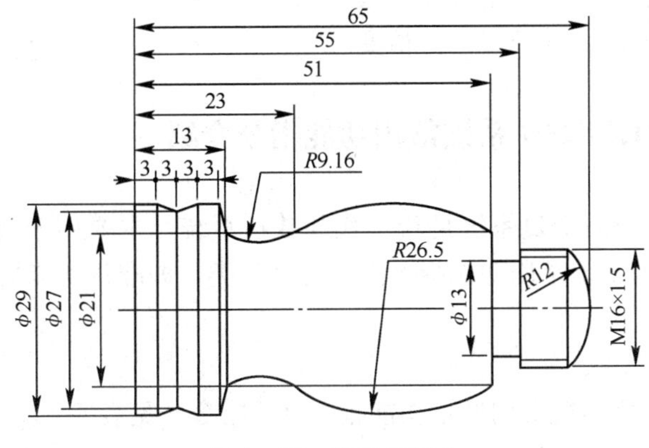

图 4—52　编程实例 3

第五章

SIEMENS SINUMERIK 828D 系统的编程与操作

第一节 SINUMERIK 828D 系统功能简介

一、SINUMERIK 828D 系统概述

基于面板的 SINUMERIK 828D 系统支持车工、铣工工艺的应用，具有可选的水平、垂直面板布局和两级性能，满足不同安装形式和不同性能要求的需要。该系统的车削和铣削应用软件完全独立，可以尽可能多地预设数控机床的功能，从而最大限度地减少数控机床调试所需时间。SINUMERIK 828D 系统集 CNC、PLC、视窗操作界面及轴控制功能于一体，通过 Drive-CLiQ 总线与全数字驱动系统 SINAMICS S120 实现高速、可靠的通信；PLC I/O 模块通过 PROFINET 连接可自动识别，无需额外配置。该系统具有大量高级的数控功能和丰富、灵活的工件编程方法，可以广泛应用于各种数控加工场合。

SINUMERIK 828D 系统未提供数控车削的循环 G 代码指令，而是通过系统视窗操作界面采用人机对话方式进行编程，使数控加工编程更加快捷和直观。在系统 HIM（触摸屏）界面上，按照参数输入格式，根据系统界面的提示，填写或输入相应参数，该系统就可以自动完成循环指令的编程，从而提高了编程效率和正确度。SINUMERIK 828D 系统的编程向导将工步式编程与工艺循环完美组合在一起。无论是大批量生产还是单件加工，使用该系统编程均可以大大缩短时间，并确保工件精度。

二、SINUMERIK 828D 系统常用功能指令介绍

目前，SINUMERIK 828D 系统是新一代的数控系统，主要用于数控车床和数控铣床，具有一定的代表性。该系统常用功能指令主要分为三类，即准备功能指令、辅助功能指令及其他功能指令。

1. 准备功能指令

SINUMERIK 828D 系统常用准备功能指令（G 指令）见表 5—1。

表 5—1　　SINUMERIK 828D 系统常用准备功能指令（G 指令）

G 指令	组别	功能	程序格式及说明
G00	01	快速点定位	G00 X _ Z _；
G01 ▲		直线插补	G01 X _ Z _ F _；
G02		顺时针圆弧插补	G02 X _ Z _ CR= _ F _；
G03		逆时针圆弧插补	G03 X _ Z _ I _ K _ F _；
G04 *	02	暂停	G04 F _；或 G04 S _；
CIP	01	通过中间点的圆弧	CIP X _ Z _ I_1 _ K_1 _ F _；
CT		带切线过渡圆弧	CT X _ Z _ I_1 _ K_1 _ F _；
G17	06	选择 *XY* 平面	G17；
G18 ▲		选择 *ZX* 平面	G18；
G19		选择 *YZ* 平面	G19；
G25 *	3	主轴转速下限	G25 S _ S1= _ S2= _；
G26 *		主轴高速限制	G26 S _ S1= _ S2= _；
G33	01	恒螺距螺纹车削	G33 Z _ K _ SF _；（圆柱螺纹）
G34		变螺距车削，螺距增加	G34 Z _ K _ F _；
G35		变螺距车削，螺距减小	G35 Z _ K _ F _；
G40 ▲	07	刀尖半径补偿取消	G40；
G41		刀尖半径左补偿	G41 G01 X _ Z _；
G42		刀尖半径右补偿	G42 G01 X _ Z _；
G53 *	9	取消零点偏置	G53；
G500	8	取消零点偏置	G500；
G54～G59 ★		零点偏置	G54；或 G55；等
G64	10	连续路径加工	G64；
G70	13	英制	G70；（G700;）
G71 ▲		公制	G71；（G710;）
G74 *	2	返回参考点	G74 X1=0 Z1=0；
G75 *		返回固定点	G75 FP=2 X1=0 Z1=0；
G90 ▲	14	绝对值编程	G90 G01 X _ Z _ F _；
AC			G91 G01 X _ Z=AC _ F _；
G91		增量值编程	G91 G01 X _ Z _ F _；
IC			G90 G01 X=IC _ Z _ F _；
G94		每分钟进给	mm/min
G95 ▲		每转进给	mm/r
G96		恒线速度	G96 S500 LIMS= _；（500 m/min）
G97		取消恒线速度	G97 S800；（800 r/min）

续表

G 指令	组别	功能	程序格式及说明
G450　▲	18	圆角过渡拐角方式	G450；
G451		尖角过渡拐角方式	G451；
DIAMOF	29	半径量方式	DIAMOF；
DIAMON ▲		直径量方式	DIAMON；
TRANS	框架指令	可编程平移	TRANS X _ Z _；
ATRANS			ATRANS X _ Z _；
CYCLE930	车削循环	切槽	CALL CYCLE9 _ （ ）；
CYCLE940		退刀槽（E 型和 F 型）切削	
CYCLE951		毛坯切削	
CYCLE952			
CYCLE99		螺纹切削	

关于准备功能的说明如下：

（1）当电源接通或复位时，CNC 进入清除状态。此时，开机默认指令在表 5—1 中以符号“▲”表示，原来的 G71 或 G70 指令保持有效。

（2）表 5—1 中的固定循环指令和固定样式循环指令及用“*”表示的 G 指令均为非模态指令。

（3）不同组的 G 指令在同一程序段中可以指令多个。如果在同一程序段中指令了多个同组的 G 指令，仅执行最后指令的那一个。

2. 辅助功能指令

辅助功能用 M 指令表示。SIEMENS 系统的辅助功能指令与通用的 M 指令相同，可参见本书第一章。

3. 其他功能指令

常用进给功能指令（F 指令）、转速功能指令（S 指令）、刀具功能指令（T 指令）的含义及用途可参阅本书第一章。

4. 部分指令的含义及格式

除了已介绍的常用功能指令（见第一章第二节）和具有共性的功能指令（见第二章第一节）外，SINUMERIK 828D 系统还有一些特有的或实用性强的功能指令，现介绍如下。

（1）顺、逆圆弧插补指令（G02/G03）

圆弧插补指令除了已介绍的圆心坐标（I、K）指令格式和圆弧半径（CR）指令格式外，还有一种圆弧张角（AR）指令格式。圆弧张角是指圆弧轮廓所对应的圆心角（单位是度），0.000 01°～359.999 99°。

1）终点和张角的圆弧插补　指令格式：G02/G03 X _ Z _ AR= _；

例　图 5—1 所示圆弧 $\overset{\frown}{AB}$ 编程示例如下：

N30 G00 X40 Z10；　　　　（指定 N40 程序段的圆弧起点）

N40 G02 Z30 AR=105；　　　　　　　　（圆弧终点和张角）

说明：N40 程序段中无须指定$\overset{\frown}{AB}$圆弧的半径和圆心坐标，由系统在插补过程中自动生成。

2）圆心和张角的圆弧插补 指令格式：G02 I __ K __ AR=__；

例　图 5—2 所示圆弧$\overset{\frown}{AB}$编程示例如下：

N30 G00 X40 Z10；　　　　　　　　（指定 N40 程序段的圆弧起点）

N40 G02 I−10 K10 AR=105；　　　　（圆弧圆心和张角）

说明：N40 程序段中无须指定$\overset{\frown}{AB}$圆弧的半径，由系统在插补过程中自动生成。

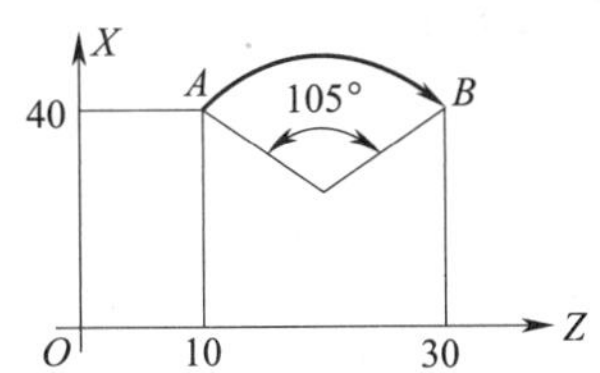

图 5—1　终点和张角的圆弧插补编程示例

图 5—2　圆心和张角的圆弧插补编程示例

编程时应特别注意在各种圆弧程序段中的 I 值均为圆心相对于圆弧起点在 X 坐标轴方向上的半径量。

（2）中间点圆弧插补指令（CIP）

指令格式：CIP X __ Z __ I1 __ K1 __；

I1 __——圆弧上任一中间点在 X 坐标轴上的半径量。

K1 __——圆弧上任一中间点的 Z 坐标轴上坐标值。

例　图 5—3 所示圆弧$\overset{\frown}{ABC}$的编程示例如下：

N30 G00 X30 Z10；　　　　　　　　（指定 N40 程序段的圆弧起点）

N40 CIP Z30 I1=20 K1=25；　　　　（圆弧终点和中间点）

说明：该指令根据“不在一条直线上的三个点可确定一个圆”的数学原理，由系统自动计算$\overset{\frown}{ABC}$圆弧的半径及圆心位置，并进行插补。该指令属模态指令。该功能对编制非圆等特殊曲线十分有用。

（3）切线过渡圆弧插补指令（CT）

指令格式为：CT X __ Z __；

X __、Z __——切线过渡圆弧在 X、Z 坐标轴上的终点坐标。

例　图 5—4 所示圆弧$\overset{\frown}{MAB}$的编程示例如下：

G01 X40 Z10；　　　　　　　　　（指定圆弧起点和切点）

CT X36 Z34；　　　　　　　　　　（圆弧终点）

说明：该指令由圆弧$\overset{\frown}{MAB}$的终点和切点（圆弧起点）来确定圆弧半径的大小，该指令为模态指令。

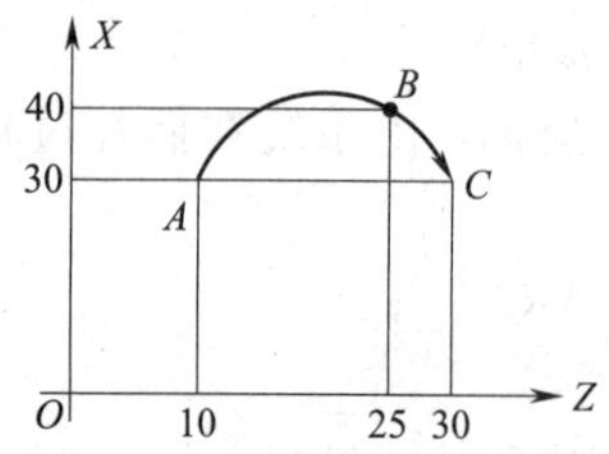

图 5—3 中间点圆弧插补编程示例

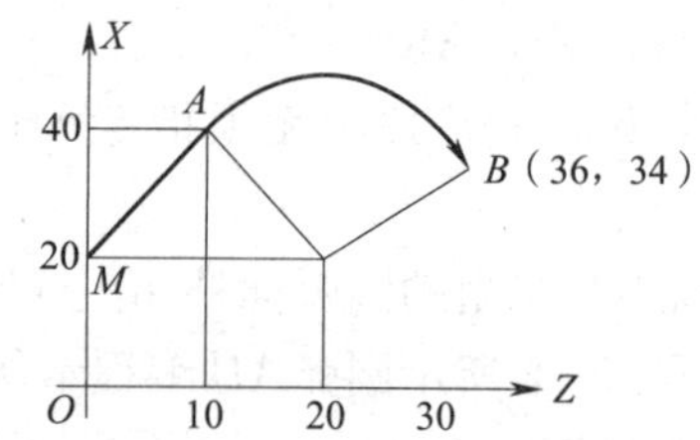

图 5—4 切线过渡圆弧插补编程示例

第二节 内、外圆车削循环

一、轮廓车削固定循环指令（CYCLE951）

1. 轮廓车削固定循环指令格式

CYCLE951（SPD，SPL，EPD，EPL，ZPD，ZPL，LAGE，MID，FALX，FALZ，VARI，RF1，RF2，RF3，SDIS，FF1，NR，DMODE，AMODE）；

CYCLE951 指令用于简单的单级台阶轴的切削，主要包括直角台阶轴车削、带圆角过渡的直角台阶轴车削和锥度台阶轴车削。

2. 对话框参数输入编程

（1）直角台阶轴

1）参数输入界面 如图 5—5 所示，在新建程序窗口中，按下水平软键［车削］，再按下垂直软键［轮廓车削］，进入“轮廓车削”工作区域；按下垂直软键［轮廓车削 1］，进入如

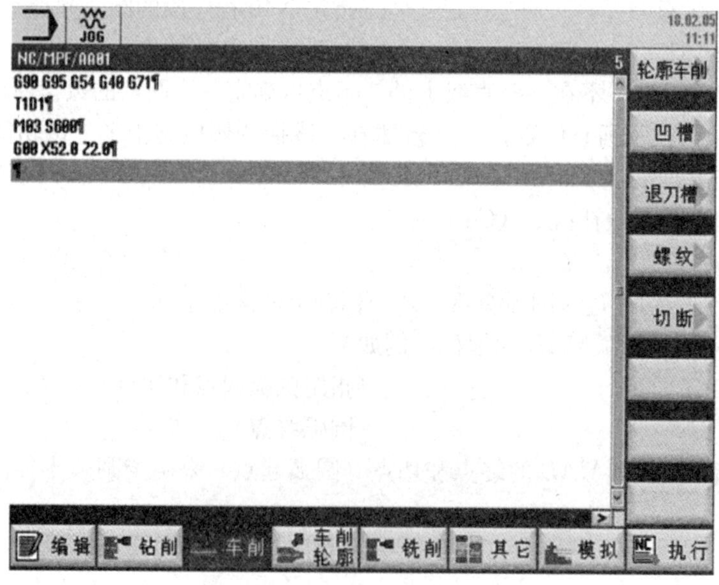

图 5—5 新建程序窗口

图 5—6 所示“轮廓车削 1”参数输入编程界面。在“轮廓车削 1”参数输入编程界面中输入相应的参数值，按垂直软键［接收］，返回程序编辑窗口，完成 CYCLE951 固定循环指令的输入。

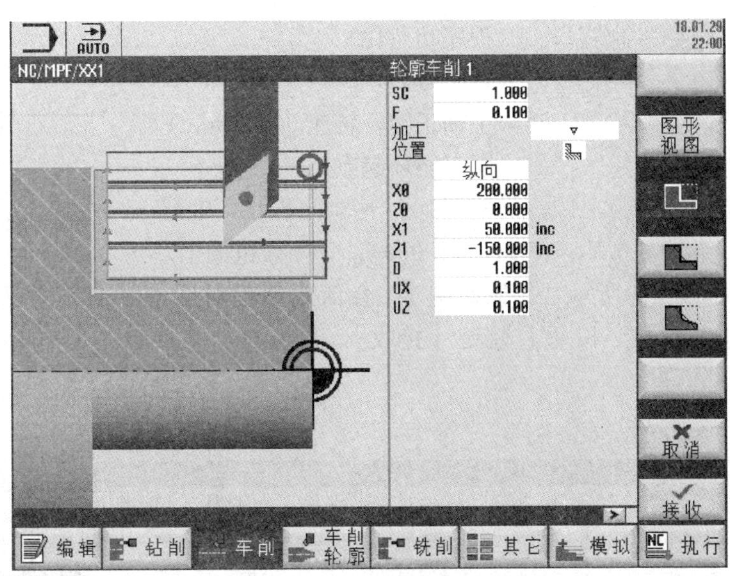

图 5—6 “轮廓车削 1”参数输入编程界面

2）参数含义 直角台阶轴车削参数及其含义具体见表 5—2。

表 5—2 **直角台阶轴车削参数及其含义**

对话框参数	含义	说明
SC	安全距离	
F	切削进给速度	
加工类型	▽表示粗加工，▽▽▽表示精加工	按 SELECT 键切换粗、精加工
加工位置	表示右端外圆，表示右端内孔，表示左端内孔，表示左端外圆	按 SELECT 键切换外圆和端面车削
切削方向	纵向、端面的	按 SELECT 键切换加工方向
X0	*X* 轴参考点位置	
Z0	*Z* 轴参考点位置	
X1	工件外圆 *X* 向尺寸（abs 为绝对坐标，inc 为增量坐标）	按 SELECT 键切换绝对坐标和增量坐标
Z1	工件 *Z* 向尺寸（abs 为绝对坐标，inc 为增量坐标）	
D	背吃刀量	
UX	*X* 向精加工余量	
UZ	*Z* 向精加工余量	

3）编程实例

例　用CYCLE951指令编写图5—7所示工件的数控车削程序。

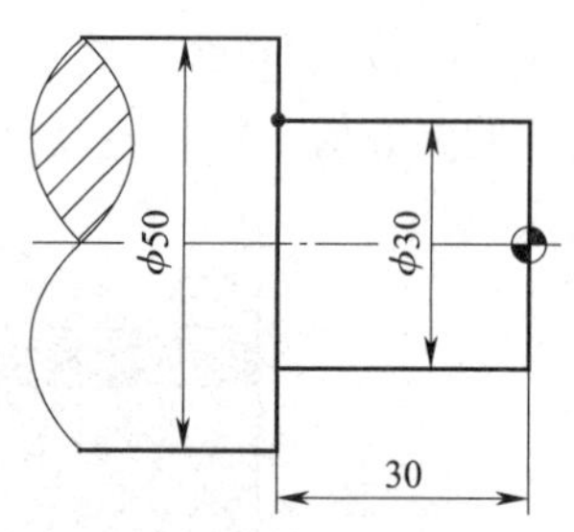

图5—7　直角台阶轴车削循环实例

AA501.MPF

G90 G95 G54 G40 G71；　　（程序初始化）

T1D1；　　（转1号刀）

M03 S600；　　（主轴正转，转速600 r/min）

G00 X52.0 Z2.0；　　（固定循环起点）

CYCLE951（50，0，10，－30，10，－30，1，1，0.1，0.1，11，0，0，0，1，0.2，0，2，1110000）；　　（粗加工）

说明：在如图5—8所示“轮廓车削1”会话式编程对话框（简称对话框）中，填写直角台阶轴粗加工参数，按垂直软键［接收］，系统自动生成以上CYCLE951粗加工程序段。

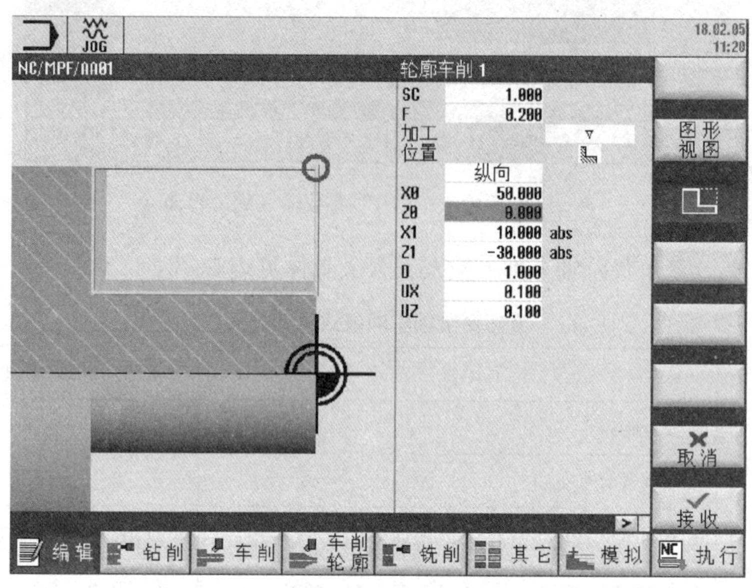

图5—8　填写直角台阶轴粗加工参数

G00 X100 Z100；　　（刀具返回换刀点）

T2D1；　　（转精加工刀具）

M03 S1000；　　（主轴正转，转速1 000 r/min）

G00 X52.0 Z2.0；

CYCLE951（50，0，10，－30，10，－30，1，1，0.1，0.1，21，0，0，0，1，0.1，0，2，1110000）；　　（精加工）

说明：在如图5—9所示“轮廓车削1”对话框中，填写直角台阶轴精加工参数，生成以上CYCLE951精加工程序段。

轮廓车削 1
SC 1.000
F 0.100
加工
位置
纵向
X0 50.000
Z0 0.000
X1 10.000 abs
Z1 -30.000 abs

图5—9　填写直角台阶轴精加工参数

G00 X100.0 Z100.0；

M30；

直角台阶轴程序编写完毕，如图 5—10 所示。

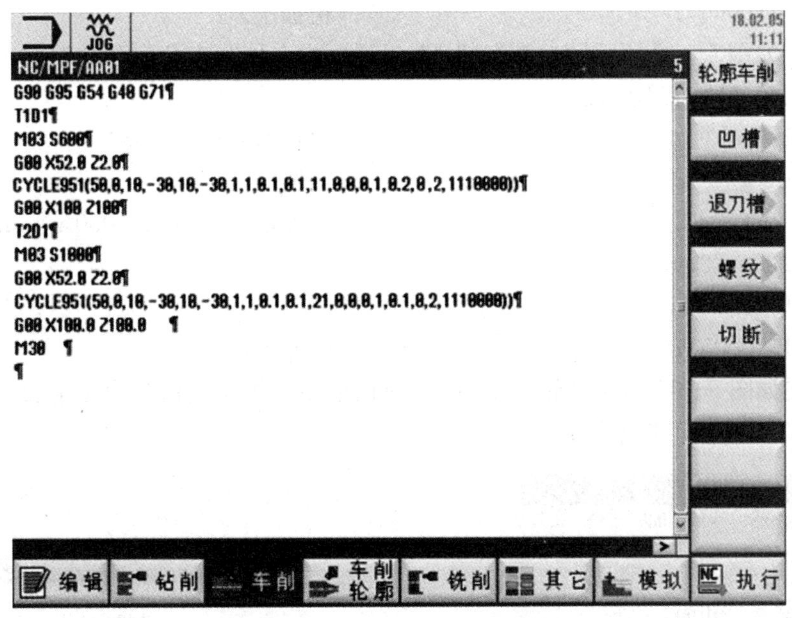

图 5—10　编写完毕的直角台阶轴数控车削程序

例　用 CYCLE 951 指令编写图 5—11 所示工件中 ϕ 36 mm 孔的数控车削程序（其他轮廓已加工）。

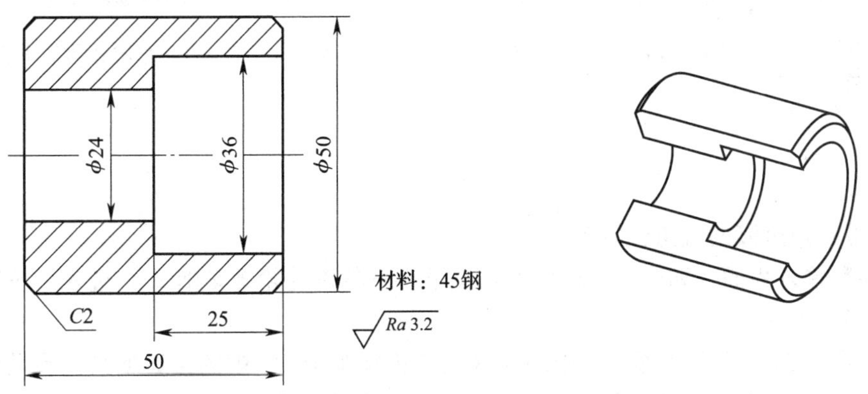

图 5—11　带直角台阶孔的轴车削循环实例

AA502. MPF

G90 G95 G54 G40 G71；	（程序初始化）
T1D1；	（转 1 号刀）
M03 S600；	（主轴正转，转速 600 r/min）

G00 X22.0 Z2.0；　　　　　　　　　　（固定循环起点）

CYCLE951（24，0，36，－25，36，－25，3，1，0.2，0.1，11，0，0，0，2，0.3，0，2，1110000）；　　　　　　　　　　（粗加工）

说明：在如图 5—12 所示“轮廓车削 1”对话框中，填写直角台阶孔粗加工参数，生成以上 CYCLE951 粗加工程序段。

G00 Z100；　　　　　　　　　　（刀具返回至换刀点）

T2D1；　　　　　　　　　　（转精加工刀具）

M03 S1000；　　　　　　　　　　（主轴正转，转速 1 000 r/min）

G00 X22.0 Z2.0；

CYCLE951（24，0，36，－25，36，－25，3，1，0.2，0.1，21，0，0，0，2，0.1，0，2，1110000）；　　　　　　　　　　（精加工）

说明：在如图 5—13 所示“轮廓车削 1”对话框中，填写直角台阶孔精加工参数，生成以上 CYCLE951 精加工程序段。

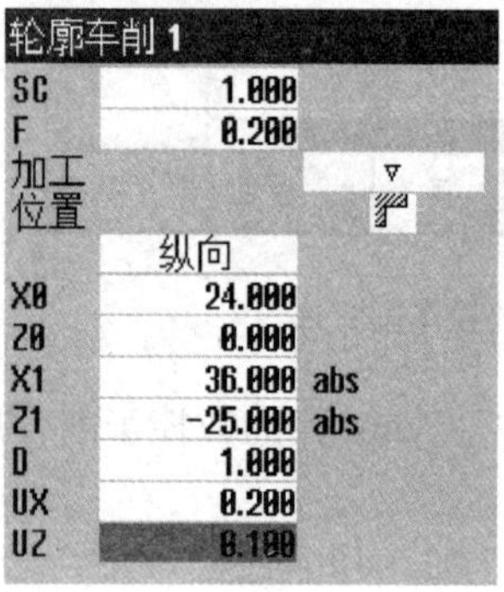

图 5—12　填写直角台阶孔粗加工参数

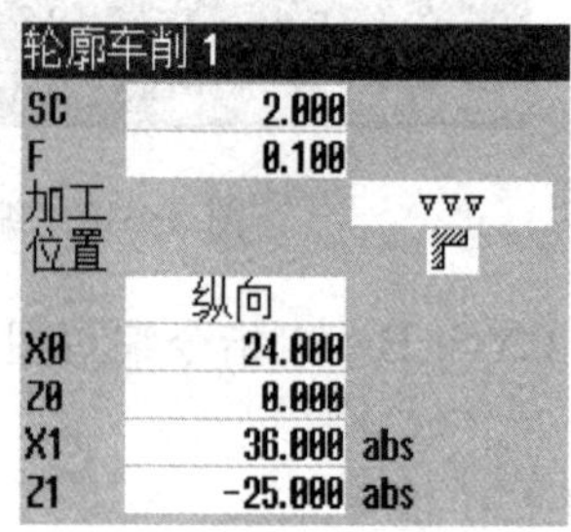

图 5—13　填写直角台阶孔精加工参数

G00 Z100.0；

X100.0；

M30；

（2）带圆角过渡的直角台阶轴

1）参数输入界面　如图 5—14 所示，按下垂直软键［轮廓车削 2］，进入“轮廓车削 2”参数输入编程界面。

2）参数含义　“轮廓车削 2”中的参数比“轮廓车削 1”中的参数增加了台阶倒角和过渡圆弧。带圆角过渡的直角台阶轴车削参数及其含义具体见表 5—3。

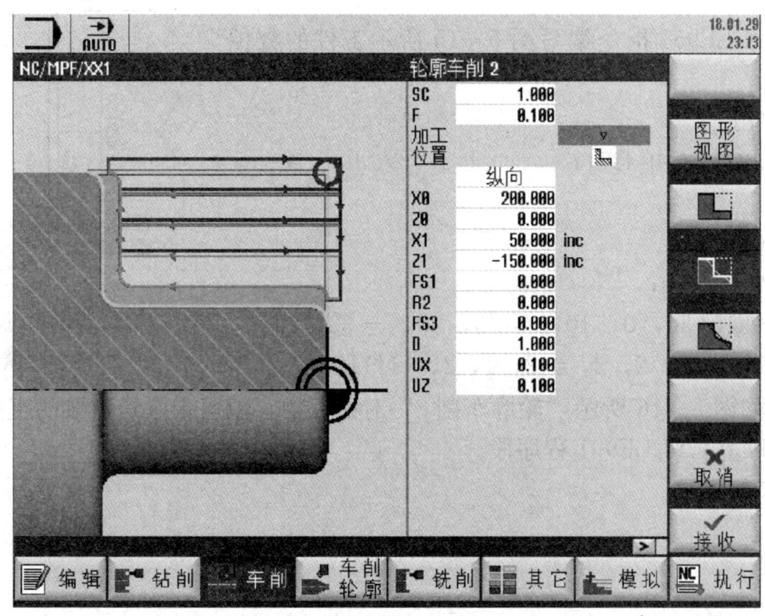

图 5—14 “轮廓车削 2”参数输入编程界面

表 5—3　　带圆角过渡的直角台阶轴车削参数及其含义

对话框参数	含义	说明
SC	安全距离	
F	切削进给速度	
加工类型	▽表示粗加工，▽▽▽表示精加工	按键切换粗、精加工
加工位置	表示右端外圆，表示右端内孔，表示左端内孔，表示左端外圆	按键切换外圆和端面车削
切削方向	纵向、端面的	按键切换加工方向
X0	*X* 轴参考点位置	
Z0	*Z* 轴参考点位置	
X1	工件外圆 *X* 向尺寸（abs 为绝对坐标，inc 为增量坐标）	按键切换绝对坐标和增量坐标
Z1	工件 *Z* 向尺寸（abs 为绝对坐标，inc 为增量坐标）	
D	背吃刀量	
UX	*X* 向精加工余量	
UZ	*Z* 向精加工余量	

3）编程实例

例　用 CYCLE951 指令编写图 5—15 所示工件的数控车削程序。

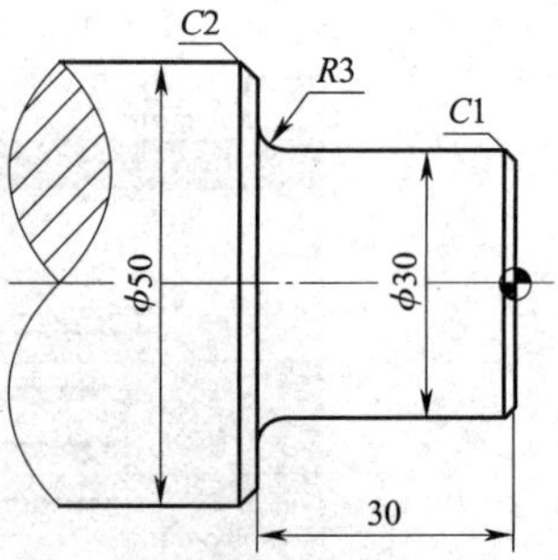

图 5—15　带圆角过渡的直角台阶轴车削循环实例

AA503. MPF

G90 G95 G54 G40 G71；

T1D1；

M03 S600；

G00 X52.0 Z2.0；

CYCLE951（50，0，10，－30，30，－30，1，1，0.15，0.1，11，1，3，2，2，0.2，1，2，1111100）；

说明：在如图 5—16 所示“轮廓车削 2”对话框中，填写带圆角过渡的直角台阶轴粗加工参数，生成以上 CYCLE951 程序段。

G00 X100 Z100；

T2D1；

M03 S1000；

G00 X52.0 Z2.0；

CYCLE951（50，0，20，－30，20，－30，1，1，0.15，0.1，21，1，3，2，2，0.1，1，2，1010000）；

说明：在如图 5—17 所示“轮廓车削 2”对话框中，填写带圆角过渡的直角台阶轴精加工参数，生成以上 CYCLE951 程序段。

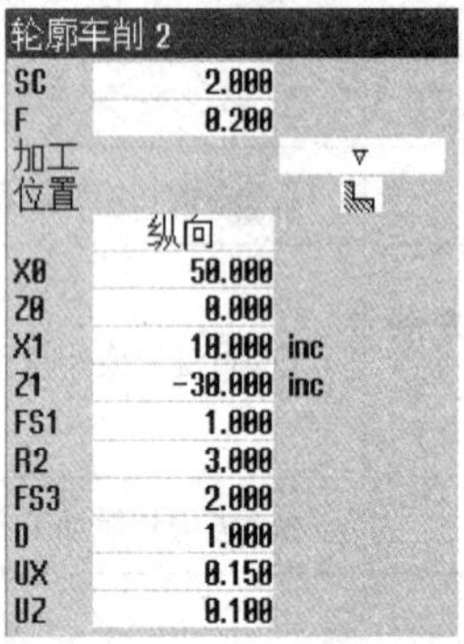

图 5—16　填写粗加工参数

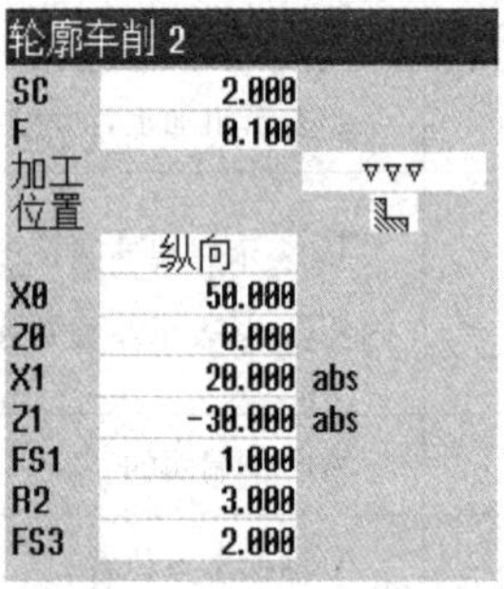

图 5—17　填写精加工参数

G00 X100.0 Z100.0；

M30；

二、切槽固定循环指令（CYCLE930）

使用切槽固定循环指令可以在任意直线轮廓单元上加工对称和不对称的凹槽。切槽固定循环指令（CYCLE930）可以完成绝大多数槽（如外圆槽、内孔槽和端面槽）的车削加工。

1. 切槽固定循环指令格式

CYCLE930（SPD，SPL，WIDG，WIDG2，DIAG，DIAG2，STA，ANG1，ANG2，RCO1，RCI1，RCI2，RCO2，FAL，IDEP1，SDIS，VARI，DN，NUM，DBH，FF1，NR，FALX，FALZ，DMODE，AMODE）；

2. 对话框参数输入编程

（1）直壁槽车削

1）参数输入界面　在如图 5—18 所示新建程序窗口中，按下水平软键［车削］，再按下垂直软键［凹槽］，进入凹槽窗口；按下垂直软键［凹槽 1］，进入如图 5—19 所示界面。

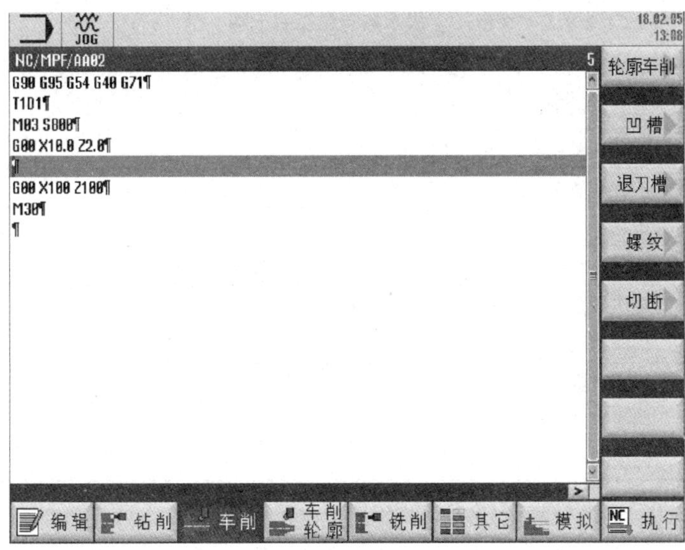

图 5—18　新建程序窗口

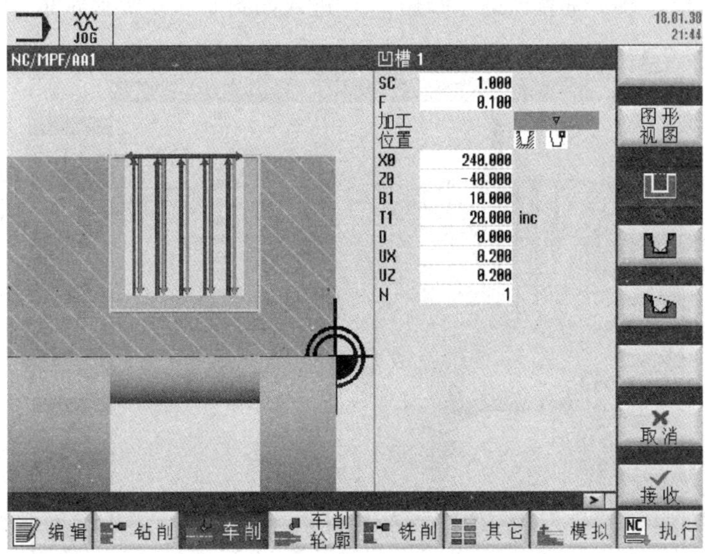

图 5—19　“凹槽 1”参数输入编程界面

2）参数含义　直壁槽车削的参数及其含义具体见表 5—4。

表 5—4　　直壁槽车削参数及其含义

对话框参数	含义	说明
SC	安全距离	
F	切削进给速度	
加工类型	▽表示粗加工，▽▽▽表示精加工，▽＋▽▽▽表示先粗加工后精加工	按键切换
加工位置	表示外圆槽，表示右端面槽，表示内孔槽，表示左端面槽；表示基点位于右上端，表示基点位于右下端，表示基点位于左下端，表示基点位于左上端	根据加工要求，按键切换
X0	*X* 轴参考点位置	
Z0	*Z* 轴参考点位置	
B1	槽宽	
T1	槽深	
D	每次最大背吃刀量	
UX	槽深余量	
UZ	槽宽余量	
N	凹槽数量，N 值为 1～65535	
DP	凹槽间距（增量值），N 值为 1 时不显示 DP	

（2）开口槽车削

1）参数输入界面　在新建程序窗口中，按下水平软键［车削］，再按下垂直软键［凹槽］，进入切槽窗口；按下垂直软键［凹槽 2］，进入如图 5—20 所示界面。

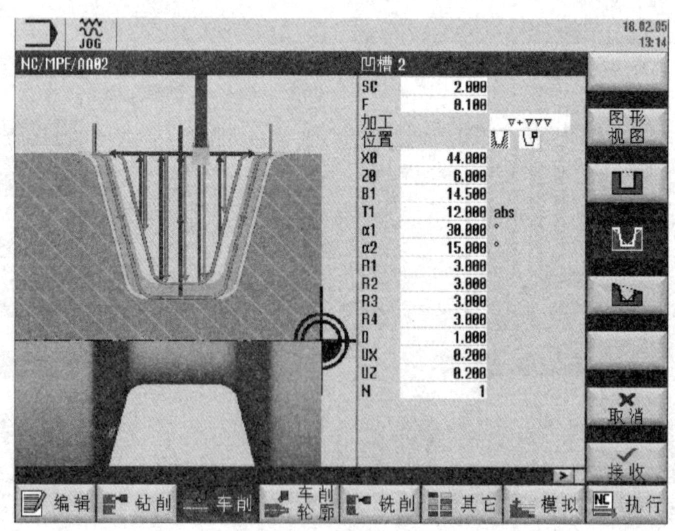

图 5—20　“凹槽 2”参数输入编程界面

2）参数含义　开口槽与直壁槽的区别：开口槽的槽壁是斜面，同时槽口或槽底带倒角过渡。开口槽车削参数及其含义具体见表 5—5。

表 5—5　　开口槽车削参数及其含义

对话框参数	编程操作	说明
SC	安全距离	
F	切削进给速度	
加工类型	▽表示粗加工，▽▽▽表示精加工，▽+▽▽▽表示先粗加工后精加工	按键切换
加工位置	表示外圆槽，表示右端面槽，表示内孔槽，表示左端面槽；表示基点位于右上端，表示基点位于右下端，表示基点位于左下端，表示基点位于左上端	按键切换
X0	*X* 轴参考点位置	
Z0	*Z* 轴参考点位置	
B1	槽底宽度	
T1	槽深	
α1	右侧槽壁与槽深方向的夹角，$0°\leqslant\alpha_1<90°$	
α2	左侧槽壁与槽深方向的夹角，$0°\leqslant\alpha_2<90°$	
FS1 或 R1	右侧槽口倒角	按键切换斜角与圆角
FS2 或 R2	右侧槽底倒角	
FS3 或 R3	左侧槽底倒角	
FS4 或 R4	左侧槽口倒角	
D	每次最大背吃刀量	
UX	槽深余量	
UZ	槽宽余量	
N	凹槽数量，N 值为 1～65 535	
DP	凹槽间距（增量值），N 值为 1 时不显示 DP	

（3）编程实例

例　用 CYCLE930 指令编写图 5—21 所示工件的槽的数控车削程序，已知毛坯为 ϕ 50 mm×52 mm 的圆钢。（其他轮廓已加工）

加工图 5—21 所示工件时，采用一夹一顶的方式装夹，并加工右侧外圆槽。

AA504. MPF

G90 G95 G54 G40 G71；

T1D1；　　（换端面切槽刀，刀宽为 3 mm）

M03 S800；

G00 X10. 0 Z2. 0；

CYCLE930（10，0，13. 124356，15，7，，0，0，15，2，0，3，3，0. 2，1，2，10830，，1，30，0. 1，1，0. 2，0. 2，2，11010）；

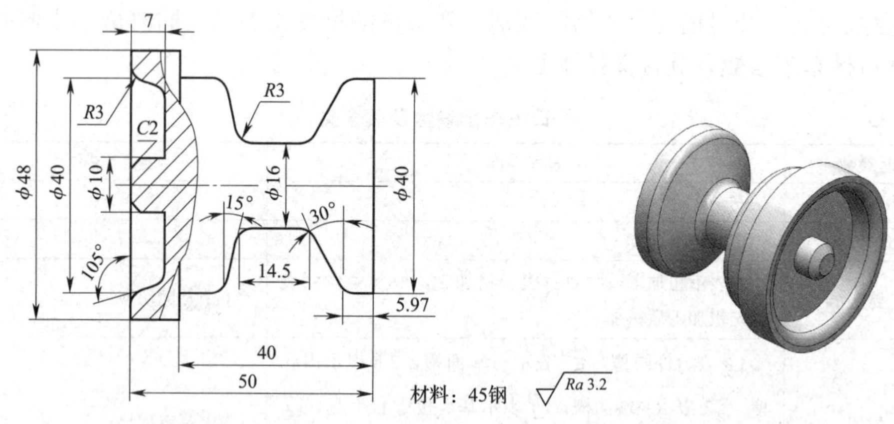

图 5—21　切槽固定循环编程实例

说明：如图 5—22 所示，在“凹槽 2”对话框中填写端面槽加工参数，生成以上 CYCLE930 程序段。

G00 X100 Z100；　　　　（刀具返回换刀点）

M30；

BB504. MPF；

G90 G95 G54 G40 G71；

T2D1；　　　　（转外圆槽刀）

M03 S800；

G00 X44. 0 Z−6. 0；

CYCLE930（44，−6，14. 5，28. 024791，12，，0，30，15，3，3，3，3，0. 2，1，2，10530，，1，30，0. 1，1，0. 2，0. 2，2，100）；

说明：如图 5—23 所示，在“凹槽 2”对话框中，填写外圆槽加工参数，生成以上 CYCLE930 程序段。

凹槽 2		
SC	2.000	
F	0.100	
加工		▽+▽▽▽
位置		
X0	10.000	
Z0	0.000	
B2	15.000	
T1	7.000	inc
α1	0.000	°
α2	15.000	°
FS1	2.000	
FS2	0.000	
R3	3.000	
R4	3.000	
D	1.000	
UX	0.200	
UZ	0.200	
N	1	

图 5—22　填写端面槽加工参数

凹槽 2		
SC	2.000	
F	0.100	
加工		▽+▽▽▽
位置		
X0	44.000	
Z0	-6.000	
B1	14.500	
T1	12.000	abs
α1	30.000	°
α2	15.000	°
R1	3.000	
R2	3.000	
R3	3.000	
R4	3.000	
D	1.000	
UX	0.200	
UZ	0.200	
N	1	

图 5—23　填写外圆槽加工参数

G00 X100.0 Z100.0;

M30;

三、切断固定循环指令（CYCLE92）

CYCLE92 指令专用于用切断刀切断工件，其最大的特点是在切断工件的同时可以对切断部位进行精准的倒角。

1. 切断固定循环指令格式

CYCLE92（SPD，SPL，DIAG1，DIAG2，RC，SDIS，SV1，SV2，SDAC，FF1，FF2，SS2，DIAGM，VARI，DN，DMODE，AMODE）；

2. 对话框参数输入编程

（1）参数输入界面

在如图 5—24 所示新建程序窗口中，按下水平软键［车削］，再按下垂直软键［切断］，进入切槽窗口，出现如图 5—25 所示“切断”参数输入编程界面。

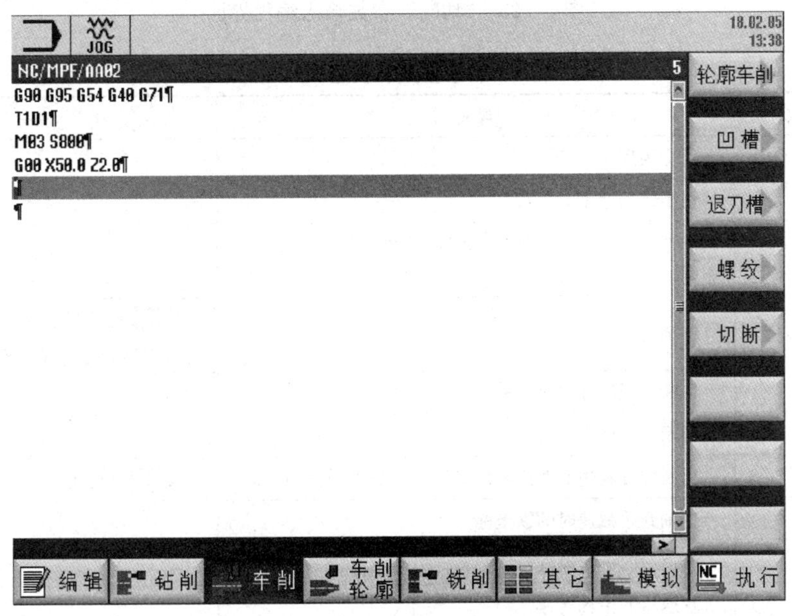

图 5—24　新建程序窗口

（2）参数含义

切断可以在被加工零件的切断位置处利用对话框编程进行倒角或倒圆；可以恒定的切削速率 v（参数 V）或旋转速度 s（参数 S）加工到深度 x_1（参数 X1），然后再以恒定的切削速度加工工件，还可以从深度 x_1（参数 X1）降低进给速度 f_R（参数 FR）或主轴旋转速度 s_R（参数 SR），以使切削速度适应工件减小的直径。切断参数及其含义具体见表 5—6。

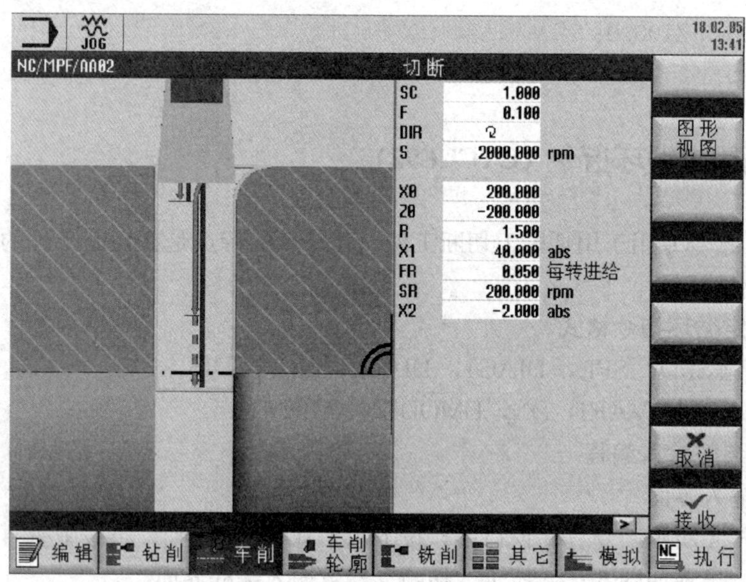

图 5—25　“切断”参数输入编程界面

表 5—6　　**切断参数及其含义**

对话框参数	含义	说明
SC	安全距离	
F	切削进给速度	
DIR	主轴旋转方向，↻代表顺时针旋转，↺代表逆时针旋转	
S	主轴转速	按键切换恒定的切削速度，同时设定最大转速（参数 SV）
X0	切断位置的起点纵坐标	
Z0	切断位置横坐标	
FS/R	切断位置斜边宽度或圆角半径	按键切换
X1	主轴开始减速时的纵坐标	
FR	减速后的进给速度	
SR	减速后的主轴转速	
X2	切断位置的终点纵坐标	

四、螺纹切削固定循环指令（CYCLE99）

螺纹切削固定循环指令用于车削圆柱形、圆锥形（内、外）螺纹，而且既能加工单线螺纹又能加工多线螺纹。

1. 螺纹切削固定循环指令格式

CYCLE99（SPL，SPD，FPL，FPD，APP，ROP，TDEP，FAL，IANG，NSP，

NRC，NID，PIT，VARI，NUMTH，SDIS，MID，GDEP，PIT1，FDEP，GST，GUD，IFLANK，PITA，PITM，PTAB，PTABA，DMODE，AMODE，S _ XRS)；

2. 对话框参数输入编程

(1) 圆柱形螺纹切削

1) 参数输入界面　在如图 5—26 所示新建程序窗口中，按下水平软键 [车削]，再按下垂直软键 [螺纹]，进入螺纹车削窗口；按下垂直软键 [纵向螺纹]，进入如图 5—27 所示界面。

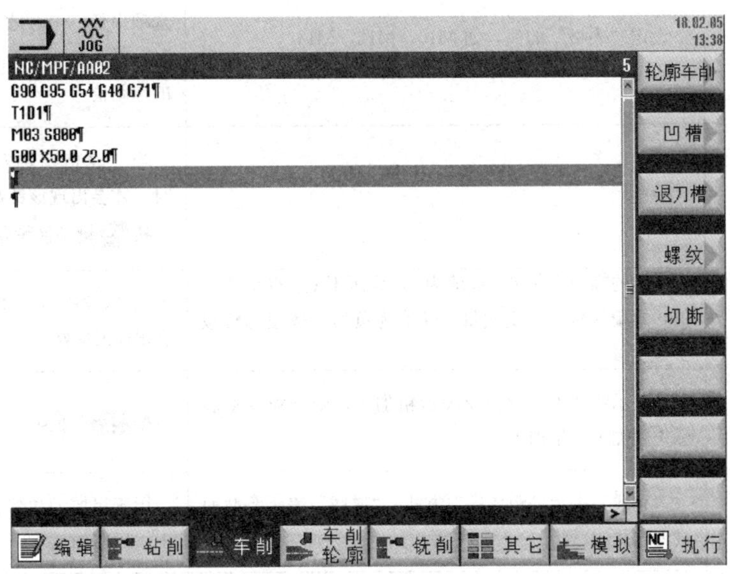

图 5—26　新建程序窗口

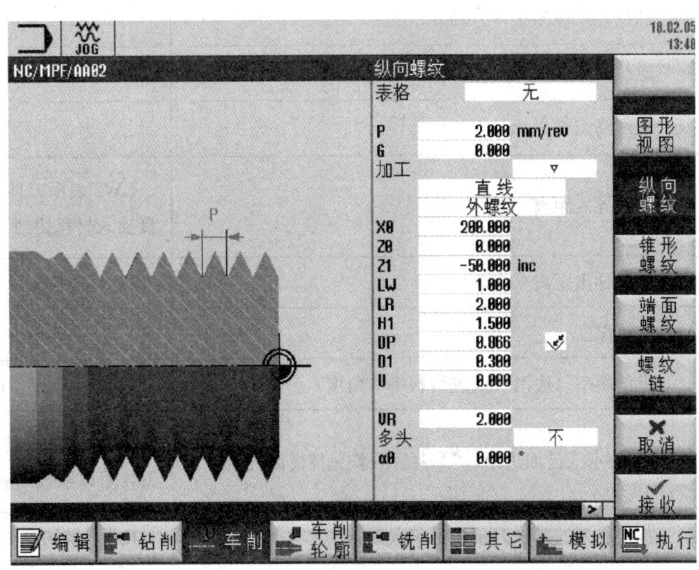

图 5—27　“纵向螺纹”参数输入编程界面

2）参数含义 圆柱形螺纹车削参数及其含义具体见表 5—7。

表 5—7 圆柱形螺纹车削参数及其含义

对话框参数	含义	说明
表格	螺纹选择列表：无、公制螺纹、惠氏螺纹 BSW、惠氏螺纹 BSP、UNC 美制螺纹	仅用于圆柱形螺纹
选择	设定“表格”的值，如 M10，M12，M14	只有“表格”选项中选择了后四个选项中任一个，才会出现此选项。同时，系统会在下一行自动显示出相应的螺距值 P
P	螺距	当“表格”选项中选择了“无”时，才会出现该参数输入框 按 SELECT 键切换螺距单位
G	每转的螺距变化量。G 值为 0，螺距不变；G 值为正值，螺距每转增加变化量；G 值为负值，螺距每转减少变化量	当“表格”选项中选择“无”时，才会出现该参数
加工	▽表示粗加工，▽▽▽表示精加工，▽＋▽▽▽表示先粗加工后精加工	按 SELECT 键切换
螺纹车削方式	“直线”表示等距离进刀方式；“递减”表示等截面进刀方式	用于粗加工和综合加工（即先粗加工，后精加工）
内、外螺纹	内螺纹、外螺纹	按 SELECT 键切换
X0	螺纹起点纵坐标（直径）	
Z0	螺纹起点横坐标	
Z1	螺纹终点横坐标	
LW/LW2/LW=LR	螺纹导入距离	LW2 表示刀具无法从侧面切入，直接插入材料切削
LR	螺纹导出距离	
H1	螺纹深度	
DP/αP	进给斜率（边沿）或进给斜率（角度）	通常选择 αP，值为牙型角的一半
进刀方向	表示沿齿面进给，表示沿着交替齿面进给	采用沿着交替齿面进给的方向进刀，可以减轻同一侧刀沿的负载
D1/ND	首次进刀的背吃刀量或粗车次数	按 SELECT 键切换
U	螺纹精车余量	

续表

对话框参数	含义	说明
NN *	螺纹精车时的空切次数	用于螺纹精加工和螺纹的综合加工（即先粗加工，后精加工）
VR	螺纹车削时的退刀距离	增量值
多头	“不”代表单线螺纹；“是”代表多线螺纹	按 SELECT 键切换
α0	螺纹起始角	仅用于单线螺纹
N *	螺纹线数量	仅用于多线螺纹
DA *	螺纹变化深度	仅用于多线螺纹 DA 为 0 表示逐条螺纹依次加工完毕
加工 *	“完全配置”表示依次加工所有的螺线，N1 表示从第 N 条螺线开始加工，NX 表示只加工第 N 条螺线	仅用于多线螺纹

* 参数仅在满足该参数应用条件时才在“纵向螺纹”参数输入界面的对话框（图 5—27）中显示。

（2）圆锥形螺纹切削

1）参数输入界面　在新建程序窗口中，按下水平软键［车削］，再按下垂直软键［螺纹］，进入螺纹车削窗口；按下垂直软键［锥形螺纹］，进入如图 5—28 所示界面。

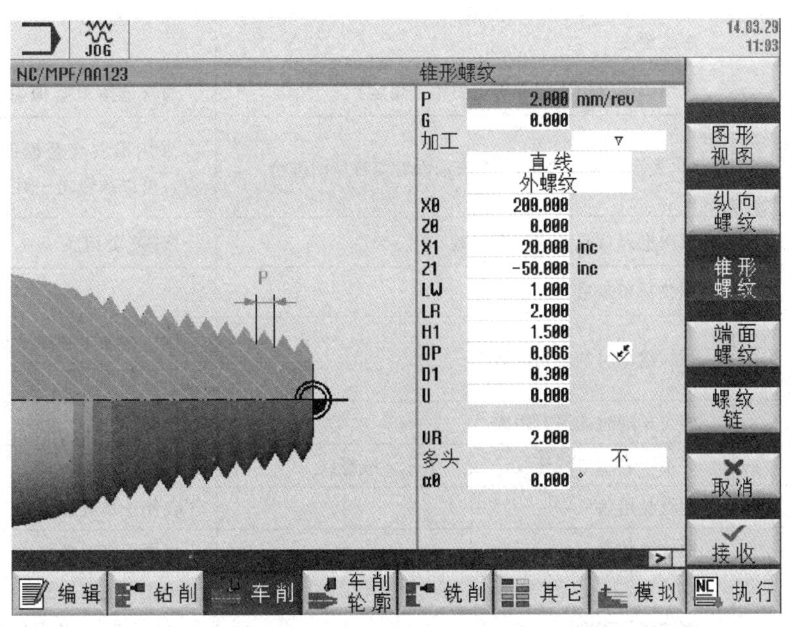

图 5—28　“锥形螺纹”参数输入编程界面

2）参数含义　圆锥形螺纹车削参数与圆柱形螺纹参数大致相同，不同之处是增加了螺纹终点坐标或锥度。圆锥形螺纹车削参数及其含义具体见表 5—8。

表 5—8　　圆锥形螺纹车削参数及其含义

对话框参数	含义	说明
P	螺纹的螺距值	按 SELECT 键切换螺距单位
G	每转的螺距变化。G=0，螺距不变	仅用于螺距的单位为 mm/r 或 in/r 时
加工	▽表示粗加工，▽▽▽表示精加工，▽+▽▽▽表示先粗加工后精加工	按 SELECT 键切换
螺纹车削方式	“直线”表示等距离进刀方式；“递减”表示等截面进刀方式	用于粗加工和综合加工（即先粗加工，后精加工）
内、外螺纹	内螺纹、外螺纹	按 SELECT 键切换
X0	螺纹起点纵坐标（直径）	
Z0	螺纹起点横坐标	
X1/ X1α	螺纹终点纵坐标或螺纹斜度	按 SELECT 键切换
Z1	螺纹终点横坐标	
LW/LW2/LW=LR	螺纹导入距离	LW2 表示刀具无法从侧面切入，直接插入材料切削
LR	螺纹导出距离	
H1	螺纹深度	
DP/αP	进给斜率（边沿）或进给斜率（角度）	通常选择 αP，值为牙型角的一半
进刀方向	表示沿齿面进给，表示沿着交替齿面进给	采用沿着交替齿面进给的方向进刀，可以减轻同一侧刀沿的负载
D1/ ND	首次进刀背吃量或粗车次数	按 SELECT 键切换
U	螺纹精车余量	
NN	螺纹精车时的空切次数	用于精加工和综合加工（即先粗加工，后精加工）
VR	螺纹车削时的退刀距离	增量
多头	“不”表示单线螺纹；“是”表示多线螺纹	按 SELECT 键切换
α0	螺纹起始角	仅用于单线螺纹
N	螺纹线数量	仅用于多线螺纹
DA	螺纹变化深度	仅用于多线螺纹 DA 值为 0，表示逐条螺纹依次加工完毕
加工	“完全配置”表示依次加工所有的螺线；N1 表示从第 N 条螺线开始加工；NX 表示只加工第 N 条螺线	仅用于多线螺纹

（3）编程实例

例 加工如图 5—29 所示工件。已知毛坯为 ϕ42 mm×56 mm。编写螺纹加工程序。

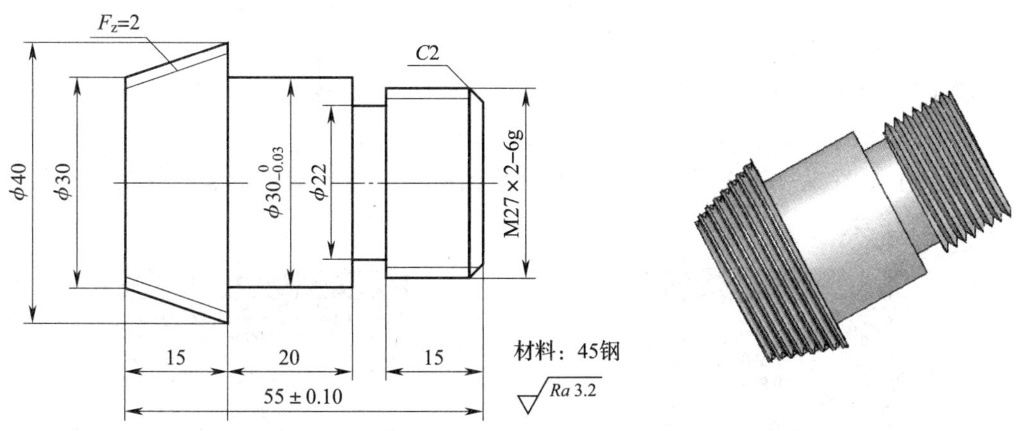

图 5—29 普通三角形螺纹轴固定循环编程实例

```
AA505.MPF;                                 (加工右端轮廓主程序)
  G90 G95 G54 G40 G71;
  T1D1;                                    (换外圆车刀)
  M03 S800 F0.1 M08;
  G00 X34.0 Z2.0;
  ……                                       (用 CYCLE951 指令加工右侧外轮廓)
  G00 X100.0 Z100.0;
  T4D1;                                    (换外螺纹车刀)

  G00 X30.0 Z2.0 S600;
  CYCLE99 (0, 27, −17,, 2, 2, 1.3, 0, 30, 0, 3, 0, 2, 1310101, 4, 2, 0.6,
0.5, 0, 0, 1, 0, 0.750555, 1,,,, 2, 0);
```

说明：在如图 5—30 所示“纵向螺纹”对话框中，填写右端圆柱形螺纹参数，生成以上 CYCLE99 程序段。

```
  G00 X34.0;
  G74 X0 Z0;
  M30;
BB505.MPF;                                 (加工左端外轮廓主程序)
  G90 G95 G54 G40 G71;
  T1D1;                                    (换外圆车刀)
  M03 S800 F0.1 M08;
  G00 X34.0 Z2.0;
```

…… （用 CYCLE951 指令加工左侧外轮廓）

G00 X100.0 Z100.0；

T4D1； （工件掉头时，4 号刀位换上管螺纹车刀）

G00 X27.0 Z2.0 S600；

CYCLE99（0，30，－15，40，2，2，1.3，0，30，0，3，0，2，1310101，4，2，0.6，0.5，0，0，1，0，0.750555，1，，，，22，1）；

说明：在如图 5—31 所示“锥形螺纹”对话框中，填写圆锥形螺纹参数，生成以上 CYCLE99 程序段。

纵向螺纹		
表格	无	
P	2.000	mm/rev
G	0.000	
加工		∇+∇∇∇
	直线	
	外螺纹	
X0	27.000	
Z0	0.000	
Z1	-17.000	abs
LW	2.000	
LR	2.000	
H1	1.300	
αP	30.000	°
D1	0.600	
U	0.000	
NN	0	
VR	2.000	
多头		不
α0	0.000	°

图 5—30　填写圆柱形螺纹参数

锥形螺纹		
P	2.000	mm/rev
G	0.000	
加工		∇+∇∇∇
	直线	
	外螺纹	
X0	30.000	
Z0	0.000	
X1	40.000	abs
Z1	-15.000	inc
LW	2.000	
LR	2.000	
H1	1.300	
αP	30.000	°
D1	0.600	
U	0.000	
NN	0	
VR	2.000	
多头		不
α0	0.000	°

图 5—31　填写圆锥形螺纹参数

G74 X0 Z0；

M30；

五、轮廓车削指令

轮廓车削指令是由若干个独立的加工循环组合而成，每一个循环并不能够单独使用。除了这些循环以外，还要配合轮廓程序一起使用。轮廓程序可以通过系统内部的轮廓编辑器以人机对话的方式进行编写，也可以手工编写在单独的子程序中，再由轮廓调用指令调用。

1. 轮廓调用指令（CYCLE62）

（1）指令格式

CYCLE62（KNAME，TYPE，LAB1，LAB2）；

（2）轮廓定义的方法

轮廓定义的方法有两种。一种是将工件轮廓编写在子程序中，在主程序中通过 CYCLE62

指令对轮廓子程序进行调用。

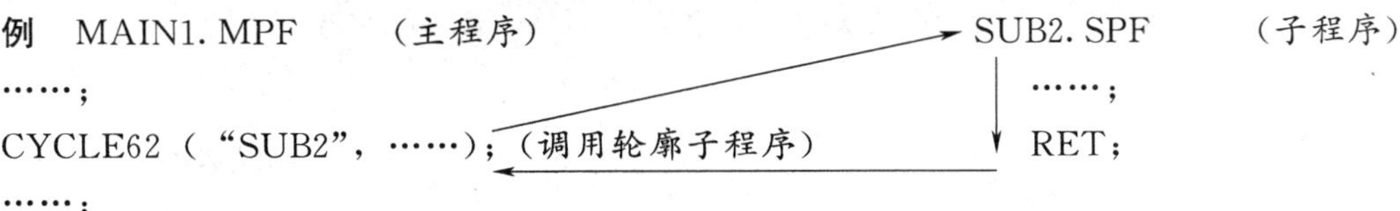

另一种是用“人机对话模式”，绘制轮廓图形，自动生成轮廓程序，直接跟在主程序 M30 之后。

例 MAIN1. MPF

……；

CYCLE62（“L1”，1,,）； （绘制轮廓图形）

CYCLE952（“AA1”,,“”，……）；

M30；

E _ LAB _ A _ L1:；＃SM Z：2

……； （定义轮廓）

E _ LAB _ E _ L1:；

（3）对话框参数输入编程

1）参数输入界面　在如图 5—32 所示新建程序窗口中，按下水平软键［车削轮廓］，再按下垂直软键［轮廓］，进入轮廓调用窗口；按下垂直软键［轮廓］，进入如图 5—33 所示界面，输入子程序名。

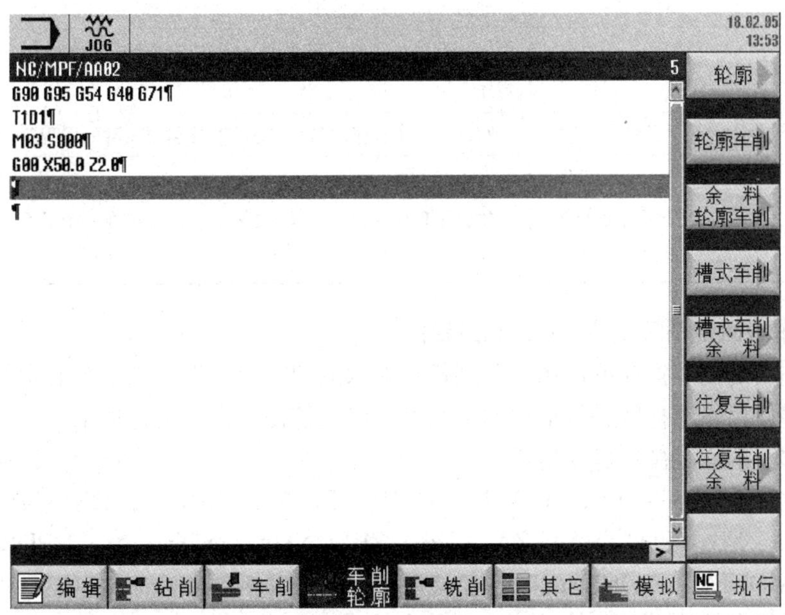

图 5—32　新建程序窗口

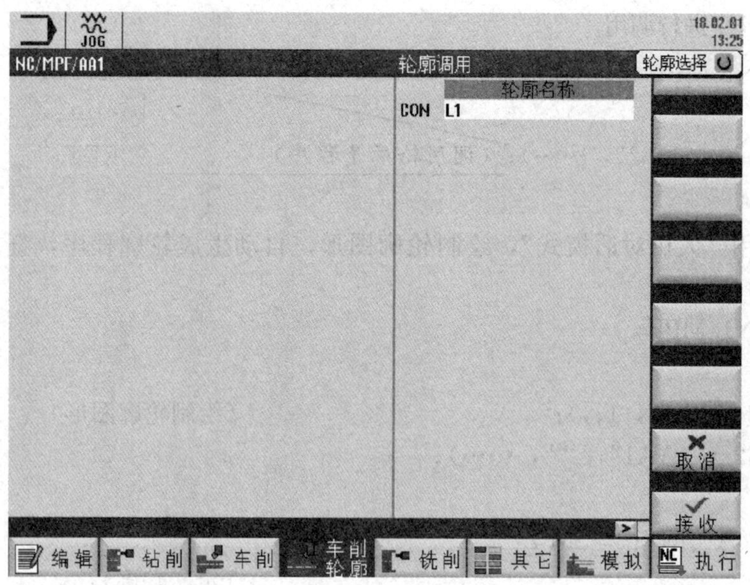

图 5—33 “轮廓调用”输入编程界面

2）参数含义　轮廓调用的参数及其含义具体见表 5—9。

表 5—9　　轮廓调用的参数及其含义

对话框参数	轮廓定义方式	含义
CON	轮廓名称	通过轮廓名称来调用一个轮廓的子程序
LAB1	标签	通过写出首尾两个标签的名称调用两个标签之间的程序作为轮廓子程序
LAB2		
PRG	子程序	写出一个子程序的名字，这个程序就是轮廓的子程序
PRG	子程序中的标签	轮廓子程序放在两个标签之间，同时标签在一个子程序内
LAB1		
LAB2		

2. 轮廓车削固定循环指令（CYCLE952）

轮廓车削固定循环指令可以用来车削任意形状的回转体零件。该指令必须结合轮廓程序来使用。能够使用轮廓程序进行描述的形状都可以用该循环指令进行加工。

（1）轮廓车削固定循环指令格式

CYCLE952（PRG，CON，CONR，VARI，F，FR，RP，D，DX，DZ，UX，UZ，U，U1，BL，XD，ZD，XA，ZA，XB，ZB，XDA，XDB，N，DPDI，SC，DN，GMODE，DMODE，AMODE）；

（2）对话框参数输入编程

1）参数输入界面　在新建程序窗口中，按下水平软键［车削轮廓］，再按下垂直软键［轮廓］，进入轮廓调用窗口；按下垂直软键［轮廓车削］，进入如图 5—34 所示界面。

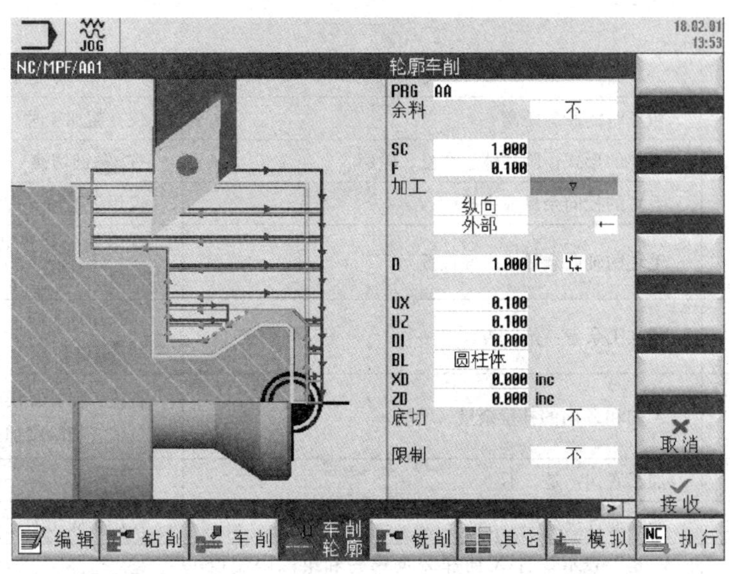

图 5—34 “轮廓车削”参数输入编程界面

2）参数含义　轮廓车削固定循环的参数及其含义具体见表 5—10。

表 5—10　　轮廓车削固定循环参数及其含义

对话框参数	含义	说明
PRG	加工中自动生成的临时程序的名称	不能与被调用的轮廓程序或者子程序名称相冲突
余料	“不”表示毛坯加工；“是”表示余料加工	按键切换
CONR	用于保存更新毛坯轮廓的名称	仅用于余料加工
SC	安全距离	
F	粗车进给速度	
加工类型	▽表示粗加工，▽▽▽表示精加工	按键切换
加工方向	纵向、端面的、与轮廓平行	按键切换
加工部位	外部的、内部的	按键切换
车削方向	→表示由内向外，←表示由外向内	加工方向取决于切削方向或刀具的选择
D	粗车时每次车削的最大背吃刀量	
紧跟轮廓	表示沿轮廓返回，表示不沿轮廓返回，表示需要时描述	按键切换
背吃刀量变化	表示恒定背吃刀量，表示变化的背吃刀量，表示阶梯增长的背吃刀量	按键切换
UX 或 U	X 向的精加工余量或 X 向和 Z 向的精加工余量	按键切换，仅用于粗加工
UZ	Z 向的加工余量	

续表

对话框参数	含义	说明
DI	粗车时的断屑距离	仅在粗加工时
BL	毛坯的形式：圆柱体、余量、轮廓	按键切换
XD	毛坯的径向余量或直径	仅用于毛坯形式为“圆柱体”时
ZD	毛坯的轴向余量或端面位置	仅用于毛坯形式为“余量”　“轮廓”时
余量	精加工余量：是、否	仅在精加工时 按键切换
UI	X 向和 Z 向的补偿余量（增量）	正值：保护补偿余量 负值：切除精加工余量和补偿余量
底切	加工底切：是、不	按键切换
FR	底切逼近进给率	仅用于底切为“是”
限制	“是”表示设置 X 向和 Z 向第一和第二限制值；“不”表示没有限制	通常不限制车削加工的范围

3. **编程实例**

例　加工如图 5—35 所示工件。毛坯为 ϕ52 mm 硬铝长棒料。工件外形加工完成后直接切断。编写该工件的加工程序。

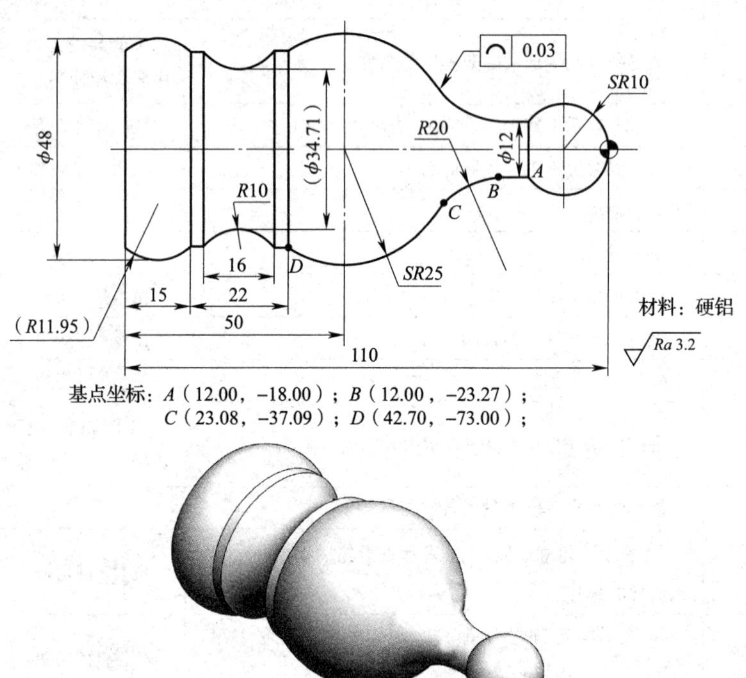

图 5—35　轮廓车削固定循环编程实例

```
AA506. MPF
  G90 G95 G40 G54 G71；
  T1D1；                                   （换 1 号菱形刀片可转位车刀）
  M03 S600；
  G00 X100 Z100；
  X53 Z2；                                 （刀具定位置循环起点）
  CYCLE62（“L1”，1，，）；
```

说明：在如图 5—36 所示“轮廓调用”对话框中，输入轮廓子程序名，生成以上 CYCLE62 轮廓调用程序段。

图 5—36　轮廓调用对话框

```
  CYCLE952（“1”，，“”，1101311，0.2，0.1，0，1，0.1，0.1，0.3，0.05，0.1，0，1，52，0，，，，，2，2，，，0，1，，0，12，11，1，0）；
```

说明：在如图 5—37 所示“轮廓车削”对话框中，填写工件外圆参数，生成以上CYCLE952 外圆加工程序段。

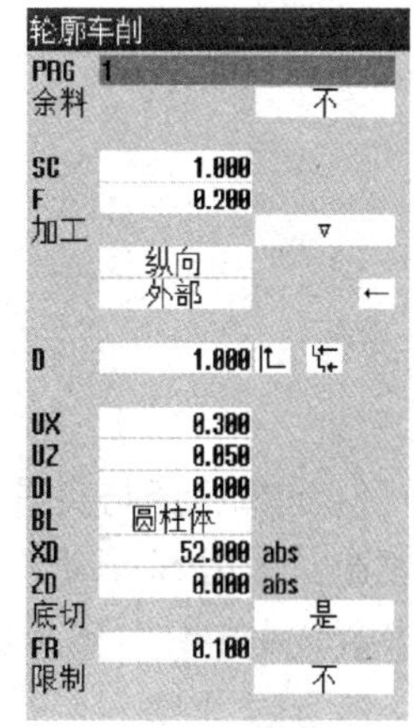

图 5—37　轮廓车削对话框

```
  G00X100；
  Z100；
  M30；
L1. SPF；
  G42 G00 X0；           （刀尖圆弧半径补偿）
      Z0；
  G03 X12 Z−18 CR=10；
  G01 Z−23.27；
  G02 X23.08 Z−37.09 CR=20；
  G03 X42.7 Z−73 CR=25；
  G01 X42.7 Z−76；
  G02 Z−92 CR=10；
  G01 Z−95；
  G03 X42.7 Z−110 CR=11.95；
  G01 Z−114；
  G40 G01 X52
  RET；
```

六、外形车削加工编程综合实例

例　加工如图 5—38 所示工件。毛坯为 ϕ50 mm×90 mm 的圆钢。编写该工件的加工程序。

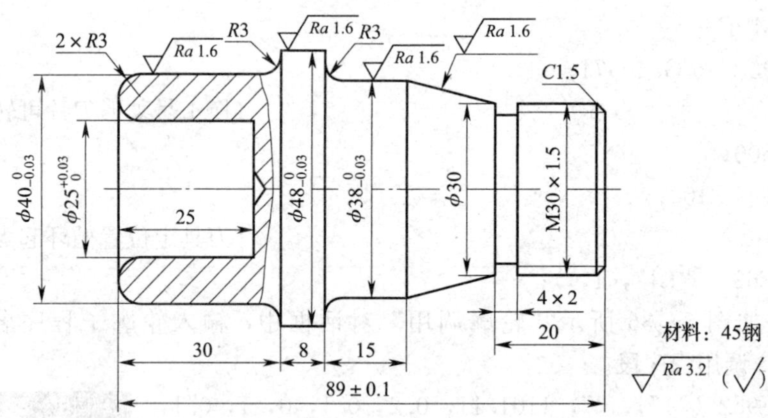

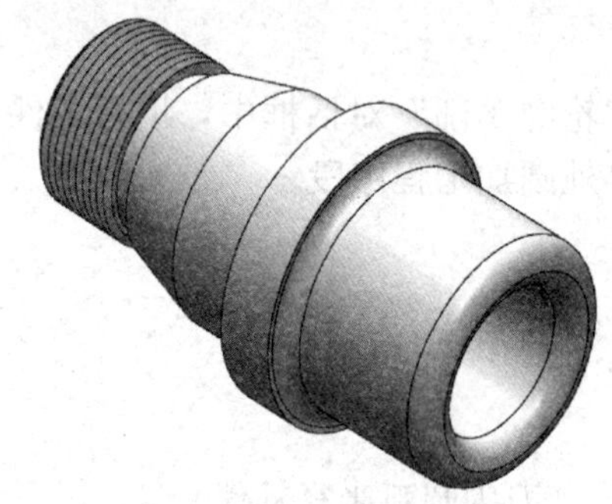

图 5—38 综合编程实例

1. 选择机床与夹具

选择采用 SINUMERIK 828D 系统的前置刀架式 SIEMENUS 数控车床。选用三爪自定心卡盘装夹毛坯。编程原点分别设在工件左、右端面与主轴轴线的交点上。

2. 加工步骤

（1）用 CYCLE952 指令加工左端轮廓。

（2）掉头，手动车削端面，保证总长，并对刀。

（3）用 CYCLE952 指令加工右端外形轮廓。

（4）用 CYCLE930 指令加工外螺纹退刀槽。

（5）用 CYCLE99 指令加工右端外螺纹。

3. 基点计算（略）

4. 选择刀具与切削用量

（1）1 号刀选用 90°外圆车刀。粗车切削用量：S800，F0.2，D1.5；精车切削用量：F0.1，D0.5。

（2）2 号刀选用内孔车刀。粗车切削用量：S800，F0.2，D1.5；精车切削用量：F0.1，D0.5。

（3）3 号刀选用切槽刀，刀宽为 3 mm。切削用量：S500，F0.1。

(4) 4 号刀选用普通外螺纹车刀。切削用量：S800，F1.5。

以上刀具材料均为硬质合金。

5. 编写加工程序

```
AA507.MPF          (加工左端外轮廓主程序)
  G90 G95 G40 G54 G71;
  T1D1;            (换 1 号外圆车刀)
  M03S800;
  G00 X100 Z100;
  X53 Z2;          (刀具定位在循环起点)
  CYCLE62 ("L2", 1,,);
                   (采用会话式编程，调用加工左端外轮廓子程序)
CYCLE952 ("1",, "", 2101311, 0.2, 0.1, 0, 1, 0.1, 0.1, 0.3, 0.05, 0.1, 0, 1, 52, 0,,,,, 2, 2,,, 0, 1,, 0, 12, 11, 1, 0);
```

说明：在如图 5—39 所示“轮廓车削”对话框中，填写左端外轮廓参数，生成以上 CYCLE952 加工程序段。

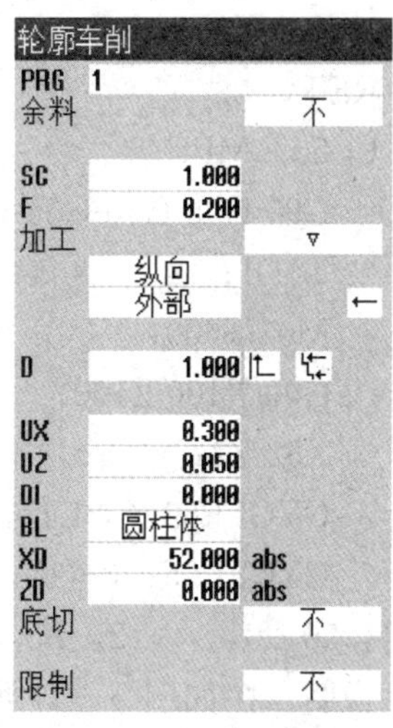

图 5—39 填写左端外轮廓参数

```
  G00 X100;
      Z 100;
  M30;
L2.SPF;            (加工左端外轮廓子程序)
  G42 G01 X32;
      Z0;
  G03 X40 Z-4 CR=4;
  G01 Z-27;
  G02 X46 Z-30 CR=3;
  G01 X48;
      Z-40;
  G40 X52;
RET;
BB507.MPF;                  (加工左端内轮廓主程序)
  G90 G95 G40 G54 G71;
  T2D1;                     (转 2 号内孔车刀)
  M03 S800;
  G00 X100 Z100;
  X18 Z2;
  CYCLE62 ("L3", 1,,);  (采用会话式编程，调用加工左端内轮廓子程序)
  CYCLE952 ("1",, "", 2102311, 0.2, 0.1, 0.1, 1, 0.1, 0.1, 0.3, 0.05, 0.1,
```

0，1，20，0，，，，，2，2，，，0，1，，0，12，11，1，0）；

说明：在如图 5—40 所示“轮廓车削”对话框中，填写左端内轮廓参数，生成以上 CYCLE952 加工程序段。

```
    G00 X20；
        Z100；
    M30；
  L3. SPF；                    （加工左端内轮廓子程序）
    G42 G01 X32 F0. 1；
        Z0；
    G02 X25 Z—4 CR=4；
    G01 Z—25；
    G40 X20；
  RET；
  CC507. MPF；                 （加工右端外轮廓主程序）
    G90 G95 G40 G54 G71；
    T1D1；                     （换 1 号外圆车刀）
    M03 S600；
    G00 X100 Z100；
    X52 Z2；
    CYCLE62（“L4”，1，，）；（采用会话式编程，调用加工右端外轮廓子程序）
    CYCLE952（“1”，，“”，2101311，0. 2，0. 1，0，1，0. 1，0. 1，0. 3，0. 05，0. 1，
0，1，50，0，，，，，2，2，，，0，1，，0，12，11，1，0）；
```

轮廓车削
PRG 1
余料 不
SC 1.000
F 0.200
加工
纵向
内部
RP 0.100 abs
D 1.000
UX 0.300
UZ 0.050
DI 0.000
BL 圆柱体
XD 20.000 abs
ZD 0.000 abs
底切 不
限制 不

图 5—40　填写左端内轮廓参数

说明：在如图 5—41 所示“轮廓车削”对话框中，填写右端外轮廓参数，生成以上 CYCLE952 加工程序段。

```
        G00 X100；
            Z100；
    M30；
  L4. SPF；                    （加工右端外轮廓子程序）
    G42 G01 X26. 8 ；
    Z0；
    X29. 8 Z—1. 5；
    Z—20；
    X30；
    X38 Z—36；
    Z—48；
  G02 X44 Z—51 CR=3；
  G40 G01 X52；
```

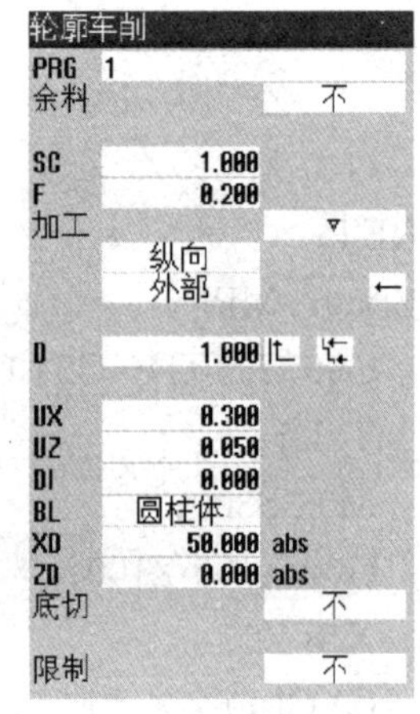

图 5—41　填写右端外轮廓参数

RET；

DD507. MPF；

G90 G95 G40 G54 G71；

T3D1；　　　　　　　　（换 3 号切槽刀）

M03 S500；

G00 X100 Z100；

CYCLE930（30，－20，10，10，25.8，，0，0，0，2，2，2，2，0.2，1，1，10130，，1，30，0.1，0，0.2，0.2，2，1111100）；

说明：在如图 5—42 所示“凹槽 1”对话框中，填写右端外螺纹退刀槽参数，生成以上 CYCLE930 加工程序段。

G00 X100；

Z100；

M30；

EE507. MPF；

G90 G95 G40 G54 G71；

T4D1；　　　　　　　　（换 4 号螺纹刀）

M03 S1000；

G00 X100 Z100；

X32 Z2；

CYCLE99（0，30，－18，，3，2，0.975，0.03，30，0，3，0，1.5，1300103，4，2，0.334108，0.5，0，0，1，0，0.562917，1，，，，2，0）；

说明：在如图 5—43 所示“纵向螺纹”对话框中，填写右端普通三角形外螺纹参数，生成以上 CYCLE99 加工程序段。

凹槽 1		
SC	1.000	
F	0.100	
加工		▽+▽▽▽
位置		
X0	30.000	
Z0	-20.000	
B1	10.000	
T1	25.000	abs
D	1.000	
UX	0.200	
UZ	0.200	
N	1	

图 5—42　填写右端外螺纹退刀槽参数

纵向螺纹		
表格		无
P	1.500	mm/rev
G	0.000	
加工		▽+▽▽▽
	递减	
	外螺纹	
X0	30.000	
Z0	0.000	
Z1	-18.000	abs
LW	3.000	
LR	2.000	
H1	0.975	
αP	30.000	°
ND	3	
U	0.030	
NN	0	
VR	2.000	
多头		不
α0	0.000	°

图 5—43　填写右端普通三角形外螺纹参数

G00 X100 Z100；

M30；

第三节　SINUMERIK 828D 系统数控车床操作

一、数控车床总面板

本章以采用 SINUMERIK 828D 系统的 CAK600A 型数控车床为载体介绍数控系统及其车床操作。该数控车床总面板由 SINUMERIK 828D 系统面板和机床控制面板两部分组成，如图 5—44 所示。

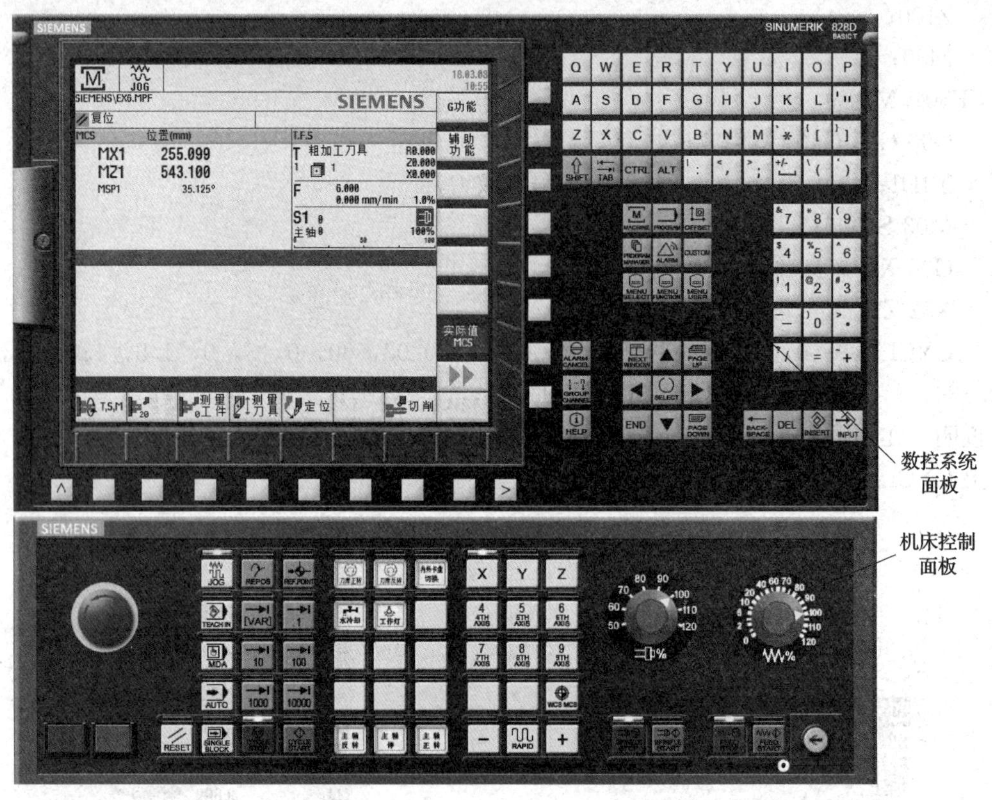

图 5—44　CAK600A 型数控车床总面板

1. SINUMERIK 828D 系统面板

数控系统面板主要由数控系统生产厂家原装配置。SINUMERIK 828D 系统面板主要由屏幕显示区和各种功能按键区等组成，如图 5—45 所示。

(1) SINUMERIK 828D 系统面板的划分及功能

SINUMERIK 828D 系统面板各个分区名称及功能见表 5—11。

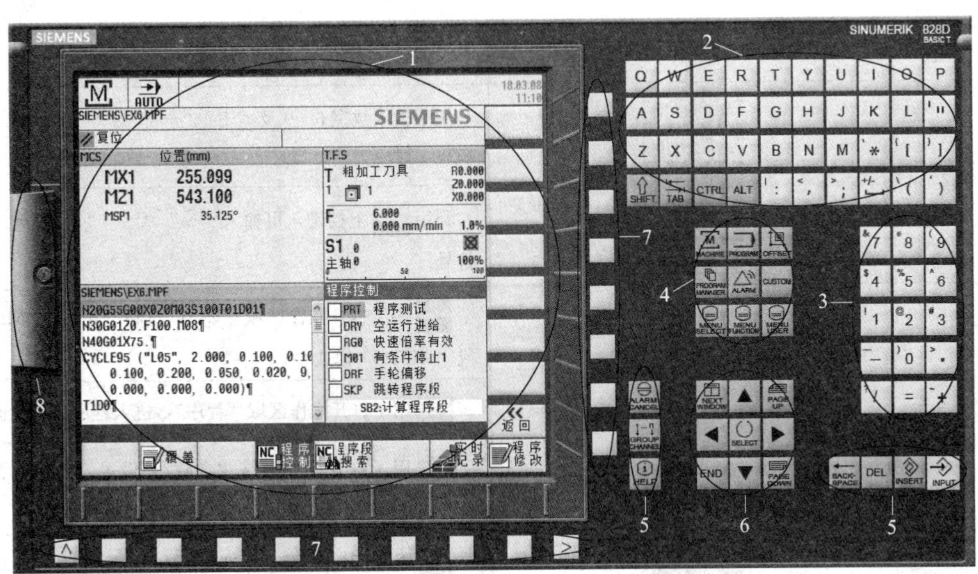

图 5—45　SINUMERIK 828D 系统面板

1—屏幕显示区　2—字母区　3—数字区　4—热键区　5—控制键区

6—光标区　7—软键区　8—用户接口区

表 5—11　　SINUMERIK 828D 系统面板分区名称及功能

分区名称	图示	功能
屏幕显示区		系统屏幕显示详见图 5—46 及表 5—12
字母区		用于字母 A～Z 字符的输入
		用于“、”“*”“(”“)”“[”“]”“<”“>”“:”等符号的输入
		SHIFT 为上档键，用于输入双字符键上部字符
		TAB 为跳格键，用于将光标缩进若干字符
		CTRL ALT 与其他键组合，可以实现快捷功能

续表

分区名称	图示	功能
数字区	7 8 9 4 5 6 1 2 3 - 0 . / = +	用于输入数字 0～9 及“+”“-”“*”“/”“=”等运算字符
		利用 SHIFT 上档键，可输入“&”“%”“#”“@”等符号
热键区	MACHINE PROGRAM OFFSET PROGRAM MANAGER ALARM CUSTOM MENU SELECT MENU FUNCTION MENU USER	MACHINE 用于打开操作区域“加工”（在“JOG”“MDA”或“AUTO”模式中）
		PROGRAM 用于打开操作区域“程序”，进入程序编辑界面
		OFFSET 用于打开操作区域“参数”，设置刀具清单、刀具磨损、刀库、零偏、用户变量等
		PROGRAM MANAGER 用于打开操作区域“程序管理器”，管理程序列表
		ALARM 用于打开报警清单窗口，查看报警信息
		MENU SELECT 为选择菜单键，用于打开功能选择窗口
		CUSTOM 为机床厂自定义按键
控制键区	BACKSPACE DEL INSERT INPUT ALARM CANCEL GROUP CHANNEL HELP	BACKSPACE 用于清除活动的输入字段中光标前的字符
		DEL 用于清除参数字段中的光标后的字符
		INSERT 用于激活插入模式
		INPUT 用于输入数据值、开和关目录、打开文件
		ALARM CANCEL 用于清除报警信息显示
		GROUP CHANNEL 用于通道选择
		HELP 用于显示帮助文件
光标区	NEXT WINDOW ▲ PAGE UP ◀ SELECT ▶ END ▼ PAGE DOWN	◀ ▶ ▲ ▼ 为光标键，将光标移至屏幕中各个不同的字段或者行
		SELECT 为选择功能键，用于在多个选项中进行切换
		NEXT WINDOW 在实际工作窗口中激活下一个子窗口
		PAGE UP PAGE DOWN 为翻页键，向前和向后翻页
		END 将光标置于参数窗口中的最后一个输入字段

续表

分区名称	图示	功能
软键区	∧ … … >	∧ 为回调键，用于跳转至下一个菜单级别 为软键选择键，用于选择软键对应菜单功能 > 为扩展键，用于扩展水平软键栏
用户接口区	1 2 3 4	1 为以太网插口，通过网络传输数据 2 为 RDY、NC、CF 状态 LED 指示灯 3 为 USB 插口，通过 U 盘传输数据 4 为 CF 插口，通过 CF 传输数据

（2）屏幕显示区及功能介绍

SINUMERIK 828D 系统屏幕显示区是该数控系统与编程操作人员进行人机交互的界面，用于数控机床各种参数（如运行参数、报警信息等）以及编程操作人员对数控机床的控制信息（如数控编程指令等）。屏幕显示区组成部分如图 5—46 所示，其分区名称及功能具体见表 5—12。

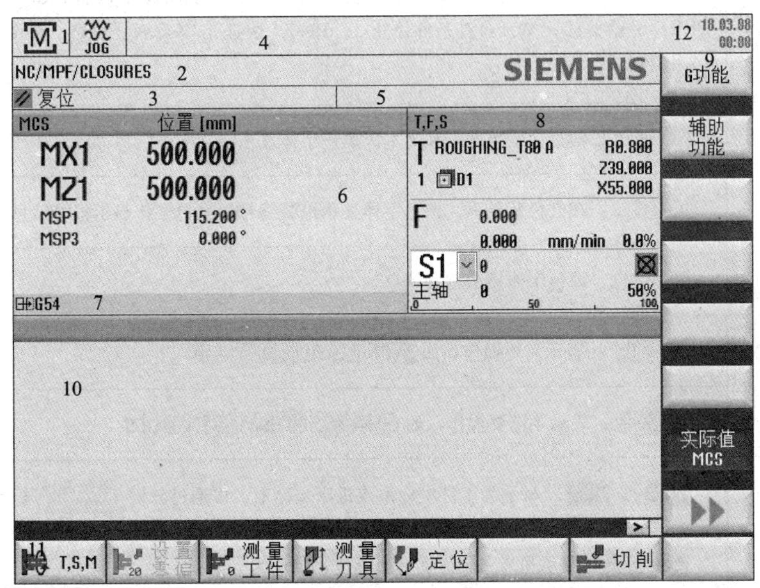

图 5—46 屏幕显示区的组成

1—有效操作区域和操作模式 2—程序路径和名称 3—通道状态和程序控制 4—报警或信息 5—通道运行信息 6—坐标值显示 7—激活零点和旋转的显示 8—T、F、S1 信息显示 9—垂直软键和辅助功能信息栏 10—工作窗口 11—水平软键栏 12—系统时间显示

表 5—12 数控系统屏幕显示区分区名称及功能

分区名称	功能
有效操作区域和操作模式	有效操作区域包括加工 M、参数、程序、程序管理器、诊断、调试六种状态
	操作模式显示手动进给 JOG、手动数据输入 MDA、自动运行 AUTO、重新定位和重新接近轮廓 REPOS、返回参考点 REF.POINT 五种模式
程序路径和名称	显示当前选择程序名称及存储路径信息
通道状态和程序控制	复位：按下 RESET，使机床处于初始状态
	有效：显示正在处理程序，无异常状况
	中断：使用 CYCLE STOP，中断程序
	SB1 SKP DRF M01 RG0 DRY PRT：显示有效的程序段控制 SB1：粗略单步执行；SB2：计算程序段；SB3：精准单步执行；SKP：跳转程序段；DRF：手轮偏移；M01：有条件停止 1；RG0：快速倍率有效；DRY：空运行进给；PRT：程序测试
报警或信息	NC 或 PLC 信息：信息编号和文本以黑色字体显示
	报警显示：在红色背景下，白色字体显示报警编号，红色字体显示报警信息
	程序信息：绿色字体显示相关信息
通道运行信息	停止：表示需要操作，如 停止：单步执行结束
	等待：表示不需要操作，如 等待：G4 S90 还有：90.0 U
坐标值	WCS 或 MCS：显示为工件坐标系或机床坐标系，可通过软键 实际值 MCS 进行切换
	位置 [mm]：显示机床各轴的实际坐标值，单位为 mm
	余程：运行程序时显示当前数控程序段的剩余行程
激活零点和旋转	G54：显示当前激活的零点

续表

分区名称	功能
T、F、S 信息	T 区显示刀具信息 T ROUGHING_T80 A R0.800 1 D1 239.000 X55.000 ：有效刀具 T。其中，ROUGHING_T80 A 为刀具名称；D1 为当前刀具的刀沿号；为当前刀具类型符号；R0.800 为刀尖圆弧半径；239.000 X55.000 为刀具长度尺寸
	F 区显示进给率信息 F 0.000 0.300 mm/rev 60% ：进给率 F。其中，0.000 为实际进给率；0.300 mm/rev 为程序制定进给率；60% 为进给倍率百分比
	S 区显示主轴信息 S1 1000 主轴 700 70% ：主轴参数 S。其中，S1 主轴 为当前运行主轴号；1000 为程序主轴转速设定值；700 为实际主轴转速；为主轴顺时针旋转；70% 为主轴旋转倍率百分比
垂直软键和辅助功能信息栏	显示各种指令功能菜单，同时显示有效 G 功能、辅助功能等信息
工作窗口	显示当前正在执行的程序内容
水平软键栏	显示系统操作和编辑命令菜单
系统时间	14.06.02 21:17 ：显示当前系统时间

2. 机床控制面板

数控机床控制面板主要是由机床制造商根据机床所配置的系统及机床的具体功能设计的。机床厂家、型号、规格不同，往往机床控制面板也有很大差异。CAK600 型数控车床的机床控制面板如图 5—47 所示。其开关、按钮、名称及其功能具体见表 5—13。

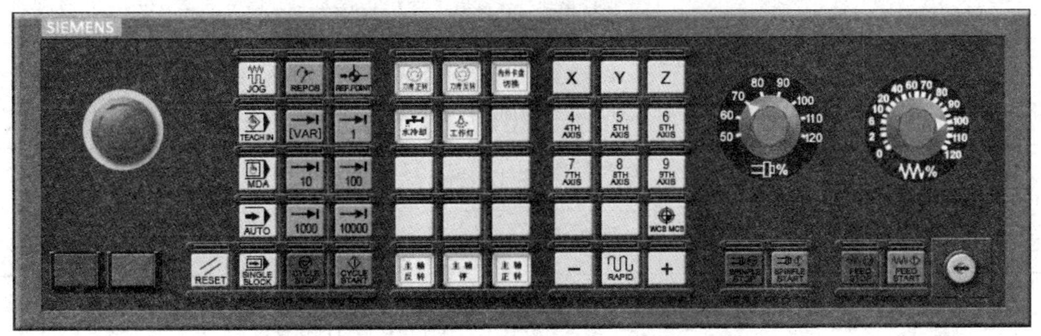

图 5—47　CAK600 型数控车床的机床控制面板

表 5—13　　CAK600 型数控车床的机床控制面板开关、按钮、名称及其功能

图例	名称	功能
	机床总电源开关	开关位于机床的左侧电气柜上，“0”位为总电源关闭，“1”位为总电源接通
	系统电源开关	绿色键为系统电源接通，红色键为系统电源断开
	紧急停止按钮	简称急停按钮。出现紧急情况时按下急停按钮，屏幕上出现“EMG”字样，机床报警指示灯亮
	主轴控制按钮	：按该按钮停止主轴
		：按该按钮启动主轴
	进给控制按钮	：停止当前正在运行的加工程序，即停止机床轴的运动
		：从当前程序段继续运行，并将进给速度提高到设定值
	数据钥匙开关	可通过钥匙开关的不同位置设置不同的数据访问级别
	模式选择按钮	模式：在该模式下可进行手动切削进给、手动快速进给、程序编辑、对刀等操作
		模式：在该模式下，重新定位和重新接近轮廓
		模式：在该模式下，可进行回参考点操作
		模式：在该模式下，可以与机床通过人机交互进行编程
		模式：在该模式下，手动数据输入操作
		模式：在该模式下，自动运行加工操作
	复位按钮	按下该按钮，使机床进入准备就绪状态，可开始执行程序；使机床停止正在执行的加工程序；清除激活报警
	自动运行控制按钮	为循环启动按钮
		为循环暂停按钮，又称为进给保持按钮
	单段运行选择按钮	自动运行模式下的程序单段运行选择按钮

续表

图例	名称	功能
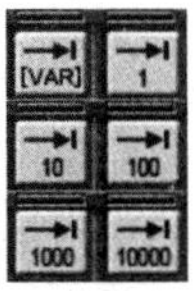	增量进给选择按钮	为增量进给变量，以可变步长移动一段增量距离 ～ 为增量进给步长，以 1～10 000 倍增量值的指定步长移动一段增量尺寸距离。增量步长的长度取决于机床基准
	切削液开关	用于打开或关闭机床冷却系统
	照明开关	用于打开或关闭机床照明系统
	手动换刀按钮	可以实现手动转动刀架，实现换刀功能
	主轴旋转选择按钮	主轴反转、停转、正转的选择按钮，仅在“JOG”或“REF”模式下有效
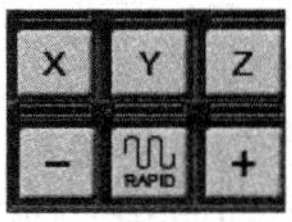	“JOG”进给及进给方向按钮	模式下，按住指定轴的方向键不松开，即可使指定刀具沿指定的方向连续、慢速手动进给。进给率可通过进给速度倍率旋钮进行调节。按下中间位置的快速移动键  ，再按住指定轴的进给方向键不松开，即可实现该方向上的快速进给
	坐标系切换按钮	用于切换工件坐标系（WCS）和机床坐标系（MCS）
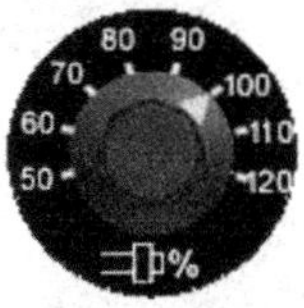	主轴倍率旋钮	用于增减编程设定的转速。转速变化可在 50%～120%。新的调节值在屏幕中转速状态的显示部分中显示为绝对值和百分比值
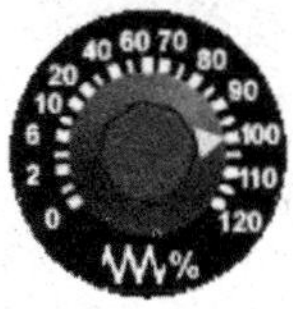	进给倍率旋钮	用于增减编程设定的进给速度。进给速度变化可在 0%～120%，但是在快速行程中最高只能达到 100%。新的调节值在屏幕中进给状态的显示部分中显示为绝对值和百分比值

二、数控车床基本操作

1. 开机和关机操作

(1) 开机操作

1) 检查机床和 CNC 系统各部分的初始状态是否正常。

2）将机床左侧电气柜上的总电源开关扳至“1”位，接通机床总电源。

3）按下机床控制面板上绿色的系统电源开关 ，数控系统开始启动，系统引导内容完成后，进入系统主界面，如图 5—48 所示。

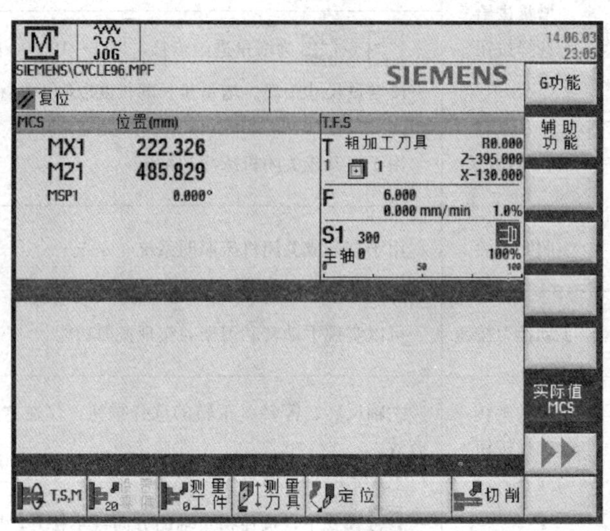

图 5—48　数控系统主界面

4）如果屏幕右上角闪烁“♯3000”（急停报警信息），可松开机床控制面板和手轮上的急停按钮，然后按下复位按钮 ，即可取消此报警信息。如果仍有“♯70000”（报警信息），则按下 和 中的绿色按钮，即可使系统复位。

（2）关机操作

1）按下 键，回到主界面。

2）卸下工件和刀具。

3）在“JOG”运行方式下，将刀架移动至安全位置，然后按下急停按钮。

4）按下机床控制面板上红色的系统电源开关 ，断开数控系统电源。

5）将机床左侧电气柜上的总电源开关扳至“0”位，关闭机床总电源。

2. JOG（手动）运行方式

按“JOG”键进入手动运行方式后，屏幕显示如图 5—49 所示窗口。在该方式下，主要可以进行以下几种操作。

（1）慢速工进

按下任一“轴向”按钮（X、Y、Z）＋“进给方向按钮”（＋、－），可以使刀架沿相应的轴向移动；刀架移动速度可以通过“进给倍率”旋钮随时调节。

（2）快速进给

按下某“轴向”按钮＋“进给方向”按钮不松开，同时按“快速移动”键（ ），可以使刀架沿该轴快速移动。

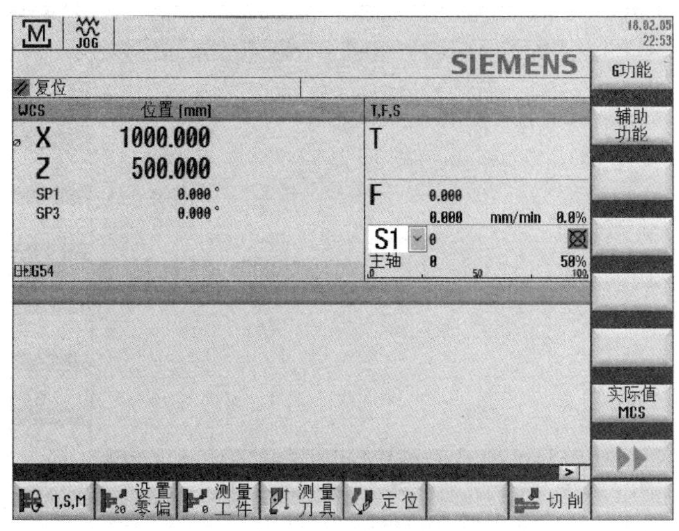

图 5—49 “JOG”运行方式显示窗口

（3）增量进给

按“增量选择”（[VAR]）按钮，进入“增量”模式，并选择增量步长（1、10、100、1000、10000）后，每按一次“进给方向”键（点动），刀架向相应轴方向移动一个步进增量。这种方式对精确调节坐标位置有较大帮助。按“JOG”键，结束增量模式，返回手动运行方式。

（4）手轮进给

在“JOG”模式下，图 5—50 所示综合手轮的轴选择旋钮没有位于“OFF（关闭）”位置，则机床运行方式为手轮方式，且轴的选择、增量步长的选择都默认为手轮上的选择。如果要进行“回零”操作或利用“JOG”模式进行手动进给，应先把手轮上轴选择旋钮拨至“OFF”处，再进行相关操作。

3. MDI（手动数据输入）运行方式

MDI 运行方式参阅本书第四章第五节。

4. 零点偏置的设定与对刀操作

对刀操作时，机床原点、工件坐标系原点参见图 4—37。假设刀架上装有 4 把刀，分别是 1 号外圆车刀，2 号螺纹车刀，3 号切断刀和 4 号内孔车刀。其零点偏置设定、对刀操作与刀具补偿参数设置过程如下。

（1）机床零点偏置（即原点偏置）的设定

1）在“JOG”模式下，按下 OFF—SET 键返回主菜单。

2）按水平软键［零偏］，进入图 5—51 所示窗口。

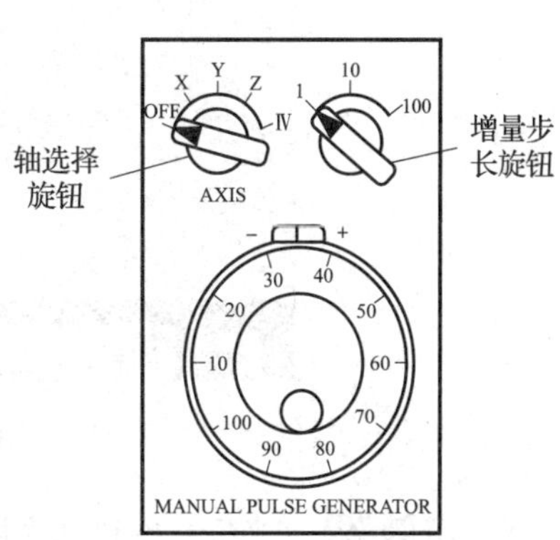

图 5—50 综合手轮

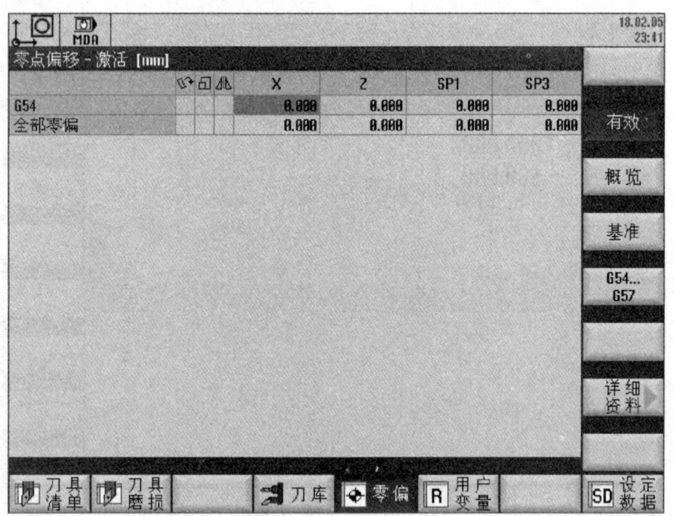

图 5—51 “零点偏移－激活”窗口

3）把光标移到待修改的输入区。

4）输入数值“0”，按 键确认。

5）按垂直软键［G54…G57］，采用同样的方法，在“零点偏移－激活”窗口将 G55、G56、G57 值设置为零。

（2）建立新刀具

1）在“JOG”模式下，选择水平软键［刀具清单］，出现如图 5—52 所示窗口。

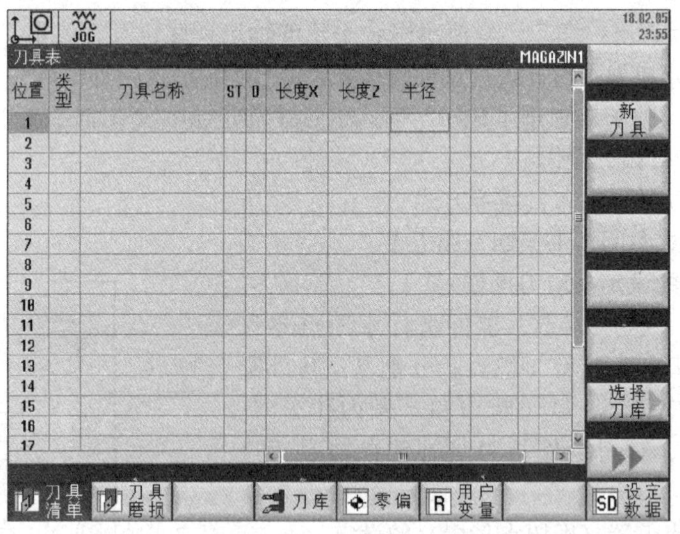

图 5—52 “刀具表”窗口

2）用 （光标）键移动光标至 1 号刀位处，按垂直软键［新刀具］，出现如图 5—53 所示窗口。

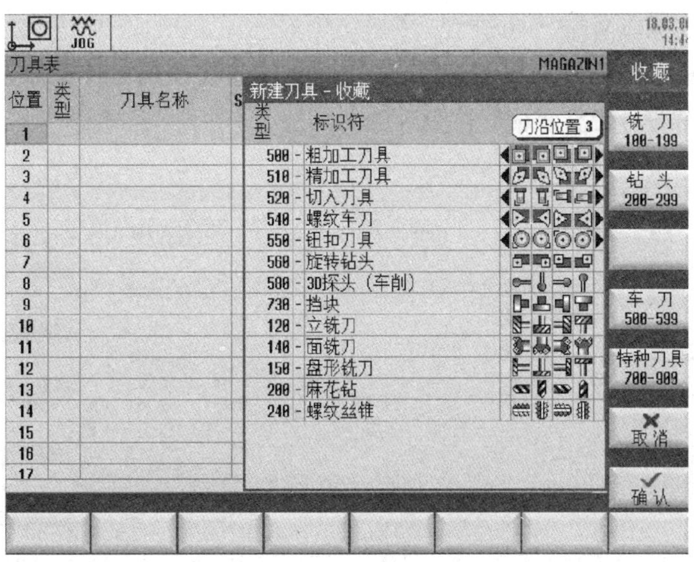

图 5—53　新刀具设定窗口

3）用 ▲▼（光标）键移动至新建的刀具类型。

4）用 ◀▶ 光标键移动至刀沿位置 3 处，按垂直软键［确认］，即建立了刀具号为 1、刀沿号为 3 的数控车刀具。

5）依次建立其他三把刀的刀具号和刀沿号。

（3）设置 T、S、M 参数

“JOG”运动方式显示窗口中，按水平软键［T，S，M］，输入图 5—54 所示参数，并按“循环启动”按钮，1 号刀转为当前刀具，主轴正转，零偏为 G54。

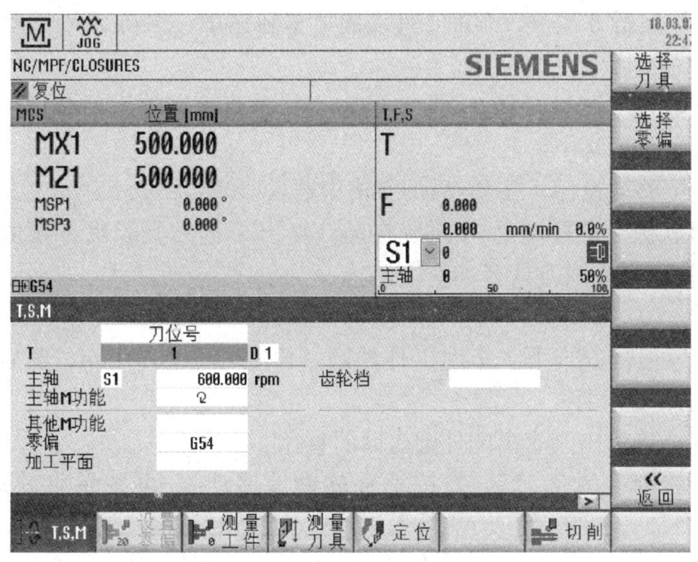

图 5—54　T、S、M 参数设置

（4）切换坐标系（WCS/MCS）

在“JOG”模式下，并且零偏已设置，按 按钮切换到工件坐标系，如图 5—55 所示。同时，水平软键［设置零偏］被激活。

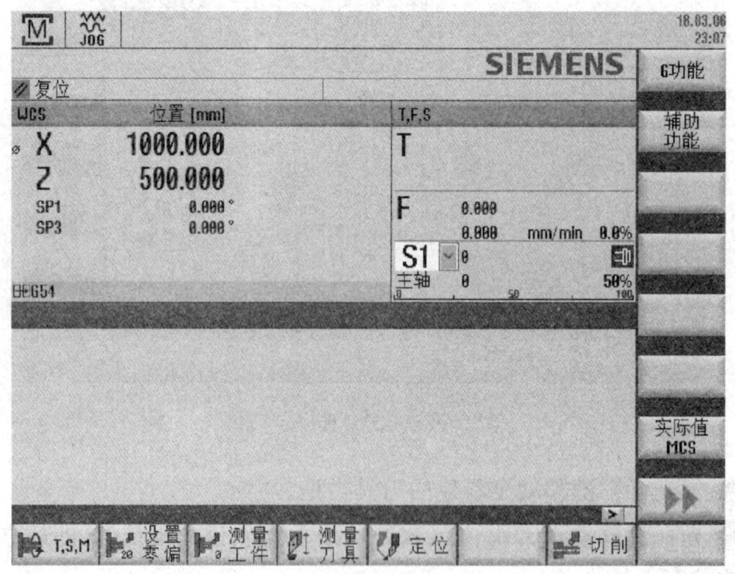

图 5—55 基于工件坐标系的显示窗口

（5）对刀

1）第一把刀的对刀操作

①Z 向对刀。

a. 在“JOG”运行方式下，车削工件端面。车削完毕，保持 Z 轴不动，刀架沿 $+X$ 方向退出。

b. 按下水平软键［测量刀具］（图 5—49），按垂直软键［手动］，再按垂直软键［Z］，出现如图 5—56 所示窗口。

c. 向上或向下移动光标，在 Z0 后的空格中输入“0”。

d. 按下垂直软键［设置长度］，系统自动计算出 Z 向刀具长度补偿值，并存入相应的刀补寄存器中，从而完成该刀具 Z 向对刀。

②X 向对刀。

a. 在“JOG”运行方式下，车削工件外圆，长度为 5～10 mm，然后保持 X 轴不动，刀架沿 $+Z$ 方向退出。

b. 主轴停转，测量出刚车出的外圆表面的直径。

c. 按下水平软键［测量刀具］，按垂直软键［手动］，再按垂直软键［X］，出现如图 5—57 所示窗口。

d. 向上或向下移动光标，在“X0”后的空格中输入测量得到的工件外圆直径值。

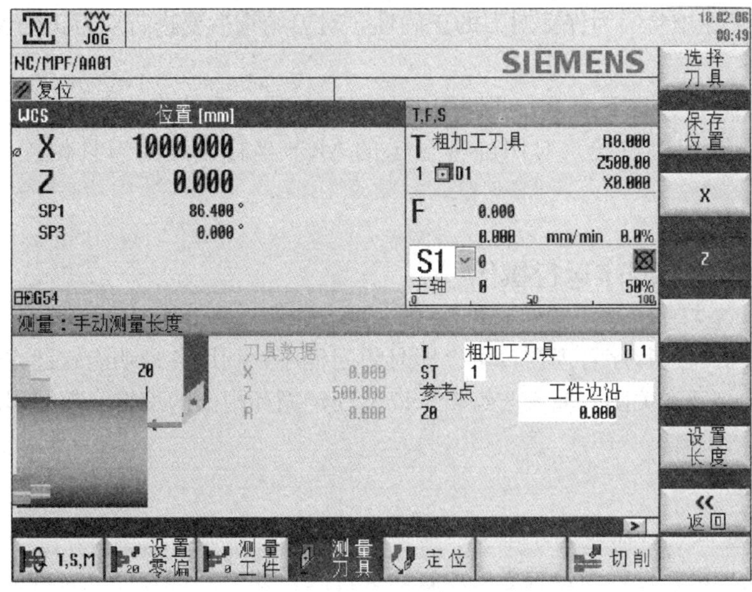

图 5—56　*Z* 向刀具长度补偿设置窗口

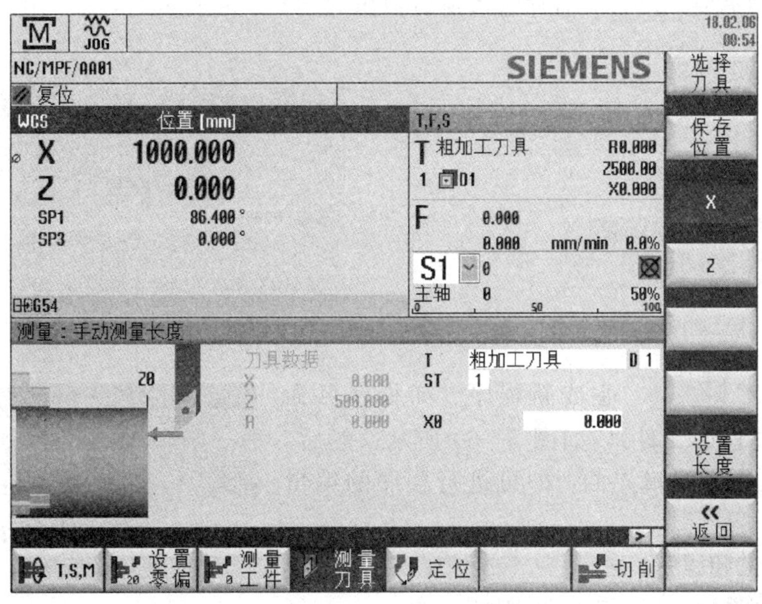

图 5—57　*X* 向刀具长度补偿设置窗口

e. 按下垂直软键［设置长度］，系统自动计算出 *X* 向刀具长度补偿值，并存入相应的刀补寄存器中，从而完成该刀具 *X* 向对刀。

2）其余刀具的对刀操作　其余刀具的对刀方法与第一把刀基本相同，区别在于：其余刀具对刀的第一步不再切削工件表面，而是将刀尖逐渐接近并分别接触到端面及外圆表面，然后进行剩余步骤的操作。

3）对刀正确性校验　为保证对刀的正确性，对刀结束后要进行对刀正确性的校验工作。具体操作如下：

在“MDI”运行方式下选刀，并调用刀具偏置补偿；手动移动刀具靠近工件，观察刀具与工件间的实际相对位置，对照屏幕显示的 MCS 坐标，判断刀具偏置参数设定是否正确。

三、数控编程与程序运行操作

编程操作人员通过程序管理窗口可以即时访问程序，利用各种功能软键或快捷键完成数控程序的新建、打开和关闭、输入与编辑，以及固定循环指令的编辑、数控程序的自动运行等操作。

1. 建立新程序

（1）选择 键，打开程序管理器。

（2）移动光标键，选择新建程序要放置的文件夹，如“零件程序”文件夹，如图 5—58 所示。

（3）按垂直软键 新建 ，程序管理窗口弹出如图 5—59 所示对话框，在该对话框中输入新程序名，如“AA001”。

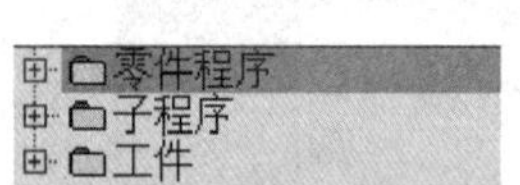

图 5—58　程序管理器目录

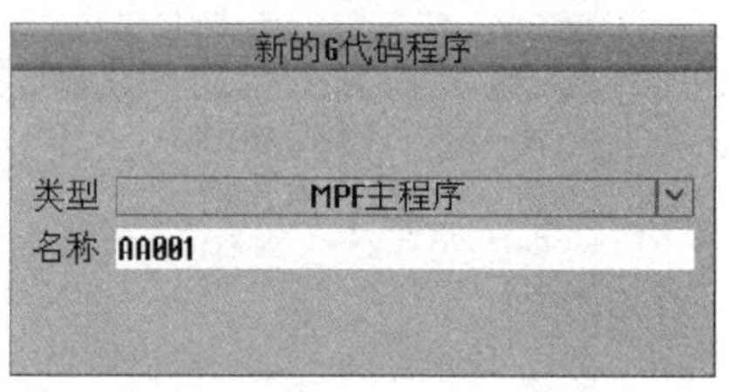

图 5—59　创建“AA001”主程序

（4）按软键 确认 ，生成新程序（如程序名为“AA001”的主程序文件），如图 5—60 所示；然后，系统自动转入程序编辑界面，即可进行程序的编辑操作。

图 5—60　新建程序后程序管理器界面

2. 打开和关闭程序

（1）选择 键，打开程序管理器。

（2）移动光标键至目标目录或程序名上。

（3）按垂直软键 打开 、▶ 键或 按钮，打开光标所在的目录或程序。

（4）按垂直软键 ▶▶ 、 关闭 或 ◀ 键，则关闭当前打开的程序。

（5）按 ◀ 键，则光标返回文件夹头；再按 ◀ 键，则关闭该文件夹。

3. 程序的输入与编辑

程序输入与编辑窗口如图 5—61 所示。程序输入与编辑的操作如下：

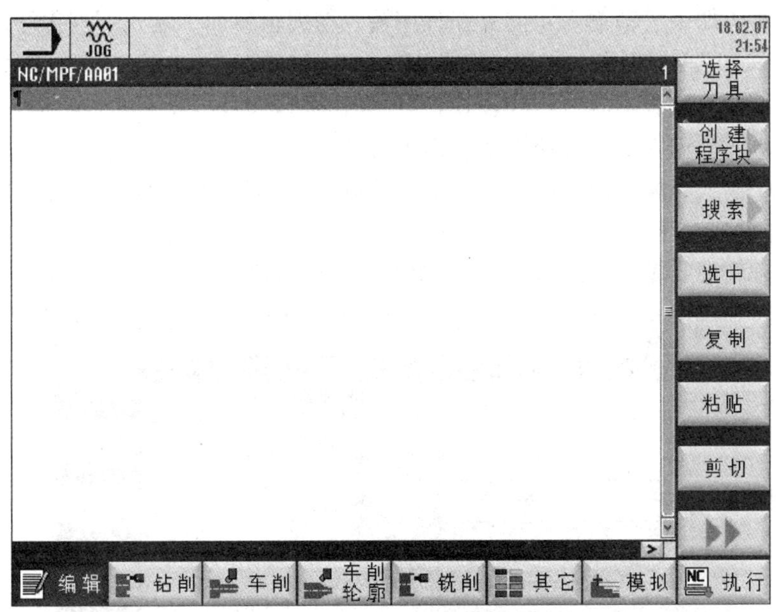

图 5—61 程序输入与编辑界面

（1）程序的输入

利用数控系统面板上的按键完成相应程序代码的输入。

例 G90 G71 G40 G95； INSERT

T1D1； INSERT

G00 X100.0 Z100.0； INSERT

……

（2）程序的编辑

如果在输入的程序中发现有错误的字符，只需将光标移动至该字符的右侧（或左侧），然后用 BACKSPACE 键（或 DEL 键）删除错误的字符，重新输入正确的字符即可。

在输入界面的垂直软键菜单中，按下软键［选中］，然后利用光标键选中所需的程序或程序部分内容，按垂直软键 复制 、 粘贴 、 剪切 等对程序进行相应的编辑操作。

（3）程序编辑时的注意事项

1）只有零件程序处于非执行状态时，才可进行编辑处理。

2）如果需要对原有程序进行编辑时，可以通过“程序管理器”用光标选择需要编辑的程序，然后选择软键［打开］，即可编辑程序。

3）加工程序中的任何修改均被数控系统即时存储。

4. 固定循环指令的编辑

在数控车削加工程序编辑过程中，对于固定循环指令可以通过程序编辑窗口手动输入，但 SINUMERIK 828D 系统具有较好的人机交互性能，可以通过会话式编程对话框输入，更直观、便捷，也更容易保证程序的准确度。以轮廓车削循环指令 CYCLE952 为例介绍固定循环指令的编辑。如果手动输入，需要在程序输入与编辑界面中输入下列程序内容：

CYCLE952（“AA001”,，“”，2101311，0.1，0，0，1，0.1，0.1，0.1，0.1，0.1，0，1，0，0,,,,，2，2,,，0，1,，0，12，1100010，1，0)；

使用编程对话框输入，则按照以下操作进行：

(1) 在程序输入与编辑窗口中，按下水平软键［车削轮廓］。此时，在垂直软键栏出现［轮廓］、［轮廓车削］等六个软键。

(2) 按垂直软键［轮廓车削］，出现如图 5—62 所示窗口。

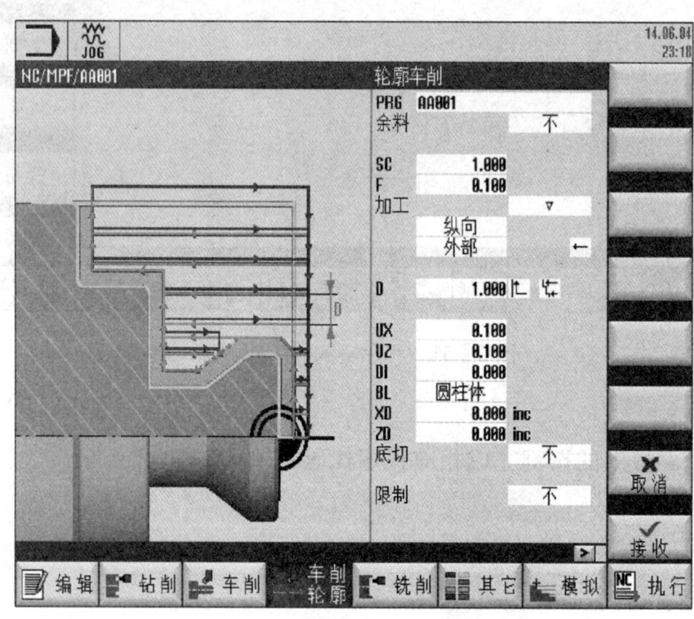

图 5—62　“轮廓车削”参数输入编程窗口

(3) 在对应的参数对话框中填写相应的参数值，然后按软键［接收］，系统自动生成 CYCLE952 固定循环程序段。

5. 数控程序的自动运行（AUTO)

(1) 自动运行前的准备

1) 机床刀架必须回参考点。

2) 待加工零件的加工程序已经输入，并经调试确认无误。

3) 加工前的其他准备工作已就绪，如对刀、刀补等参数设置。

4) 必要的安全锁定装置已经启动。

(2) 自动运行的操作

1) 在程序管理窗口中打开所需要的程序，按下垂直软键 执行 。

2) 按机床面板上的 AUTO 键，系统自动切换到如图 5—63 所示“加工”操作区。

3) 按下“循环启动”按钮 ，即可开始执行程序，数控车床自动车削工件。

另外，在程序自动执行过程中，可以按下“循环暂停”按钮 ，暂停程序运行。

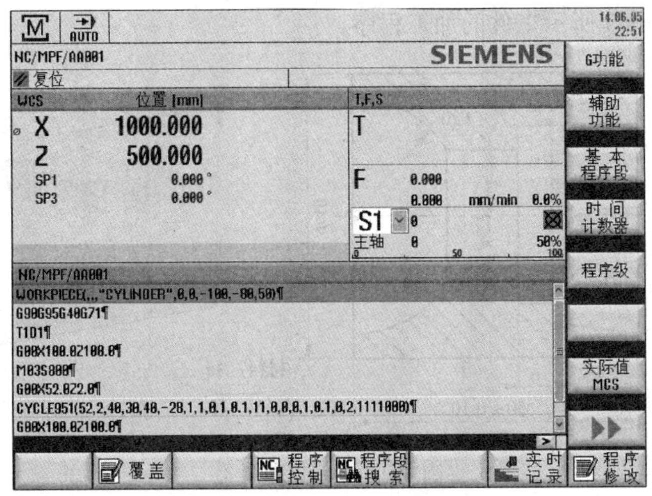

图 5—63　数据程序自动运行窗口

思考与练习

1. 简述模式选择按钮的种类及其作用。
2. 怎样开启、关闭数控系统电源?
3. 如何消除数控车床的急停状态?
4. 简述 SINUMERIK 828D 系统下的对刀操作。
5. 简述 SINUMERIK 828D 系统中顺、逆圆弧插补指令的格式。
6. 编写如图 5—64 所示工件的加工程序。

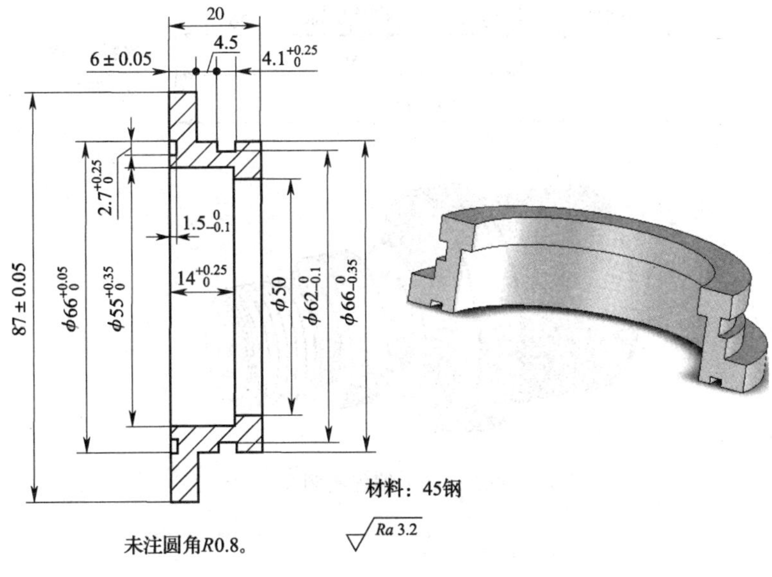

图 5—64　编程实例 1

7. 编写如图 5—65 所示工件的加工程序。

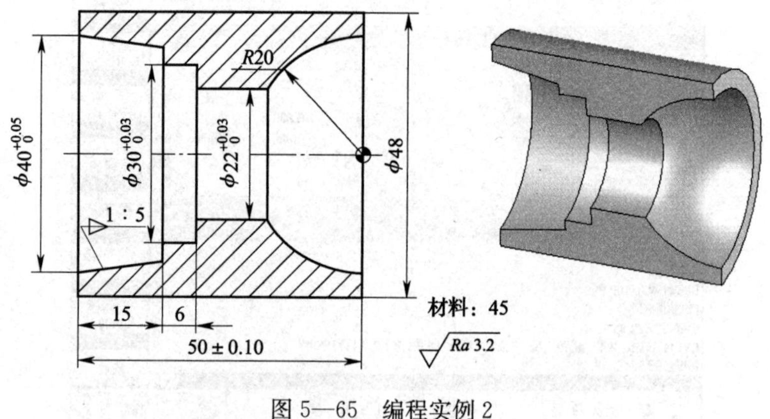

图 5—65　编程实例 2

8. 编写如图 5—66 所示工件的加工程序。

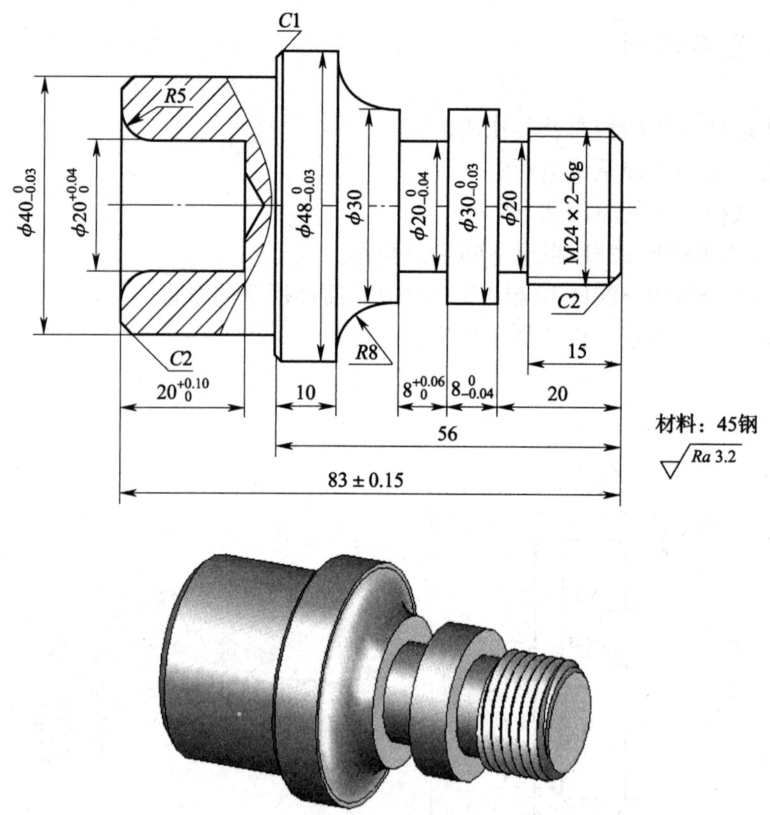

图 5—66　编程实例 3

第六章

中级职业技能鉴定应会试题

第一节　中级数控车工应会试题 1

一、零件图样

零件图样如图 6—1 所示。毛坯件为 ϕ50 mm×92 mm 的圆钢。编写其数控车削加工程序。

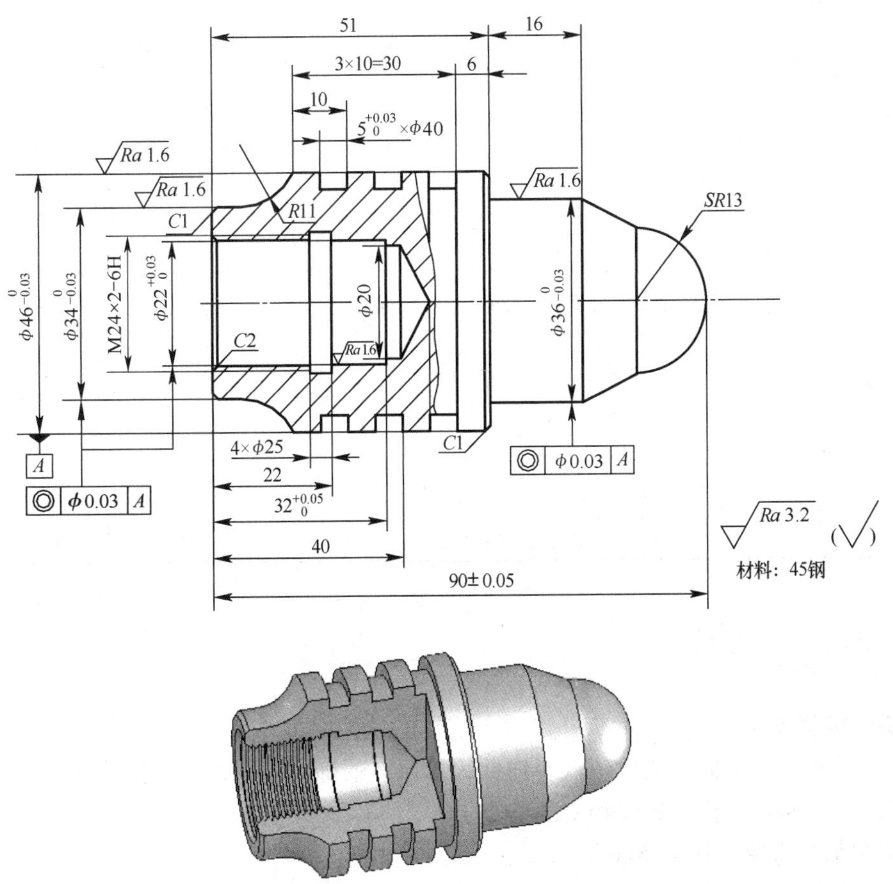

图 6—1　中级数控车工应会试题 1

二、加工准备

选用 FANUC 0i 或 SINUMERIK 802D 系统的 CKA6140 型数控车床，毛坯材料加工前先钻出直径为 20 mm、深度为 40 mm 的底孔。加工中使用的工具、刃具、量具参见表 6—1。

表 6—1　　中级数控车工应会试题 1 工具、刃具、量具清单

序号	名称	规格	数量	备注
1	游标卡尺	0～150 mm　0.02 mm	1	
2	千分尺	0～25 mm，25～50 mm，50～75 mm　0.01 mm	各 1	
3	万能量角器	0°～320°　2′	1	
4	螺纹塞规	M24×1.5－6H	1	
5	百分表	0～10 mm　0.01 mm	1	
6	磁性表座		1	
7	半径样板	*R*（7～14.5）mm，*R*（15～25）mm	各 1 副	
8	内径量表	18～35 mm　0.01 mm	1	
9	塞尺	0.02～1 mm	1 副	
10	外圆车刀	93°，45°	1	
11	不重磨外圆车刀	R 型、V 型、T 型、S 型刀片	各 1	选用
12	内、外切槽刀	ϕ30 mm×5 mm	各 1	
13	内螺纹车刀	三角形螺纹	各 1	
14	内孔车刀	ϕ20 mm 盲孔	1	
15	麻花钻	中心钻、ϕ10 mm、ϕ20 mm	各 1	
16	辅具	莫氏钻套、钻夹头、活络顶尖	各 1	
17	材料	ϕ50 mm×92 mm，45 钢	1	
18	其他	铜棒、铜皮、毛刷等常用工具	选用	
19		计算机、计算器、编程用书等		

三、加工工艺分析

1. 确定编程原点

由于工件在长度方向的要求较低，根据编程原点的确定原则，该工件的编程原点取在完工工件的左、右端面与主轴轴线相交的交点上。

2. 制定加工方案及加工路线

采用两次装夹后完成粗、精加工的加工方案。先加工左端内、外轮廓，掉头后加工右端外轮廓。两端加工均按“先粗后精”的顺序加工。

进行数控车削加工时，加工的起始点定在离工件毛坯 2 mm 的位置。尽可能采用沿轴向切削的方式进行加工，以提高加工过程中工件与刀具的刚度。

3. 工件的定位、装夹与刀具的选用

（1）工件的定位及装夹

工件采用三爪自定心卡盘进行定位与装夹。当掉头加工另一端时，采用一夹一顶的装夹方式。

工件装夹时的夹紧力要适中，既要防止工件的变形与夹伤，又要防止工件在加工过程中发生松动。装夹时，工件应找正，以保证工件轴线与主轴轴线同轴。

（2）刀具的选用

选用的刀具见表 6—1。可选用整体式或机夹式车刀，刀片材料均选用硬质合金。

4. 确定加工参数

（1）主轴转速（n）

硬质合金刀具材料切削钢件时，切削速度 v 取 80～220 m/min，根据公式 $n=1\,000\,v/\pi d$ 及加工经验，并结合实际情况，粗加工时主轴转速选取 400～1 000 r/min，精加工时主轴转速选取 800～2 000 r/min。

（2）进给量（f）

粗加工时，为了提高生产效率并保证工件质量，可选择较高的进给量，一般选取 0.2～0.3 mm/r。当进行切槽、切断、车孔加工或采用高速钢刀具进行加工时，应选用较低的进给量，一般选取 0.1～0.2 mm/r。精加工的进给量一般取粗加工进给量的 1/2。

（3）背吃刀量（a_p）

背吃刀量根据机床与刀具的刚度及加工精度来确定。粗加工时背吃刀量一般取 2～5 mm（直径量）；精加工的背吃刀量等于精加工余量，一般取 0.2～0.5 mm（直径量）。

5. 制定加工工艺卡

加工工艺卡见表 6—2。

表 6—2　　数控加工工艺卡

工序	工步号	工步内容（加工面）	刀具号	刀具规格	主轴转速（r/min）	进给量（mm/r）	背吃刀量（mm）
1	1	手动钻孔		ϕ20 mm 钻头	250	0.2	11
	2	手动车削左端面	T01	外圆车刀	600	0.3	0.5
	3	粗车左端外圆轮廓			800	0.25	2
	4	精车左端外圆轮廓			1 500	0.1	0.25
	5	加工外圆槽	T02	外切槽刀	500	0.1	3
	6	粗车左端内轮廓	T03	盲孔车刀	800	0.2	1.0
	7	精车左端内轮廓			1 200	0.05	0.15
	8	车削内圆槽	T04	内切槽刀	500	0.1	3

续表

工序	工步号	工步内容（加工面）	刀具号	刀具规格	主轴转速（r/min）	进给量（mm/r）	背吃刀量（mm）
1	9	车削内螺纹	T05	内螺纹车刀	600	2	分层
2	1	掉头，手动车削右端面	T01	外圆车刀	600	0.3	0.5
	2	粗车右端外圆轮廓			800	0.25	2
	3	精车右端外圆轮廓			1 500	0.1	0.25
3	1	检测工件精度					
编制		审核		批准		共_页　第_页	

四、编制加工程序

中级数控车工应会试题 1 的参考程序见表 6—3。

表 6—3　　中级数控车工应会试题 1 的参考程序

SINUMERIK 802D 系统程序	FANUC 0i 系统程序	FANUC 程序说明
AA011.MPF；	O0011；	左端内、外轮廓加工程序
G95 G71 G40 G90；	G99 G21 G40；	程序初始化
T1D1；	T0101；	换 1 号外圆车刀
M03 S800；	M03 S800；	主轴正转，800 r/min
G00 X100.0 Z100.0 M08；	G00 X100.0 Z100.0 M08；	刀具至目测安全位置
X52.0 Z2.0；	X52.0 Z2.0；	毛坯直径为 50 mm
CYCLE95（“AA111”，2.0，0，0.5，，0.2，0.1，0.05，9，，，0.5）；	G71 U2.0 R0.5；	毛坯切削循环
	G71 P80 Q140 U0.5 W0 F0.2；	
G00 X100.0 Z100.0；	N80 G00 X32.0 S1500 F0.05；	精加工 n=1 500 r/min，f=0.05 mm/r 精车轮廓描述
T2D1 S500；	G01 Z0；	
G00 X48.0 Z−23.0；	X34.0 Z−1.0；	
CYCLE93（46.0，−20.0，5.0，3.0，，，，，，，，0.2，0.2，2.0，，5）；	Z−5.20；	
	G02 X46.0 Z−15.0 R11.0；	
	G01 Z−55.0；	
CYCLE93（46.0，−30.0，5.0，3.0，，，，，，，，0.2，0.2，2.0，，5）；	N140 X52.0；	
	G70 P80 Q140；	精车左端外轮廓
	G00 X100.0 Z100.0；	换外切槽刀
CYCLE93（46.0，−40.0，5.0，3.0，，，，，，，，0.2，0.2，2.0，，5）；	T0202 S500；	
	G00 X48.0 Z−23.0；	刀具定位
	G75 R0.5；	加工第一条外圆槽
G00 X100.0 Z100.0；	G75 X40.0 Z−25.0 P2000 Q2000 F0.1；	

续表

SINUMERIK 802D 系统程序	FANUC 0i 系统程序	FANUC 程序说明
T3D1 S500；	G00 Z−33.0；	刀具重新定位
G00 X18.0 Z2.0；	G75 R0.5；	加工第二条外圆槽
CYCLE95 (“AA112”，2.0，0，0.5，0，0.2，0.1，0.05，11，，，0.5)；	G75 X40.0 Z−35.0 P2000 Q2000 F0.1；	
	G00 Z−43.0；	刀具重新定位
G00 X100.0 Z100.0；	G75 R0.5；	加工第三条外圆槽
T4D1 S500；	G75 X40.0 Z−45.0 P2000 Q2000 F0.1；	
G00 X20.0 Z2.0；	G00 X100.0 Z100.0；	换内孔车刀
Z−21.0；	T0303 S800；	
CYCLE93 (22.0，−18，4.0，2.5，，，，，，，，0.2，0.2，1.5，，7)；	G00 X18.0 Z2.0；	刀具定位至循环起点
	G71 U1.0 R0.5；	粗车内孔
G00 Z2.0；	G71 P200 Q300 U−0.3 W0 F0.2；	精车余量取负值
G00 X100.0 Z100.0；	N200 G00 X26.0 S1200 F0.05；	精车轮廓描述
T5D1；	G01 Z0；	
G00 X21.0 Z2.0；	X22.0 Z−2.0；	
CYCLE97 (2.0，，0，− 18.0，24.0，24.0，2.0，2.0，1.3，0.05，30.0，，10，1.0，4，1)；	Z−40.0；	
	N300 X18.0；	
G00 X100.0 Z100.0；	G70 P200 Q300；	精车内孔
M05 M09；	G00 X100.0 Z100.0；	换内切槽刀，转速取 500 r/min
M02；	T0404 S500；	
AA111.SPF；	G00 X20.0 Z2.0；	注意刀具定位路径
G01 X32.0 Z0；	Z−21.0；	
X34.0 Z−1.0；	G75 R0.5；	加工内槽
Z−5.20；	G75 X25.0 Z−22.0 P1500 Q1000 F0.1；	
G02 X46.0 Z−15.0 CR=11.0；	G00 Z2.0；	注意退刀路径
G01 Z−55.0；	G00 X100.0 Z100.0；	
X52.0；	T0505 S600；	换内螺纹车刀，转速为 600 r/min
RET；	G00 X21.0 Z2.0；	
AA112.SPF；	G76 P020560 Q50 R−0.05；	车削内螺纹，注意精车余量为负值
G01 X26.0 Z0；	G76 X24.0 Z−20.0 P1300 Q400 F2.0；	
X22.0 Z−2.0；		
Z−40.0；	G00 X100.0 Z100.0；	程序结束部分
X18.0；	M05 M09；	
RET；	M30；	

续表

SINUMERIK 802D 系统程序	FANUC 0i 系统程序	FANUC 程序说明
AA12. MPF；	O0012；	加工右端轮廓加工程序
G95 G71 G40 G90；	G99 G21 G40；	程序开始部分
T1D1；	T0101；	
M03 S800；	M03 S800；	
G00 X100.0 Z100.0 M08；	G00 X100.0 Z100.0 M08；	
X52.0 Z2.0；	X52.0 Z2.0；	
CYCLE95（“AA121”，2.0，0，0.5，0，0.2，0.2，0.05，9，，，0.5）；	G71 U2.0 R0.5；	粗车右端轮廓
	G71 P100 Q200 U0.5 W0 F0.2；	
G00 X100.0 Z100.0；	N100 G00 X0.0 S1500 F0.05；	确定精车转速与进给量 精车轮廓描述
M05 M09；	G01 Z0；	
M02；	G03 X26.0 Z−13.0 R13.0；	
AA121. SPF；	G01 X36.0 Z−23.0；	
G01 X0 Z0；	Z−39.0；	
G03 X26.0 Z−13.0 CR=13.0；	X44.0；	
G01 X36.0 Z−23.0；	X46.0 Z−40.0；	
Z−39.0；	N200 X52.0；	
X44.0；	G70 P100 Q200；	精车右端轮廓
X46.0 Z−40.0；	G00 X100.0 Z100.0；	程序结束部分
X52.0；	M05 M09；	
RET；	M30；	

注：本例中省略了程序段号的输入，程序段号由手工输入时自动生成。

五、检测评分

本例的工时定额（包括编程与程序手动输入）为 4 h，其评分表见表 6—4。

表 6—4　　中级数控车工应会试题 1 评分表

工件编号				总得分			
项目与权重		序号	技术要求	配分	评分标准	检测记录	得分
工件加工（80%）	外轮廓	1	$\phi 46_{-0.03}^{0}$ mm	5	超差 0.01 mm 扣 2 分		
		2	$\phi 34_{-0.03}^{0}$ mm	5	超差 0.01 mm 扣 2 分		
		3	$\phi 36_{-0.03}^{0}$ mm	5	超差 0.01 mm 扣 2 分		
		4	切槽 $5_{0}^{+0.03}$ mm×ϕ40 mm	3×3	超差 0.01 mm 扣 1 分		
		5	同轴度 ϕ0.03 mm	3×2	超差 0.01 mm 扣 1 分		

续表

工件编号				总得分			
项目与权重		序号	技术要求	配分	评分标准	检测记录	得分
工件加工（80%）	外轮廓	6	锥度正确	3	超差全扣		
		7	$SR13$ mm、$R11$ mm	2×2	超差全扣		
		8	（90±0.05）mm	5	超差 0.01 扣 1 分		
		9	$Ra1.6$ μm	3	每错一处扣 1 分		
		10	$Ra3.2$ μm	5	每错一处扣 0.5 分		
	内轮廓	11	$\phi22^{+0.03}_{0}$ mm，$Ra1.6$ μm	5/1	超差 0.01 mm 扣 2 分		
		12	M24×2－6H	5	超差全扣		
		13	$32^{+0.05}_{0}$ mm	3	超差 0.02 mm 扣 1 分		
		14	内槽 4 mm×$\phi25$ mm	3	超差全扣		
		15	$Ra3.2$ μm	3	每错一处扣 1 分		
	其他	16	一般尺寸（IT12）	3	每错一处扣 1 分		
		17	倒角	1	每错一处扣 0.5 分		
		18	工件按时完成	3	未按时完成全扣		
		19	工件无缺陷	3	缺陷一处扣 3 分		
工艺与程序（10%）		20	加工工艺卡正确	5	不合理每处扣 2 分		
		21	程序正确、合理	5	每错一处扣 2 分		
机床操作（10%）		22	机床操作规范	5	出错一次扣 2 分		
		23	工件、刀具装夹正确	5	出错一次扣 2 分		
安全文明生产（倒扣分）		24	安全操作	倒扣	发生安全事故导致操作停止，酌情扣 5～30 分		
		25	机床整理				

第二节 中级数控车工应会试题 2

一、零件图样

零件图样如图 6—2 所示。毛坯件为 $\phi60$ mm×102 mm 的圆钢，已钻出 $\phi20$ mm 的盲孔。编写其数控车削加工程序。

二、加工准备

选用 FANUC 0i 或 SINUMERIK 802D 系统的 CKA6140 型数控车床。加工中使用的工具、刀具、量具参见表 6—1。

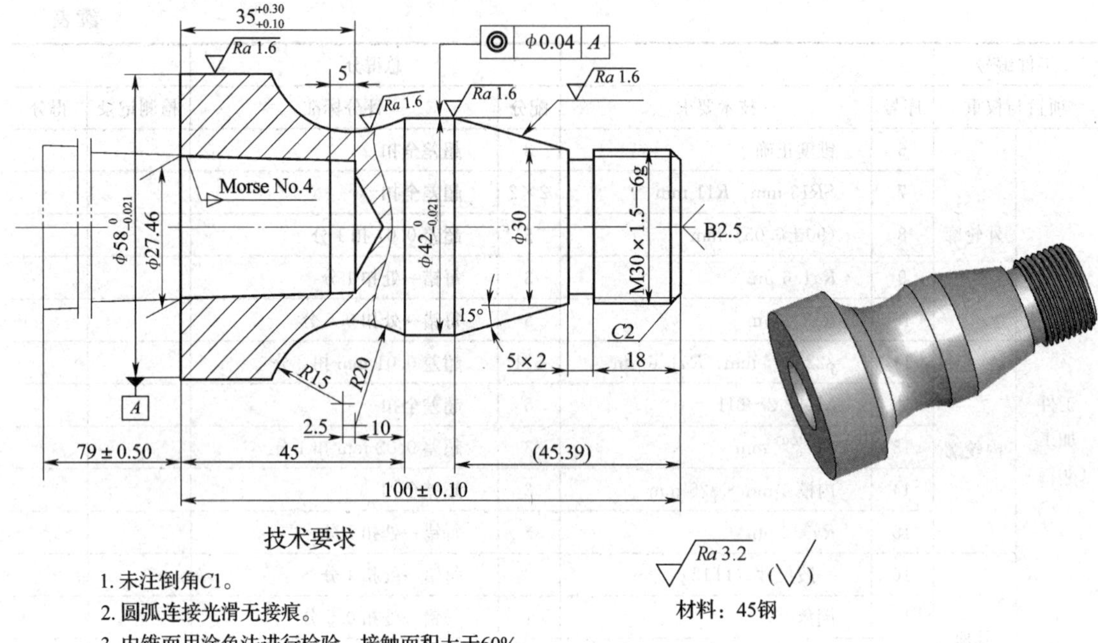

图 6—2　中级数控车工应会试题 2

三、加工工艺分析

加工工艺卡见表 6—5。

表 6—5　　　　　　　　　　数控加工工艺卡

工序	工步号	工步内容（加工面）	刀具号	刀具规格	主轴转速 (r/min)	进给速度 (mm/min)	背吃刀量 (mm)
1	1	手动钻孔		ϕ20 mm 钻头	250	50	
	2	手动车削左端面（含 Z 向对刀）	T01	外圆车刀	600	100	0.5
	3	粗车左端外圆轮廓			500	100	1.0
	4	精车左端外圆轮廓			1 000	50	0.15
	5	粗车左端内轮廓	T04	盲孔车刀	500	100	1.0
	6	精车左端内轮廓			1 000	50	0.15
2	1	掉头，手动车削右端面（含 Z 向对刀）	T01	外圆车刀	600	100	0.5
	2	粗车右端外圆轮廓			600	150	1.5
	3	精车右端外圆轮廓			1 200	80	0.15
	4	加工外圆槽	T02	外切槽刀	600	60	刀宽
	5	车削普通外螺纹	T03	外螺纹车刀	400	1 200	分层
3	1	检测工件精度					
编制		审核		批准		共__页　第__页	

四、编制加工程序

中级数控车工应会试题 2 的参考程序见表 6—6。

表 6—6 中级数控车工应会试题 2 的参考程序

SINUMERIK 802D 系统程序	FANUC 0i 系统程序	FANUC 程序说明
AA012. MPF；	O0012；	左端内、外轮廓加工程序
G95 G71 G40 G90；	G98 G40 G21；	程序初始化
G74 X0 Z0；	G28 U0 W0；	回参考点
T1D1；	T0101；	换 1 号刀
M03 S800；	M03 S500 M08；	主轴正转，切削液开
G00 X62. 0 Z2. 0 M08；	G00 X62. 0 Z2. 0；	定位至循环起点
G01 X58. 0 F0. 2；	G90 X58. 3 Z—25. 0 F0. 2；	粗车外圆，背吃刀量为 1 mm
Z—25. 0；	X58. 0 F50 S1000；	精车外圆
X62. 0；		
G74 X0 Z0；	G28 U0 W0；	换内孔车刀，然后快速定位
T4D1；	T0404；	
G00 X20. 0 Z2. 0；	G00 X20. 0 Z2. 0；	
CYCLE95（“AA121”，1. 0，0，0. 5，，0. 2，0. 2，0. 01，11，，，0. 5）；	G71 U1. 0 R0. 3；	粗、精车莫氏 4 号内孔
	G71 P130 Q150 U—0. 3 W0 F100 S500；	
G74 X0 Z0；	N130 G01 X27. 46 F50 S1000；	
M05 M09；	X26. 0 Z—30. 0；	
M30；	Z—35. 0；	
AA121. SPF	N150 X20. 0；	
G01 X27. 46；	G70 P130 Q150；	
X26. 0 Z—30. 0；	G28 U0 W0；	程序结束部分
Z—35. 0；	M05 M09；	
X20. 0；	M30；	
RET；		
AA0013；	O0013；	右端轮廓与螺纹加工程序
⋮	⋮	程序开始部分及轮廓加工
G00 X62. 0 Z2. 0；	G00 X62. 0 Z2. 0；	刀具定位至循环起点

续表

<table>
<tr><th>SINUMERIK 802D 系统程序</th><th>FANUC 0i 系统程序</th><th>FANUC 程序说明</th></tr>
<tr><td rowspan="2">CYCLE95（“AA122”，1.0，0，0.5，，0.2，0.2，0.01，9，，，0.5）；</td><td>G71 U1.0 R0.3；</td><td rowspan="13">粗、精车右端外轮廓</td></tr>
<tr><td>G71 P120 Q210 U0.3 W0 F150 S600；</td></tr>
<tr><td>G74 X0 Z0；</td><td>N120 G01 X25.8 F80 S1200；</td></tr>
<tr><td>T2D1；</td><td>Z0；</td></tr>
<tr><td>G00 X32.0 Z−21.0；</td><td>X29.8 Z−2.0；</td></tr>
<tr><td rowspan="2">CYCLE93（30，−18，5，2，，，，，，，，0.2，0.2，1.5，，7）；</td><td>Z−23.0；</td></tr>
<tr><td>X30.0；</td></tr>
<tr><td>G74 X0 Z0；</td><td>X42.0 Z−45.39；</td></tr>
<tr><td>T3D1；</td><td>Z−55.0；</td></tr>
<tr><td rowspan="2">CYCLE97（2.0，，0，−18，30，30，2，2，0.975，0.05，30.0，，5，1，3，1）；</td><td>G02 Z−75.0 R20.0；</td></tr>
<tr><td>G02 X58.0 Z−81.33 R15.0；</td></tr>
<tr><td>G74 X0 Z0；</td><td>N210 G01 X62.0；</td></tr>
<tr><td>M05 M09；</td><td>G70 P120 Q210；</td></tr>
<tr><td>M30；</td><td>G28 U0 W0；</td><td rowspan="3">换切槽刀，然后刀具定位</td></tr>
<tr><td>AA122.SPF；</td><td>T0202；</td></tr>
<tr><td>G01 X25.8；</td><td>G00 X32.0 Z−21.0；</td></tr>
<tr><td>Z0；</td><td>G75 R0.3；</td><td rowspan="2">加工外圆槽</td></tr>
<tr><td>X29.8 Z−2.0；</td><td>G75 X26.0 Z−23.0 P1500 Q2000 F60 S600；</td></tr>
<tr><td>Z−23.0；</td><td>G28 U0 W0；</td><td rowspan="3">换螺纹车刀，然后刀具定位</td></tr>
<tr><td>X30.0；</td><td>T0303；</td></tr>
<tr><td>X42.0 Z−45.39；</td><td>G00 X32.0 Z2.0；</td></tr>
<tr><td>Z−55.0；</td><td>G76 P020560 Q50 R0.08；</td><td rowspan="2">车削外螺纹</td></tr>
<tr><td>G02 Z−75.0 CR=20.0；</td><td>G76 X27.4 Z−20.0 P975 Q500 F1.5；</td></tr>
<tr><td>G02 X58.0 Z−81.33 CR=15.0；</td><td>G28 U0 W0；</td><td rowspan="3">程序结束部分</td></tr>
<tr><td>G01 X62.0；</td><td>M05 M09；</td></tr>
<tr><td>RET；</td><td>M30；</td></tr>
</table>

五、检测评分

本例的工时定额（包括编程与程序手动输入）为 3 h，其评分表见表 6—7。

表 6—7　　中级数控车工应会试题 2 评分表

工件编号				总得分		
项目与权重	序号	技术要求	配分	评分标准	检测记录	得分
工件加工（70%）	1	$\phi58_{-0.021}^{0}$ mm	6	超差 0.01 mm 扣 2 分		
	2	$\phi42_{-0.021}^{0}$ mm	6	超差 0.01 mm 扣 2 分		
	3	同轴度 ϕ0.04 mm	6	超差全扣		
	4	M30×1.5—6g	6	超 0.01 mm 扣 2 分		
	5	5 mm×2 mm	4	超差全扣		
	6	15°	4	超差全扣		
	7	(100±0.10) mm	4	超差 0.05 mm 扣 2 分		
	8	R15 mm、R20 mm	2×2	超差全扣		
	9	4 号莫氏锥度	6	超差全扣		
	10	(79±0.50) mm	6	超差 0.05 mm 扣 2 分		
	11	$35_{+0.10}^{+0.30}$ mm	4	超差 0.05 mm 扣 2 分		
	12	Ra1.6 μm	8	每错一处扣 2 分		
	13	一般尺寸	4	每错一处扣 1 分		
	14	倒角	2	超差全扣		
工艺、程序与机床操作（30%）	15	加工工艺正确	5	不合理每处扣 3 分		
	16	程序格式规范	10	每错一处扣 2 分		
	17	程序正确、完整	10	每错一处扣 2 分		
	18	机床操作规范	5	不正确全扣		
安全文明生产（倒扣分）	19	安全操作	倒扣	不合格每处倒扣 5～10 分		
	20	机床整理				

第三节　中级数控车工应会试题 3

一、零件图样

零件图样如图 6—3 所示。毛坯件为 ϕ48 mm×36 mm 的圆钢，已钻出 ϕ16 mm 的通孔。编写其数控车削加工程序。

二、加工准备

选用 FANUC 0i 或 SINUMERIK 802D 系统的 CKA6140 型数控车床。加工中使用的工具、刃具、量具参见表 6—1。

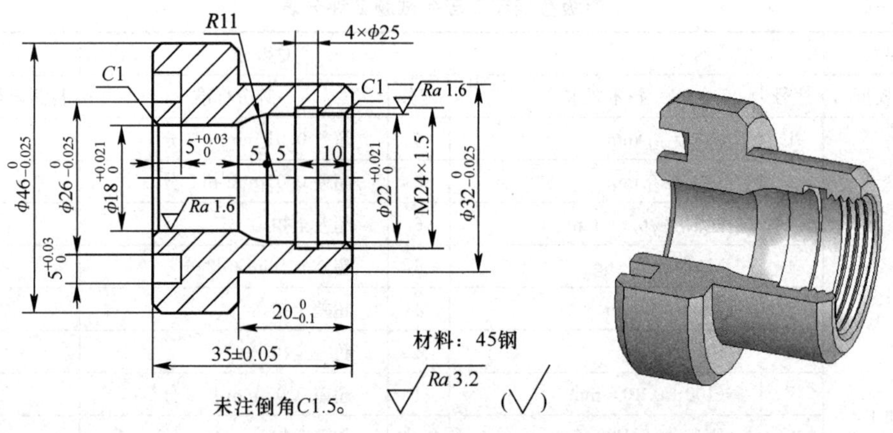

图 6—3　中级数控车工应会试题 3

三、加工工艺分析

加工工艺卡见表 6—8。

表 6—8　　数控加工工艺卡

工序	工步号	工步内容（加工面）	刀具号	刀具规格	主轴转速 (r/min)	进给量 (mm/r)	背吃刀量 (mm)
1	1	手动钻孔		ϕ16 mm 钻头	250	0.2	7.5
	2	手动车削右端面	T01	外圆车刀	600	0.2	0.5
	3	粗车右端外圆轮廓			800	0.2	2
	4	精车右端外圆轮廓			1 500	0.1	0.25
	5	粗车工件内轮廓	T02	内孔车刀	800	0.2	1.0
	6	精车工件内轮廓			1 200	0.05	0.15
	7	加工内圆槽	T03	内切槽刀	500	0.1	3
	8	车削内螺纹	T04	内螺纹车刀	600	2	分层
2	1	掉头，手动车削左端面	T01	外圆车刀	600	0.2	0.5
	2	粗、精车左端外圆			800	0.2	2
	3	加工左侧端面槽	T02	端面槽刀	600	0.1	3
3	1	检测工件精度					
编制		审核		批准		共_页　第_页	

四、编制加工程序

中级数控车工应会试题 3 的参考程序见表 6—9。

表 6—9 中级数控车工应会试题 3 的参考程序

FANUC 0i 系统程序	SINUMERIK 802D 系统程序	SIEMENS 程序说明
O0052;	AA52. MPF;	右端外轮廓加工程序
G99 G21 G40;	G95 G71 G40 G90;	程序初始化
T0101;	T1D1;	换 1 号外圆车刀
M03 S800;	M03 S800;	主轴正转，800 r/min
G00 X100.0 Z100.0 M08;	G00 X100.0 Z100.0 M08;	刀具至目测安全位置
X50.0 Z2.0;	X50.0 Z2.0;	刀具定位至循环起点
G71 U2.0 R0.5;	CYCLE95 (“BB52”, 2.0, 0, 0.3,, 0.25, 0.1, 0.05, 9,,, 0.5);	毛坯切削循环，轮廓子程序为“BB52”
G71 P100 Q200 U0.5 W0 F0.25;		
N100 G00 X29.0 S1500 F0.1;	G74 X0 Z0;	换内孔车刀
G01 Z0;	T2D1;	
X32.0 Z-1.5;	G00 X15.0 Z2.0 S800;	内孔车刀定位
Z-20.0;	CYCLE95 (“CC52”, 1.0, 0, 0.5,, 0.2, 0.1, 0.05, 11,,, 0.5);	毛坯切削循环，车削内轮廓
X43.0;		
X46.0 Z-21.5;	G74 X0 Z0;	换内切槽刀，刀宽为 3 mm
N200 X50.0;	T3D1;	
G70 P100 Q200;	G00 X20.0 Z2.0 S500;	刀具重新定位
G00 X100.0 Z100.0;	Z-9.0;	
T0202;	CYCLE93 (22.0, -6.0, 4.0, 1.5,,,,,,,, 0.2, 0.2, 1.5,, 7);	车削内螺纹的退刀槽
G00 X15.0 Z2.0 S800;		
G71 U1.0 R0.5;	G00 Z2.0;	换内螺纹车刀
G71 P300 Q400 U-0.3 W0 F0.2;	G74 X0 Z0;	
N300 G00 X24.5 S1200 F0.05;	T4D1;	
G01 Z0;	G00 X20.0 Z2.0 S600;	刀具重新定位
X22.5 Z-1.0;	CYCLE97 (1.5,, 0, -6.0, 22.5, 22.5, 3.0, 2.0, 0.75, 0.05, 30.0,, 5, 1.0, 4, 1);	车削内螺纹
Z-10.0;		
X22.0;	G74 X0 Z0;	程序结束部分
Z-15.0;	M05 M09;	
G03 X18.0 Z-20.0 R11.0;	M02;	
G01 Z-36.0;	BB52. SPF;	右端外轮廓子程序
N400 X15.0;	G00 X29.0;	精车轮廓描述
G70 P300 Q400	G01 Z0;	
G00 X100.0 Z100.0;	X32.0 Z-1.5;	
T0303;	Z-20.0;	
G00 X20.0 Z2.0 S500;	X43.0;	
Z-9.0;	X46.0 Z-21.5;	
G75 R0.5;	X50.0;	

续表

FANUC 0i 系统程序	SINUMERIK 802D 系统程序	SIEMENS 程序说明
G75 X25.0 Z−10.0 P1000 Q1000 F0.1；	RET；	返回主程序
G00 Z2.0；	CC52.SPF；	右端内轮廓子程序
X100.0 Z100.0；	G00 X24.5 S1200 F0.05；	精车轮廓描述
T0404；	G01 Z0；	
G00 X20.0 Z2.0 S600；	X22.5 Z−1.0；	
G76 P020560 Q50 R0.05；	Z−10.0；	
G76 X24.0 Z−8.0 P975 Q400 F1.5；	X22.0；	
G00 X100.0 Z100.0；	Z−15.0；	
M05 M09；	G03 X18.0 Z−20.0 CR=11.0；	
M30；	G01 Z−36.0；	
	X15.0；	
	RET；	返回主程序
O0521；	AA521.MPF；	左端加工程序
G99 G21 G40；	G95 G71 G40 G90；	程序开始部分
⋮	⋮	
G00 X50.0 Z2.0；	G00 X50.0 Z2.0；	刀具定位
G01 X43.0 Z0；	G01 X43.0 Z0；	车削左端外轮廓
X46.0 Z−1.5；	X46.0 Z−1.5；	
Z−15.0；	Z−15.0；	
X52.0；	X52.0；	
G00 X100.0 Z100.0；	G74 X0 Z0；	2 号刀位上换上端面槽刀
T0202；	T2D1；	
G00 X26.0 Z2.0 S600；	G00 X26.0 Z2.0 S600；	刀具定位
G74 R0.5；	CYCLE93（30.0，0，5.0，5.0，，，，，，，，0.2，0.2，1.5，，8）；	加工端面槽
G74 X30.0 Z−50.0 P2000 Q2000 F0.1；		
⋮	⋮	程序结束部分

注：SIEMENS 系统指令中的数值可省略小数点的书写。

五、检测评分

本例的工时定额（包括编程与程序手动输入）为 3 h，其评分表见表 6—10。

表 6—10　　中级数控车工应会试题 3 评分表

工件编号					总得分		
项目与权重		序号	技术要求	配分	评分标准	检测记录	得分
工件加工评分（80%）	外轮廓	1	$\phi32_{-0.025}^{0}$ mm	5	超差 0.01 mm 扣 2 分		
		2	$\phi46_{-0.025}^{0}$ mm	5	超差 0.01 mm 扣 2 分		
		3	$20_{-0.1}^{0}$ mm	5	超差 0.01 mm 扣 2 分		
		4	(35±0.05) mm	5	超差 0.02 mm 扣 2 分		
		5	一般尺寸与倒角	5	每错一处扣 1 分		
		6	$Ra1.6$ μm	5	每错一处扣 2.5 分		
		7	$Ra3.2$ μm	5	每错一处扣 1 分		
	内轮廓	8	$\phi22_{0}^{+0.021}$mm，$Ra1.6$ μm	5/2	超差 0.01 mm 扣 2 分		
		9	$\phi18_{0}^{+0.021}$ mm，$Ra1.6$ μm	5/2	超差 0.01 mm 扣 2 分		
		10	M24×1.5	5	超差全扣		
		11	$R11$ mm 及倒角	3	每错一处扣 1 分		
		12	内槽 4 mm×$\phi25$ mm	4	超差全扣		
		13	$Ra3.2$ μm	2	每错一处扣 1 分		
	端面槽	14	$\phi26_{-0.025}^{0}$ mm	5	超差 0.01 mm 扣 2 分		
		15	$5_{0}^{+0.03}$ mm	5	超差 0.01 mm 扣 2 分		
	其他	16	工件按时完成	3	未按时完成全扣		
		17	工件无缺陷	3	有缺陷一处扣 3 分		
工艺与程序（10%）		18	加工工艺正确	5	不合理每处扣 2 分		
		19	程序正确合理	6	每错一处扣 2 分		
机床操作（10%）		20	机床操作规范	5	出错一次扣 2 分		
		21	工件、刀具装夹	5	出错一次扣 2 分		
安全文明生产（倒扣分）		22	安全操作	倒扣	发生安全事故导致操作停止，酌情倒扣 5～30 分		
		23	机床整理	倒扣			

第四节　中级数控车工应会试题 4

一、零件图样

零件图样如图 6—4 所示。毛坯件为 $\phi45$ mm×90 mm 的圆钢，已钻出 $\phi20$ mm 的盲孔。编写其数控车削加工程序。

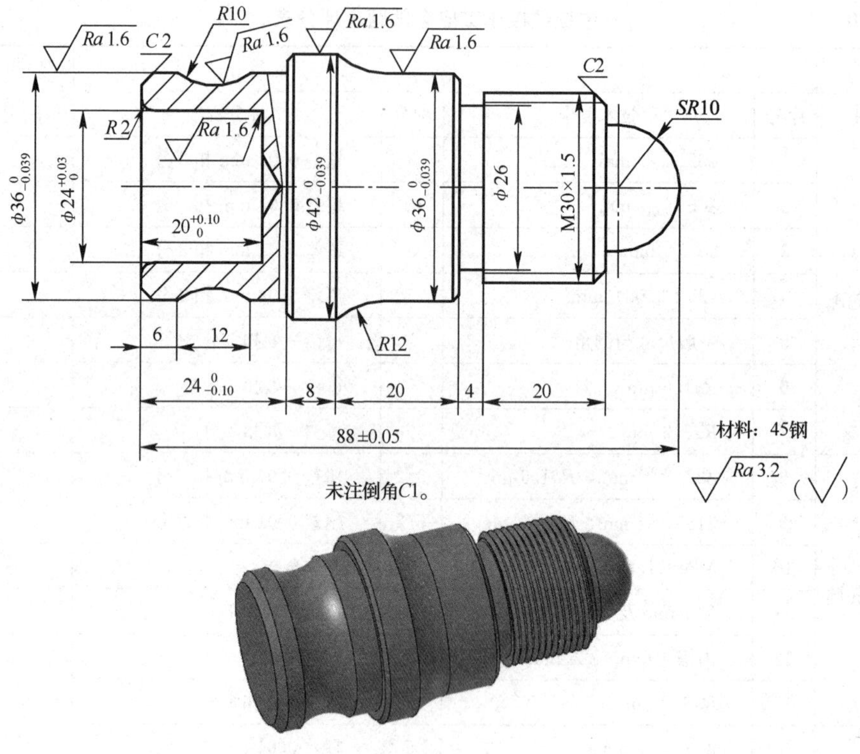

图 6—4　中级数控车工应会试题 4

二、加工准备

选用 FANUC 0i 或 SINUMERIK 802D 系统的 CKA6140 型数控车床。毛坯材料加工前先钻出 ϕ20 mm 的预钻孔。加工中使用的工具、刃具、量具参见表 6—1。

三、加工工艺分析

加工工艺卡见表 6—11。

表 6—11　数控加工工艺卡

工序	工步号	工步内容（加工面）	刀具号	刀具规格	主轴转速（r/min）	进给量（mm/r）	背吃刀量（mm）
1	1	手动钻孔		ϕ20 mm 钻头	250	0.2	10
	2	手动车削左端面	T01	外圆车刀	600	0.3	0.5
	3	粗车左端外圆轮廓			800	0.25	2
	4	精车左端外圆轮廓			1 500	0.1	0.25

续表

工序	工步号	工步内容（加工面）	刀具号	刀具规格	主轴转速 (r/min)	进给量 (mm/r)	背吃刀量 (mm)
1	5	粗车左端内轮廓	T02	盲孔车刀	800	0.2	1.0
	6	精车左端内轮廓			1 200	0.05	0.15
2	1	粗车右端外轮廓	T01	外圆车刀	800	0.25	2
	2	精车右端外轮廓			1 500	0.1	0.25
	3	加工右端外圆槽	T03	外切槽刀	600	0.1	3
	4	车削外螺纹	T04	外螺纹车刀	600	1.5	分层
3	1	检测工件精度					
编制		审核		批准		共__页 第__页	

四、编制加工程序

中级数控车工应会试题 4 的参考程序见表 6—12。

表 6—12　　中级数控车工应会试题 4 的参考程序

SINUMERIK 802D 系统程序	FANUC 0i 系统程序	FANUC 程序说明
AA011.MPF；	O0011；	左端内、外轮廓加工程序
G95 G71 G40 G90；	G99 G21 G40；	程序初始化
T1D1；	T0101；	换 1 号外圆车刀
M03 S800；	M03 S800；	主轴正转，转速 800 r/min
G00 X100.0 Z100.0 M08；	G00 X100.0 Z100.0 M08；	刀具至目测安全位置
X46.0 Z2.0；	X46.0 Z2.0；	毛坯直径为 50 mm
CYCLE95（“AA111”，2.0，0，0.5，，0.2，0.1，0.05，9，，，0.5）；	G71 U2.0 R0.5；	毛坯切削循环
	G71 P80 Q140 U0.5 W0 F0.2；	
G74 X0 Z0；	N80 G00 X32.0 S1500 F0.05；	精车切削用量：n=1 500 r/min，f=0.05 mm/r 由于内凹圆弧的内凹量较小，用 G71 指令进行半精车
T2D1 S800；	G01 Z0.0；	
G00 X18.0 Z2.0；	X36.0 Z－2.0；	
CYCLE95（“AA112”，2.0，0，0.5，0，0.2，0.1，0.05，11，，，0.5）；	Z－6.0；	
	G02 Z－18.0 R10.0；	
G74 X0 Z0；	G01 Z－24.0；	
M05 M09；	X40.0；	
M02；	X42.0 Z－25.0；	
AA111.SPF；	Z－35.0；	
G00 X32.0；	N140 X46.0；	

续表

SINUMERIK 802D 系统程序	FANUC 0i 系统程序	FANUC 程序说明
G01 Z0.0；	G70 P80 Q140；	精车左端外轮廓
X36.0 Z−2.0；	G00 X100.0 Z100.0；	换内孔车刀
Z−6.0；	T0202 S800；	
G02 Z−18.0 CR=10.0；	G00 X18.0 Z2.0；	刀具定位
G01 Z−24.0；	G71 U1.0 R0.5；	车削内孔固定循环
X40.0；	G71 P200 Q300 U−0.3 W0 F0.2；	
X42.0 Z−25.0；	N200 G00 X28.0 S1200 F0.05；	内轮廓描述
Z−35.0；	G01 Z0；	
X46.0；	G02 X24.0 Z−2.0 R2.0；	
RET；	G01 Z−20.0；	
AA112.SPF；	N300 X18.0；	
G00 X28.0；	G70 P200 Q300；	精车左端内轮廓
G01 Z0.0；	G00 X100.0 Z100.0；	程序结束部分
G02 X24.0 Z−2.0 R2.0；	M05 M09；	
G01 Z−20.0；	M30；	
X18.0；		
RET；		
AA015.MPF；	O0015；	右端轮廓加工程序
⋮	⋮	程序开始部分
X46.0 Z2.0；	X46.0 Z2.0；	
CYCLE95（“AA115”，2.0，0，0.5，，0.2，0.1，0.05，9，，，0.5）；	G71 U2.0 R0.5；	粗车右端轮廓
	G71 P100 Q150 U0.5 W0 F0.2；	
G74 X0 Z0；	N100 G00 X0 S1500 F0.05；	右端精车轮廓描述
T3D1 S600；	G01 Z0；	
G00 X32.0 Z−35.0；	G03 X20.0 Z−10.0 R10.0；	
CYCLE93（30.0，−32.0，4.0，2.0，，，，，，，，0.2，0.2，1.5，，5）；	G01 Z−12.0；	
	X25.8；	
G74 X0 Z0；	X29.8 Z−14.0；	
T4D1 S600；	Z−36.0；	
G00 X32.0 Z−10.0；	X34.0；	
CYCLE97（1.5，，−12，−32.0，30.0，30.0，3.0，2.0，0.975，0.05，30.0，，5，1.0，3，1）；	X36.0 Z−37.0；	
	Z−47.6；	
G74 X0 Z0；	G02 X42.0 Z−56.0 R12.0；	
M05 M09；	N150 X46.0；	

续表

SINUMERIK 802D 系统程序	FANUC 0i 系统程序	FANUC 程序说明
M02；	G70 P80 Q140；	精车右端轮廓
AA115. SPF；	G00 X100.0 Z100.0；	换外切槽刀
G00 X0；	T0303 S600；	
G01 Z0；	G00 X32.0 Z−35.0；	刀具重新定位
G03 X20.0 Z−10.0 CR=10.0；	G75 R0.5；	切槽
G01 Z−12.0；	G75 X26.0 Z−36.0 P2000 Q2000 F0.1；	
X25.8；	G00 X100.0 Z100.0；	换外螺纹车刀
X29.8 Z−14.0；	T0404 S600；	
Z−36.0；	G00 X32.0 Z−10.0；	车削外螺纹
X34.0；	G76 P020560 Q50 R−0.05；	
X36.0 Z−37.0；	G76 X28.05 Z−34.0 P975 Q400 F1.5；	
Z−47.6；	G00 X100.0 Z100.0；	程序结束部分
G02 X42.0 Z−56.0 CR=12.0；	M05 M09；	
G01 X46.0；	M30；	
RET；		

五、检测评分

本例的工时定额（包括编程与程序手动输入）为 3 h，其评分表见表 6—13。

表 6—13　　中级数控车工应会试题 4 评分表

工件编号				总得分			
项目与权重		序号	技术要求	配分	评分标准	检测记录	得分
工件加工评分（80%）	外轮廓	1	$\phi 36_{-0.039}^{0}$ mm	5×2	超差 0.01 mm 扣 2 分		
		2	$\phi 42_{-0.039}^{0}$ mm	5	超差 0.01 mm 扣 2 分		
		3	$24_{-0.10}^{0}$ mm	5	超差 0.01 mm 扣 2 分		
		4	（88±0.05）mm	5	超差 0.02 mm 扣 2 分		
		5	R12 mm、R10 mm	6×2	每错一处扣 6 分		
		6	M30×1.5	5	超差全扣		
		7	退刀槽、一般尺寸	5	每错一处扣 1 分		
		8	Ra1.6 μm	4	每错一处扣 1 分		
		9	Ra3.2 μm	3	每错一处扣 1 分		

续表

工件编号				总得分			
项目与权重		序号	技术要求	配分	评分标准	检测记录	得分
工件加工评分（80%）	内轮廓	10	$\phi 24^{+0.03}_{0}$ mm，$Ra1.6$ μm	5/2	超差 0.01 mm 扣 2 分		
		11	$20^{+0.10}_{0}$ mm，$Ra3.2$ μm	5/2	超差 0.01 mm 扣 2 分		
		12	$R2$ mm、一般尺寸	4	每错一处扣 1 分		
		13	$Ra3.2$ μm	2	每错一处扣 1 分		
	其他	14	工件按时完成	3	未按时完成全扣		
		15	工件无缺陷	3	有缺陷一处扣 3 分		
工艺与程序（10%）		16	加工工艺卡	5	不合理每处扣 2 分		
		17	程序正确合理	5	每错一处扣 2 分		
机床操作（10%）		18	机床操作规范	5	出错一次扣 2 分		
		19	工件、刀具装夹	5	出错一次扣 2 分		
安全文明生产（倒扣分）		20	安全操作	倒扣	发生安全事故导致操作停止，酌情倒扣 5～30 分		
		21	机床整理				

第五节　中级数控车工应会试题 5

一、零件图样

零件图样如图 6—5 所示。毛坯件为 $\phi 50$ mm×56 mm 的圆钢，已钻出 $\phi 16$ mm 的通孔。编写其数控车削加工程序，并进行加工。

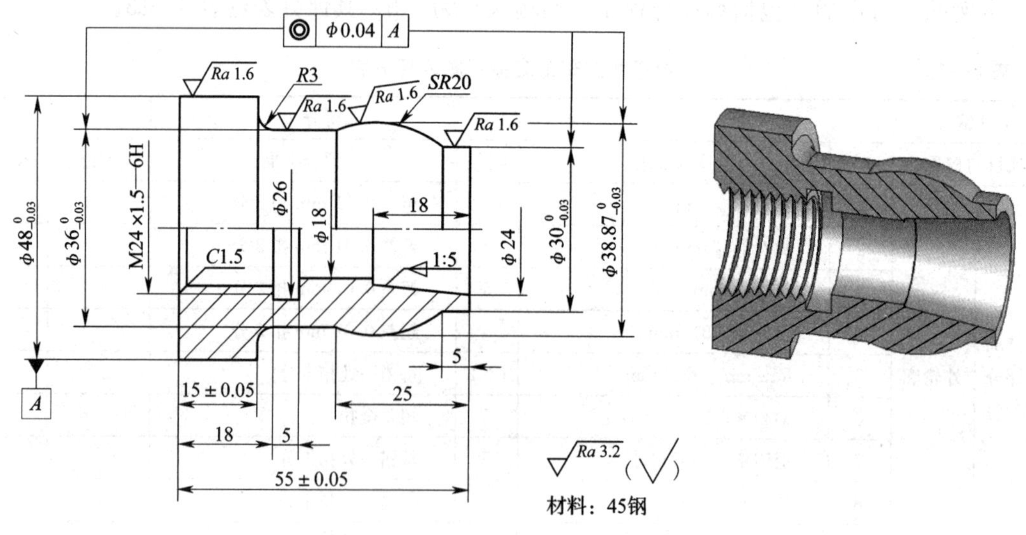

图 6—5　中级数控车工应会试题 5

二、加工准备

选用 FANUC 0i 或 SINUMERIK 802D 系统的 CKA6140 型数控车床。加工中使用的工具、刀具、量具参见表 6—1。

三、加工工艺分析

1. 制定加工方案

(1) 以工件右端毛坯面作为装夹基准装夹工件，手动车削外圆与端面，并进行对刀。

(2) 粗、精车左侧外圆轮廓，保证外圆 ϕ48 mm 的尺寸及公差要求，长度为 20 mm。

(3) 粗、精车左侧内轮廓，加工至尺寸 ϕ22.5 mm。

(4) 加工内螺纹退刀槽。

(5) 车削内螺纹，保证螺纹的各项加工精度。

(6) 工件掉头装夹并校正；手动车削对刀，同时保证工件总长。

(7) 粗、精车右侧外圆轮廓，保证尺寸精度、同轴度和表面粗糙度等要求。

(8) 粗、精车工件右侧内轮廓。

(9) 工件去毛倒棱，然后对照评分表进行自检。

2. 选择刀具及切削用量

除钻头采用高速钢材料外，其余的刀具材料均采用硬质合金。选择的刀具及切削用量见表 6—14。

表 6—14 数控车削用刀具及切削用量参数表

刀具名称	刀具号	刀沿号	加工内容	主轴转速 (r/min)	进给量 (mm/r)	背吃刀量 (mm)
外圆粗车刀	T0101	3	粗车外圆轮廓	600	0.2	1.5
			手动车削端面			
外圆精车刀	T0202	3	精车外圆轮廓	1 200	0.1	0.15
内孔车刀	T0303	2	粗车内孔	500	0.2	1.0
			精车内孔	1 000	0.1	0.15
内切槽刀	T0404	2	加工内沟槽	500	0.1	3
内螺纹车刀	T0505	6	车削内螺纹	500	1.5	分层

四、编制加工程序

自行编制加工程序。

五、检测评分

本例的工时定额（包括编程与程序手动输入）为 3 h，其评分表见表 6—15。

表 6—15　　中级数控车工应会试题 5 评分表

工件编号			总得分			
项目与权重	序号	技术要求	配分	评分标准	检测记录	得分
工件加工（70%）	1	$\phi48_{-0.03}^{\ 0}$ mm	5	超 0.01 mm 扣 2 分		
	2	$\phi36_{-0.03}^{\ 0}$ mm	5	超 0.01 mm 扣 2 分		
	3	$\phi38.87_{-0.03}^{\ 0}$ mm	5	超 0.01 mm 扣 2 分		
	4	$\phi30_{-0.03}^{\ 0}$ mm	5	超 0.01 mm 扣 2 分		
	5	（55±0.05）mm	5	超 0.02 mm 扣 2 分		
	6	（15±0.05）mm	5	超 0.02 mm 扣 2 分		
	7	R3 mm、SR20 mm	2×2	超差全扣		
	8	同轴度 ϕ0.04 mm	3×3	每错一处扣 3 分		
	9	锥度 1∶5	4	超差全扣		
	10	M24×1.5—6H	5	超差全扣		
	11	ϕ26 mm×5 mm	4	超差全扣		
	12	Ra1.6 μm	8	每错一处扣 1 分		
	13	一般尺寸	4	每错一处扣 1 分		
	14	C1.5 mm	2	超差全扣		
工艺、程序与机床操作（30%）	15	加工工艺正确	10	不合理每处扣 3 分		
	16	程序格式规范	5	每错一处扣 2 分		
	17	程序正确、完整	10	每错一处扣 2 分		
	18	机床操作正确	5	不正确全扣		
安全文明生产（倒扣分）	19	安全操作	倒扣	不合格每处倒扣 5～10 分		
	20	机床整理				

第六节　中级数控车工应会试题 6

一、零件图样

零件图样如图 6—6 所示。毛坯件尺寸 ϕ46 mm×65 mm，已钻 ϕ16 mm 通孔。编写其数控车削加工程序，并进行加工。

二、加工准备

选用 FANUC 0i 或 SINUMERIK 802D 系统的 CKA6140 型数控车床。根据零件的加工要求自行配置工具、量具、夹具。

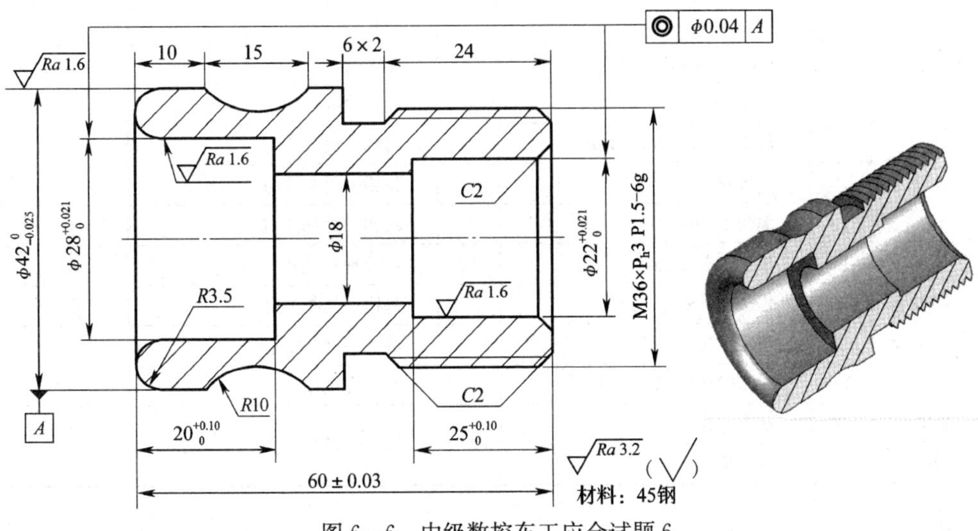

图 6—6　中级数控车工应会试题 6

三、加工工艺分析

自行进行工艺分析。

四、编制加工程序

自行编制加工程序。

五、检测评分

本例的工时定额（包括编程与程序手动输入）为 3 h，其评分表见表 6—16。

表 6—16　　中级数控车工应会试题 6 评分表

工件编号			总得分			
项目与权重	序号	技术要求	配分	评分标准	检测记录	得分
工件加工（70%）	1	$\phi42_{-0.025}^{0}$ mm	5	超差 0.01 mm 扣 2 分		
	2	$\phi28_{0}^{+0.021}$ mm	5	超差 0.01 mm 扣 2 分		
	3	$20_{0}^{+0.10}$ mm	5	超差 0.01 mm 扣 2 分		
	4	$\phi22_{0}^{+0.021}$ mm	5	超差 0.01 mm 扣 2 分		
	5	$25_{0}^{+0.10}$ mm	5	超差 0.02 mm 扣 2 分		

续表

工件编号			总得分			
项目与权重	序号	技术要求	配分	评分标准	检测记录	得分
工件加工（70%）	6	（60±0.03）mm	5	超差 0.02 mm 扣 2 分		
	7	*R*3.5 mm、*R*10 mm	2×2	超差全扣		
	8	同轴度 ϕ0.04 mm	5×2	每错一处扣 5 分		
	9	M36×P_h3 P1.5－6g	6	超差全扣		
	10	6 mm×2 mm	4	超差全扣		
	11	*Ra*1.6 μm、*Ra*3.2 μm	10	每错 1 处扣 1 分		
	12	一般尺寸	4	每错一处扣 1 分		
	13	倒角 *C*2 mm	2	每错一处扣 1 分		
工艺、程序与机床操作（30%）	14	加工工艺正确	10	不合理每处扣 3 分		
	15	程序格式规范	5	每错一处扣 2 分		
	16	程序正确、完整	10	每错一处扣 2 分		
	17	机床操作正确	5	不正确全扣		
安全文明生产（倒扣分）	18	安全操作	倒扣	不合格每处倒扣 5～10 分		
	19	机床整理				

思考与练习

1. 以图 6—5 为例，说明在数控加工过程中如何控制各项加工精度。
2. 编写如图 6—7 所示工件的 FANUC 系统或 SIEMENS 系统的数控车削加工程序。

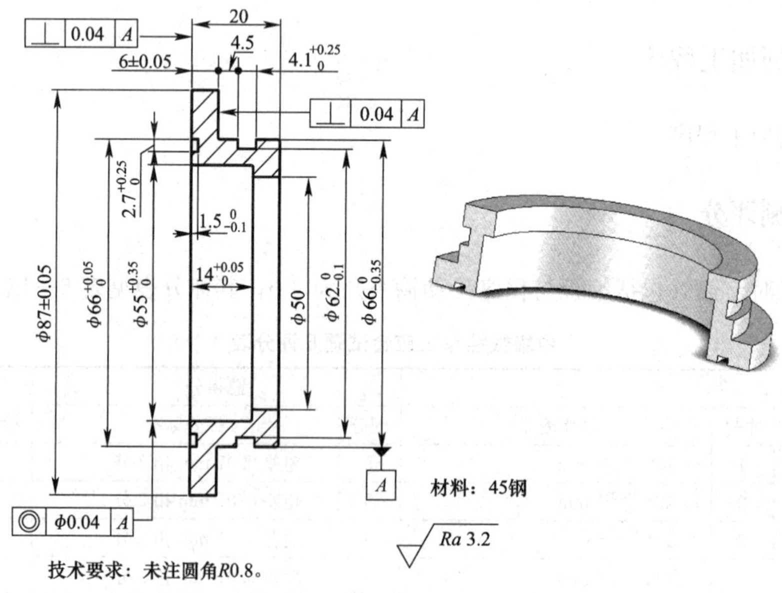

图 6—7　练习题 1

3. 对图 6—8 所示工件（材料均为 45 钢）进行加工工艺分析，并编写 FANUC 系统或 SIEMENS 系统的数控车削加工程序。

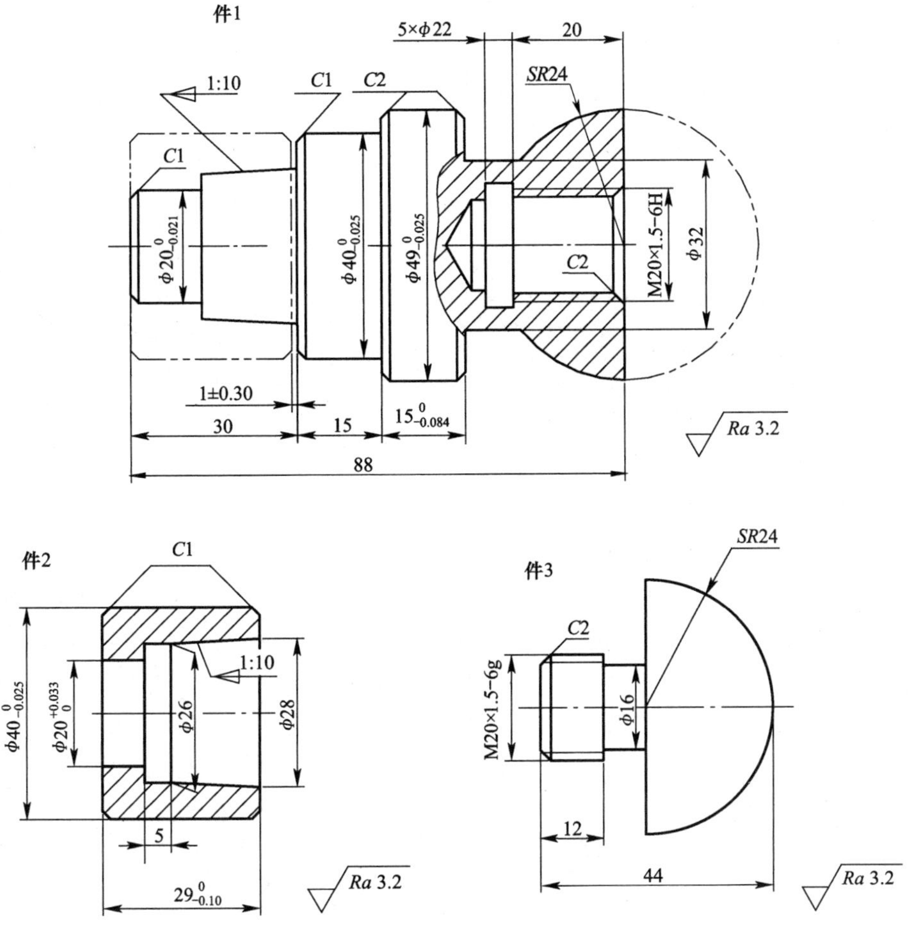

技术要求

1. 件1对件2锥体部分涂色检验，接触面积>60%。
2. 外锐边及孔口锐边均倒角C0.3。
3. 不允许使用砂布抛光。

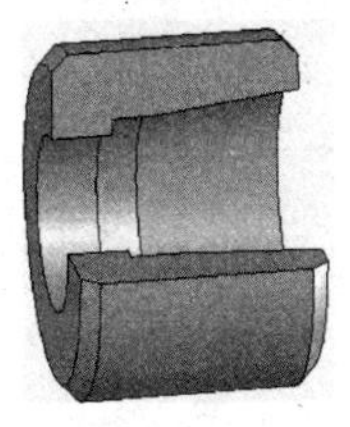

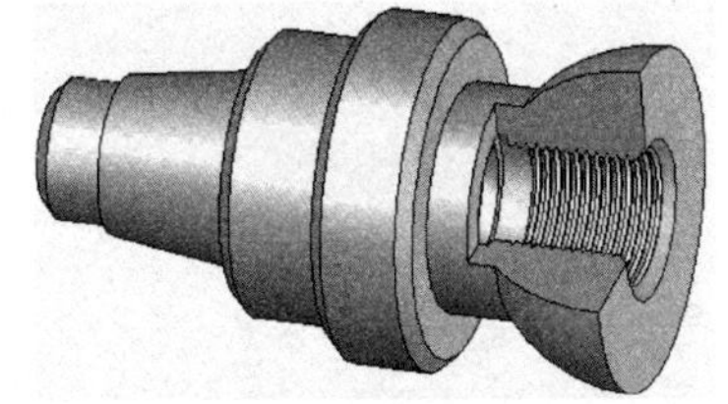

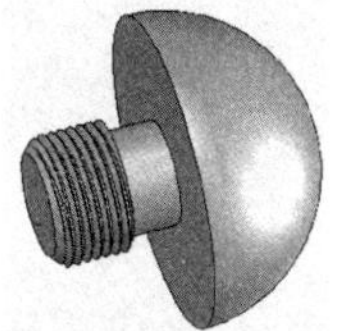

图 6—8　练习题 2

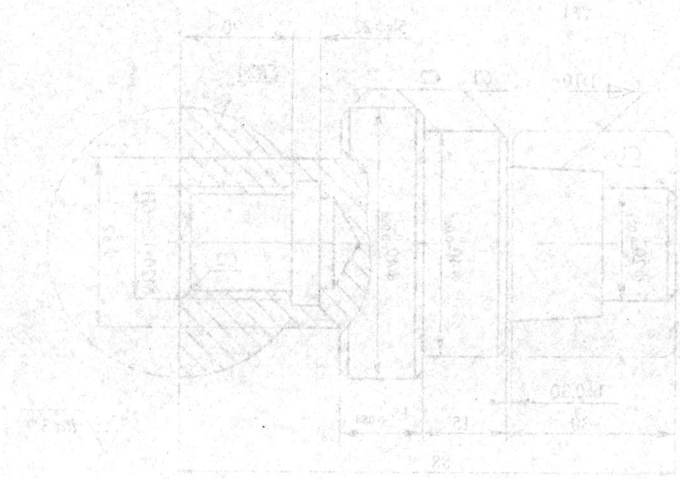

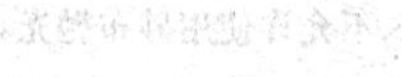